U0174471

自 然 文 库
Nature
Series

STONES OF SILENCE

JOURNEYS
IN
THE HIMALAYA

寂静的石头

喜马拉雅科考随笔

〔美〕乔治·夏勒 著

姚雪霏 陈翀 译

商务印书馆
The Commercial Press

George B. Schaller

Stones of Silence: Journeys in the Himalaya

Copyright © George B. Schaller, 1979, 1980

（中文版根据The Viking Press 1980年英文版译出）

中文版序

　　1969~1975 年，在尼泊尔、印度和巴基斯坦北部群山进行野生动物调查时，我曾有数次机会靠近中国边境。那时，我就很想到中国境内考察，但限于当时的国际形势，未能实现。1961 年，世界自然基金会（WWF）将大熊猫的形象加入机构标识。1980 年，WWF 发起了一项针对大熊猫的联合保护项目，并得到了中国政府的认可和支持。当 WWF 邀请我一同参与这个保护项目时，我欣然同意了。1980 年 5 月 15 日，当时担任 WWF 主席的彼得·斯科特及其夫人费丽帕、记者南希·纳什和我在中国科研团队的陪同下，一同来到了四川卧龙国家级自然保护区。在这里的大熊猫研究基地，中方科学家胡锦矗和潘文石先生热情地接待了我们。我和我的妻子凯伊加入了他们的研究团队，并在接下来的四年里参与到对这种可爱美丽的熊科动物的研究工作中。我们调查了大熊猫的整个分布区域，以评估可能的保护问题。为了更好地保护大熊猫，中国政府一共设立了 67 个自然保护区。其中多个保护区连在一起，形成了一个面积达 27134 平方公里的大熊猫国家公园。根据最新的调查结果，大熊猫的野外种群大约有 2000 只。人工繁育种群也非常繁盛，其中一些正被计划放归野外。中国的研究团队正在继续推进这个非常棒的大熊猫保护项目。

1985 年初，中国林业部（现为国家林业和草原局）认为大熊猫保护项目已经步入正轨，便建议我到中国西部，尤其是青藏高原地区，去调查雪豹和其他野生动物。这给了我一个绝佳的机会去研究马可波罗盘羊的生存状况，去追踪藏羚的迁徙路线，去探访神秘的野牦牛。这一工作一直持续到 2019 年，直到新冠疫情暴发。得益于中国政府机构的支持以及康霭黎、吕植、张恩迪、王昊、李娟等保护生物学家的努力，我们掌握了更多关于这些物种的基础资料。这些资料有助于政府机构建立保护区来保护这些野生动物，并科学地管理当地牧民的放牧行为，在野生动物保护和当地社会发展中寻求更好的平衡。

虽然当下气候变化加剧的趋势和人口的增长，给地球生物多样性带来了前所未有的压力，但我前面所述的经历和见闻让我仍对中国野生动物的未来保持乐观态度。

这本书描写的是 1969~1975 年我在巴基斯坦、印度、尼泊尔等地研究岩羊、塔尔羊、捻角山羊、盘羊以及雪豹等动物的科考经历。这些工作在多个地点开展，书中我并没有按照时间顺序描述我的科考经历。中文版的责任编辑建议我简单梳理一下每个章节的时间线，以便于中国读者更好地了解我当时的研究足迹。所以我制作了下面这个表格，以供各位读者参考。

本书各章节科考地点、目的及科考时段概览

章节	地点	目的	时间段
雪豹	吉德拉尔（巴基斯坦）	研究雪豹、捻角山羊和北山羊	1970~1974

章节	地点	目的	时间段
山那边	雅昆河谷 （巴基斯坦）	寻找捻角山羊、北山羊和盘羊	1973
喀喇昆仑	吉尔吉特 （巴基斯坦）	寻找马可波罗盘羊和拉达克盘羊	1973~1975
荒漠中的群山	信德和旁遮普 （巴基斯坦）	研究野山羊、捻角山羊和旁遮普盘羊	1972~1974, 1970~1975
云中的山羊	尼尔吉里山脉 （印度）	研究尼尔吉里塔尔羊	1969
康楚	拉玛加尔 （尼泊尔）	研究喜马拉雅塔尔羊、岩羊	1972
水晶山之旅	多波和萨尔当 （尼泊尔）	研究雪伊寺附近的岩羊	1973

　　如今，距离书中描写的科考经历已经过去了将近 50 年，这本书的第一个中文译本终于与中国读者见面了。希望各位中国读者能够从这本书中了解到当时生活在喜马拉雅群山中的那些人和动物，对喜马拉雅地区有更多的认识。

乔治·夏勒

2022 年 7 月

致谢

我在喜马拉雅山的项目得到了多个组织的慷慨支持。感谢纽约动物学会和国家地理学会的资助。感谢主持项目的纽约动物学会理事长威廉·G. 康威（William G. Conway）源源不断的鼓励和帮助。感谢巴基斯坦世界野生动物基金会和尼泊尔政府在当地的协助。

本书提到了陪我长途旅行、帮助收集数据的一些人，在这里，我要对佩尔韦兹·A. 汗（Pervez A. Khan）、扎希德·贝格·米尔扎（Zahid Beg Mirza）、梅尔文·森德奎斯特（Melvin Sunquist）、安德鲁·劳里（Andrew Laurie）和彼得·马西森（Peter Matthiessen）表示感激。尤其是阿曼诺拉·汗（Amanullah Khan），语言不能表达我对他的感激。四年中，从兴都库什山到信德（Sind）沙漠，我们断断续续地一起旅行。他的协助对我的研究项目做出了重大贡献。巴基斯坦人以热情好客而闻名，确实，有很多人以不同的方式帮助了我，以下只是列举其中几个：印度的赛义德·巴巴尔·阿里（Syed Babar Ali）、沙赫扎达·阿萨德-乌尔-雷曼（Shahzadas Asad-ur-Rehman）、热汗-乌德-丁（Rurhan-ud-Din）、马利克·穆扎法尔·汗（Malik Muzaffar Khan）、W. A. 凯尔曼尼（W. A. Kermani）、S. M. H. 瑞兹维（S. M. H. Rizvi）、T. J. 罗伯茨（T. J. Roberts）、赛义德·阿萨德·阿里（Syed Asad Ali）、古拉姆·M. 贝格（Ghulam M. Beg）、E. R. C. 戴维达尔（E. R. C. Davidar）、约翰·高德斯伯瑞（John Gouldsbury）和拉希德·瓦尼（Rashid Wani），尼泊尔的约翰·布洛尔（John Blower）和富－策林·夏尔巴（Phu-Tsering Sherpa），感谢他们为我提供的帮助。

理查德·基恩（Richard Keane）绘制了一幅盘羊、山羊及其近缘种的图谱，让·普鲁希尼克（Jean Pruchnik）则绘制了其他草图。我非常感谢两位艺术家的才华，提高了这本书的质量。我要感谢芝加哥大学出版社允许我使用我之前另外一本书《山中君王》（*Mountain Monarchs*）的资料。此外，第 4 章部分内容曾发表于纽约动物学会杂志《动物王国》（*Animal Kingdom*）。

国家地理学会在项目期间慷慨地提供了摄影协助。我在尼泊尔徒步时的伙伴彼得·马西森阅读了几章，并发表了许多有价值的评论。1978 年，彼得出版了一部有关我们的旅程的书《雪豹》（*The Snow Leopard*），这是一部优美的观察与反思著作，我在不同场合常常引用。

野外生物学家的生活通常很孤独，远离自己的家和家人。但是，至少，他遵循着自己的愿景。等待丈夫归来的妻子更为孤独。在以前的项目中，我能够将家搬到研究区域，克伊（Kay）给了我们一个家。在喜马拉雅山，这就不可能了。我经常在偏远地区旅行，条件常常很艰苦，埃里克（Eric）和马克（Mark）不得不上学。他们有两年生活在巴基斯坦的拉合尔，其他时间都留在美国。无论哪种方式，分离总是漫长的，团聚则太短。养家糊口的重担又回到了克伊身上。在出版物中，习惯上要感谢妻子，但克伊的贡献远远超出了单纯的帮助。尽管我的离开使她痛苦，但她不只是等着我，也鼓励着我。她在孩子成长的关键岁月里抚养了他们，孩子们也让我骄傲。最后，她编辑、整理了这本书的书稿，一本关于她想和我一起去的旅程的书，尽管她未能同行。我对她满怀敬佩、忠诚和爱。

目 录

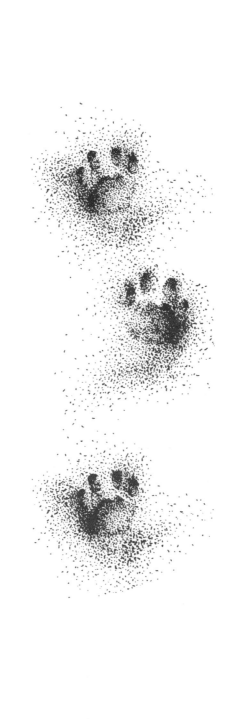

1

通往山的路

　　高海拔世界自成一国。这里的动物们源于更新世，栖居于涌动的冰原和风蚀的岩石。它们在这里顽强生存、繁衍生息。严酷的环境赋予了它们低海拔动物没有的力量和坚忍。在如此高的海拔上，在这只有天空与岩石的偏远宇宙中，自然元素不再规矩排列、喧嚣躁动，低海拔王国的许多物种早已消逝，留下来更新世的动植物们苦苦忍耐着。它们过去鲜为人知的壮丽故事才刚刚崭露头角，便已危机四伏、前途未卜。毕竟，人们总想伸手采摘天上的星星，却总忽略脚边温柔的小花。喜马拉雅哺乳动物的伟大时代未必就将终结——除非人类推它一把。如果是那样，在将至的新纪元里，山峰仍将傲立于寂寥的美景中，但是当最后一只雪豹独潜于悬崖中，最后一只捻角山羊孤立于山尖，当它颈间的鬃毛在清风中涌动时，生命的火焰将熄，群山将成寂石。

　　我在《山中君王》这本关于喜马拉雅山野羊（岩羊、盘羊等）的科学著作结尾处写下上面这段文字的时候，心中交织着希望和绝望。本书正好接着那本书的结尾开始。研究报告只能呈现一个科研课题的相关事实。这项研究的三年中，我在喜马拉雅山、兴都库什山、喀喇昆仑山以及周边，收集了大量关于野生动物的资料。然而，正如威廉·毕比（William Beebe）所说，世间也需要有人展示"使人掩卷沉思的、不那么生硬的故事，用体验生命那种澄澈的美好，为科学增添一抹亮色"。

　　起初，构思一项喜马拉雅地区的研究计划令人气馁，因为山脉如此广无边际，无从着手。从阿富汗西部至中国西南，喜马拉雅山脉的主脉好似一道巨弧，曲折绵延近 3200 公里，形成了南亚次大陆和青藏高原之间一道冰封的屏障。为方便起见，地理学家们将这层峦叠嶂分为几个区域，我曾去过巴基斯坦北部、印度和尼泊尔的许多地区。每处都别具一格。帕米尔高原在波斯语中的意思是"世界屋脊"，从苏联（今塔吉克斯坦）南部一直延伸至巴基斯坦边境，全是顶着光滑冰盖的山峰拥着广阔谷地。兴都库什山位于巴基斯坦东北部，一片荒瘠，几乎没有树木，荒凉的山脉不属于南亚次大陆，而是中亚大平原的一部分。再向东是喀喇昆仑山脉，那里有无数奇峰和蜿蜒的冰川，是所有山脉中最原始、最野性的一支。喜马拉雅山脉位于喀喇昆仑山脉以南，静卧在青藏高原和南亚次大陆之间。喜马拉雅山脉不像兴都库什山和喀喇昆仑山脉那么荒瘠，山脉南侧布满郁郁葱葱的森林，这是每年穿过印度向北的季风带来暖湿云层的恩赐。创造了这些大山脉的造山运动，在同一时期也创造了巴基斯坦西部荒漠中的一系列小山。那里贫瘠的高原上隆起着低矮、荒芜的小山脉，吉尔特尔（Kirthar）、盐岭（Salt），

　　　　　　　　　　　　　　　　　　　　　　　寂静的石头

还有其他小山头，都极少超过 3000 米。我曾探访过所有这些山脉，去寻找和研究野生动物。

由于人们对喜马拉雅地区的野生动物所知甚少，我不得不先收集物种分布和现状这些最基本的资料。我一路寻找动物足够丰富、值得研究的科研点，同时也留意那些有潜力成为优秀国家公园或保护区的区域。本书的前三章描述的就是我在巴基斯坦北部的这些工作，在那里，我看到了许多动物，旱獭、狼、高海拔地区的鸟，但没有一个像雪豹那样触动我的内心。雪豹稀有罕见、难以捉摸，它深深吸引着我，却极少给我惊鸿一瞥的机会。

当然，我不能只顾调查野生动物，毕竟我在喜马拉雅地区还担负着科研职责。我的使命是研究世界上最多样的盘羊和山羊，它们有着古怪的名字，比如捻角山羊、塔尔羊、维氏盘羊、盘羊、岩羊。[1] 除了狩猎爱好者外，这些动物鲜为人知。初见它们的名字，很容易和喜马拉雅的许多山峰、冰川、河流的名字混淆。分类学家建立了羊亚科这一分类[2]，将 24 种不同的盘羊、山羊归于其中。我们的重点仅在其中几个。从盘羊属来看，北美有戴氏盘羊和加拿大盘羊两种，喜马拉雅的盘羊属也有两个物种，即体型较小的维氏盘羊和体型较大的盘羊。每种又根据羊角形状和皮毛颜色的细微

---

1 捻角山羊、塔尔羊、维氏盘羊、盘羊、岩羊：原文 markhor, tahr, urial, argali and bharal，中国各地常见混淆。urial 极少被称作"赤羊"，有时被叫作"野绵羊"，在民间常与"岩羊"混淆；argali（盘羊）常见俗称"大头羊"，bharal（岩羊）常见俗称"青羊"。——译者注

2 羊亚科这一分类层级在最新的哺乳动物分类系统中已不再使用，该亚科动物多被置于羚羊亚科（Antilopinae）的羊族（Caprini）层级下。——译者注

差异分为几个亚种，其中只有马可波罗盘羊这一个盘羊亚种广为人知。与生活在悬崖间矮壮的北美盘羊不同，这些南亚盘羊体型轻盈得简直像羚羊。它们不生活于绝壁，而是占据起伏的丘陵地带。而从山羊属来看，北美并没有真正的山羊，石山羊其实是一种介于山羊和羚羊之间的物种，是羊亚科的古老成员。喜马拉雅则有三种真正的山羊，每一种我都研究过。北山羊生活在高山上，向上的活动范围一直延续到植被的极限，它们最典型的特征就是沿着弯刀形羊角前面凸出的一系列横棱。另外两种山羊栖息的海拔稍低，通常低于 3600 米。野山羊也有弯刀形的角，但角前面是一道尖锐的龙骨，没有横棱；捻角山羊则具有独特的盘旋角。南亚还是另一类山羊——塔尔羊——的故乡，塔尔羊共分两个物种，一种栖于喜马拉雅山脉，另一种生活在印度南部。喜马拉雅塔尔羊和巨角塔尔羊与真正的山羊不同，它们的角短而弯曲。还有一种生活在青藏高原的岩羊，也叫青羊，它的生理特征介于盘羊和山羊之间，科学家们对它的分类地位还存在争议。

任何科学探索除了收集知识这一动机之外，还需要有其他的关注点，亚洲的山羊和盘羊就带来了颇具吸引力的生物学问题。野山羊是家山羊的祖先，盘羊是家绵羊的祖先，然而还没有人研究过野生种和家养种在行为上是否存在差异，以及 1.2 万年的驯化历程是否改变了数百万年演化的结果。岩羊究竟是山羊还是盘羊？对它们生态和行为的研究也许能揭晓答案。

带着这样的问题，我在 1969 年到 1975 年多次探访喜马拉雅地区。这一项目始于 1969 年秋天，从在印度南部高地对巨角塔尔

寂静的石头

羊的研究开始。1970 年的最后几个月我在巴基斯坦，1972 年春天在尼泊尔，1972 年年中举家迁至巴基斯坦，除去 1973 年 10 月到 12 月造访尼泊尔之外，我们全家在巴基斯坦一直生活到 1974 年年中。之后，我又两次探访巴基斯坦，一次是在 1974 年年底，还有一次是在 1975 年年初。在巴基斯坦，我的野生动物研究常引我进入一些人迹罕至的区域，自英国人 30 多年前从这片次大陆撤离后，就极少有外国人涉足这些地方了。尼泊尔在 1950 年之前，对外部世界几乎完全封闭，它拥有一些鲜为人知的峡谷，在那里仍能感受到彼时探险家穿越荒野的荡气回肠。本书的大部分篇幅描述了我的旅程，包括山、人、日常的行程。每一次旅程都会遇到问题：有的是政治上的，因为喜马拉雅处于多个国家边界的敏感区域；有的是后勤保障方面的，顽固的背夫、不愿动弹的驮畜，还有踪迹难寻的小径——山地旅行永恒的难题；还有一些气候问题，比如沙漠地区汹涌的热浪、青藏高原刺骨的寒风。拖着沉重的步伐走在一列背夫身后，或是牵着体积庞大的牦牛穿越冰川小径，和现代生活的高速旅行比起来，总有一种时空错乱的感觉，这似乎是亨利·斯坦利（Henry Stanley）、理查德·伯顿（Richard Burton）、斯文·赫定（Sven Hedin）那个浪漫时代迟到的重现。我并不总是很享受这种旅行方式。不过，在记述旅途时，这些却令我默默怀念。人总是爱抱怨，却喜欢回味艰辛。旅途越是艰难，完成时的满足感就越是强烈。

　　写这本书的时候，我正在巴西马托格罗索的茂密森林和广阔沼泽里开展一个新的研究项目。这里四处都是生命，像城市拥挤的街道一般，吵吵嚷嚷，令人窒息。有成千上万的动植物物种，每个物种都在努力生存，每个物种都在捍卫自己和自己的领土，与带有尖刺、爪牙、毒液、毒刺的竞争者战斗。闯入的人类也一样，必须挣扎求生，不断地与入侵的植物和昆虫战斗，才能保住脆弱的立足空间。这种生活很难给思考留下空间。对比鲜明的是，大山和大漠里，只有极少的生命在极限状态下生存，令人焦躁不安、郁郁寡欢。我于是成为现实世界和思想国度的双重探索者，接下来的几页就记录了我在大风呼啸的山中孤独的思绪。

10月的一天，我沿着克什米尔的丹希冈峡谷（Dachigam Valley）缓缓上行。霜打之后，桑树、核桃树、柳树的叶子已经黄了，黑熊在落叶中寻找着最后的栎树果实，早冬的雪覆盖了高山草甸，很快就将占领整个山谷。从斜坡向上，在一片松林和冷杉附近，我听到了一个令人悲怆却倔强的声音，刚开始很轻，慢慢变强，直到响遍整个山谷，"嗷呜"，逐渐消失。山谷上方也传来一声回应，"嗷呜"。这是欧洲马鹿的一个亚种——克什米尔马鹿——在发情。它们的号角声曾经回荡在群山之间，然而现在只有这几个孤独的音符打破沉寂，只有数量不多的雄鹿还从高山夏季草场下来寻找伴侣。其余的都已死去——被山间的猎人射杀。最乐观地估计，克什米尔的山谷中也只幸存着几百只马鹿，而这里已经是它们最后的家园。在1947年，这里还有超过4000只马鹿，现在却因为无人在意，这些动物已经濒临灭绝。还有很多物种受到相似的威胁，都需要有人为它们而战。仅仅因为人类的目光短浅和视而不见，一个活生生的物种可能从地球上消失，这相当可怕。然而意识

　　　　　　　　　　　　　寂静的石头

到这一点的人，还太少。我见过太多失去了未来的物种，每次我都绝望地希冀着，也许我能够至少再将它们的生命延续几年。笔和相机，是我向遗忘宣战的武器，用它们唤起人们的意识，让人们意识到那些可能将要逝去的生命。如果说这本书有一个主要目的，那就是唤起人们对正在逝去的喜马拉雅地区的关注。

2

雪豹

雪云退散后，灰色的山坡不见了，锯齿状的峭壁不见了，牲畜踏出来的小径和栎树被伐后留下的树桩也都不见了。十几厘米的新雪模糊了一切的轮廓。我弓腰躲避着 12 月的寒气，在山坡上寻找雪豹的踪迹。之前曾发现一只山羊被雪豹咬死了，这次，我沿着羊被咬死的地方往上爬行了 300 米左右搜寻。但山坡上只有严寒在肆意横行。我慢慢往上爬，每一步都踢进雪里踩稳，扶着岩石的尖角，探身查看底下山谷里的情况。不久，碎石路将我引到许多乱七八糟的大块巨石丛附近，山坡一动不动地沉默，仿佛没有生命。

然后我看见了雪豹。大约在 45 米之外。她在岩石丛里好奇地打量着我。她身上的颜色和岩石环境融合得特别好，让她显得几乎像是石头的一部分。她烟灰色的外套上缀着黑色斑点，完美地搭配了岩石和雪屑。她苍白的眼睛描绘着一幅无限孤独的图景。正当我们盯着对方，云层又压了下来，淹没了我们，带来了更多的雪花。大概是感觉到了我无意伤害她，她站了起来。大雪很快披在了她的头顶和肩上，她却一动不动地静静待着，仿佛对这自然的力量毫不在意。几缕云旋过来，把她装点得像幽灵一样，亦幻亦真。

权衡了一下待在悬崖边的危险和刺骨的寒冷，我还是选择一动不动，不愿此情此景受到任何打扰。人们常常同情动物，却很少超越主观，在某个瞬间能去感受动物所感受的。而此时此刻，在兴都库什山的落雪山谷里，我短暂地感受到了。雪下得更大了，像场梦一样，雪豹走了，就仿佛她从来没有来过。

走过这世上许多荒僻之地，我知道荒野需要捕食者。失去了大型捕食动物的荒野，例如狼、雪豹或其他，就缺少了重要的一员。我能感受到这种荒野的不同：缺乏生气，缺乏自然界应有的紧张感。当然，我和雪豹的相遇远远超越了这些。这件事发生在1970年我首次造访巴基斯坦北部的吉德拉尔（Chitral）地区时。接下来的四年间，我断断续续在那儿总共待了整整6个月。雪豹不仅代表了一种我想研究的珍稀而美丽的猫科动物，也成为我寻找的某种似乎永难实现的无形之物的象征。

吉德拉尔面积大约11654平方公里，坐落在巴基斯坦与阿富汗接壤处的库纳尔河流域。1969年之前，这个地区一直是一个半自治的地区，由一个被称作梅塔（Mehtar）的王室家族统治。1947年，巴基斯坦宣布独立，这个王室家族逐渐失去了统治权，直到我到访的前夕，政府刚刚将吉德拉尔并入西北边境省。在这样的情况下，许多王室成员放弃了自己的山地领土，搬到像白沙瓦（Peshawar）和拉瓦尔品第（Rawalpindi）这样的大城市里去居住，也就放弃了原有的一些不动产，例如王室的家族狩猎场。狩猎场没人管理，村民们就大肆捕猎野生动物。到我抵达的时候，成百上千的动物咆哮过的这片土地，只剩下小小一块还保护得不错。

幸运的是，有几小块保护区维护了下来。其中之一就是吉德拉尔山谷，位于吉德拉尔镇的西部，这里曾是王室的私家狩猎场。据说，巴基斯坦北部最好的捻角山羊种群栖息地就在这个山谷中。看起来，把这里作为我在巴基斯坦北部山区的研究起点十分理想。于是我就去申请了王室的许可，几个月前就住在了这里。

　　吉德拉尔山谷面积约 77 平方公里，由崎岖蜿蜒的山脉组成，最高海拔 5364 米。有一条溪流通过，灌溉着这片领域。河岸上有一座泥木小屋，以前是给打猎的王室成员们避风遮雨用的，如今已经部分坍塌。这就是我初访期间的家了。这小屋可没什么魅力和舒适可言——整个山谷都好不到哪儿去。我猝不及防地就落入了兴都库什般的冬季荒芜中。通常，一个地方一般只是看上去荒凉，等人们仔细观察到了细节，就变得有意思了。可在这儿，这些细节好像也被遗漏了，什么都没有。这里不受季风影响，植被属于中亚大草原，而非南亚次大陆。吉德拉尔的南部，包括吉德拉尔山谷，确实有森林覆盖，矗立着云杉、冷杉和常绿栎树。但不知何故，这些树木的外观风格十分鲜明，通常是在荒漠或北极荒原的植被里才比较常见。给人留下的主要印象就是荒坡，色调柔和，群峰高举，耸入终年积雪的国度。地面几乎是光秃秃的，由易碎的页岩组成，在冬日的阳光下闪烁着铜灰色的光。极为偶尔地，才有一小片草皮，一小丛胆怯的杂草探出头来。此外只有蒿草成群。叶色灰暗的植物一副发育不良的样子，倒是恰到好处地融入到四周的景观里。

　　小屋前有条小路，穿过零碎的针叶林，一直通往树木消失、高山草甸出现的地方。我的目光常常穿过荒芜的山坡，落在山岭的波峰上。那里常有云影徘徊。我们的左边是一块巨大的石灰岩峭壁，顶上的崖壁洒满了雪。当地向导普坎（Pukhan）带路。他牙齿不齐，还漏了几颗，鼻涕总是流个不停，时不时抬起手，把鼻涕擦在褪了色的斜纹软呢外套袖子上。他是保护区里剩下的最后几个狩猎场看守之一。跟着他的是扎希德·贝格·米尔扎，拉合尔的旁遮普大学博物馆馆长。馆长的兴趣是野生动物，这与我们不谋而合。我跟在后边，偶尔停下来看看鸟，尽量地利用这些间隙来休息和鉴定鸟的种类。在这 2400 米的海拔上，很少有鸟留下来过冬。黑冠山雀掠过杉树之间，星鸦匆匆飞过。还有一次，一只黑头松鸦站在低低的树枝上，盯着我研究了好半天。

普坎跑到了前头，现在正在朝我们招手，兴奋地指着石灰岩悬崖。起初，我什么也没看见，但最后终于发现了 7 只捻角山羊，像是浩瀚岩石上的淡淡的褐色斑点。我赶紧固定了望远镜的三脚架。这可是我走了这么远专门来看的羊啊。漫长的数据采集过程开始了。有 2 只公羊、5 只母羊、9 只未成年的小羊。显然，在捻角山羊里，孪生乃至多胎现象很常见。小羊的成活情况似乎也不错。极少的植物也不知道怎么找到了一道道岩石裂缝，长了出来。动物们就散落在悬崖上，嚼着这些植物。别看山羊长得肥壮，它们敏捷得令人难以置信，能毫不经意地找到石头丛中不稳定的立足点，跳来跳去。那些踩得住的地方看起来根本就不像是真实存在，而像是谁想象出来的似的。羊群中的一只成年雄性引起了我的注意。它个头雄伟，体重约68~90公斤。跟它比，旁边的雌性只有一半重，简直不值一提。它长着优美的螺旋式长角，脖子上还装饰着白色的长长的鬃毛。诗人赞美鹿和夜莺（新疆歌鸲），我歌颂野山羊。一只雄性捻角山羊站在山岬，围脖在阳光照耀下闪闪发光，不同于那些体型瘦小、毛发肮脏凌乱、臭烘烘的家山羊。它把黑尾巴藏起来，夹在臀部，在发情。我多么期盼能见到它们的发情期。因为一年当中没有任何别的时刻，能跟交配季节相比：动物们更有活力，社会组织结构更加鲜明有趣。我们观察了一个小时，直到它们鱼贯而出，消失在山嘴尖坡上，然后我们继续沿着山坡往上跋涉。

在悬崖底部，略高于陡峭岩壁和乱石滩交接的地方，我看到了一个山洞。普坎见我用望远镜朝那山洞里瞄，就用乌尔都语跟我和扎希德讲了几句话。扎希德帮我翻译说，这是黑熊过冬用的冬眠洞穴。亚洲黑熊分布很广，从伊朗向东直到中南半岛和苏联（今俄罗斯），包括喜马拉雅森林。黑熊黑色长毛，胸口有一道白色火焰似的斑纹，体重约68~136公斤，脾气暴躁。村民们都很害怕这种力量十足的猛兽。在吉德拉尔山谷，黑熊相当少见，我从未在此见过。从足迹的情况来判断，也就只有一两只在山谷中露过面。虽然黑熊的洞穴吸引着我一探究竟，但我还是等到后来的一次夏季行程才去做了探索，因为那时候不用担心吵醒正在打盹的熊。那一次，我提着一盏灯和绳索，身后跟着极不情愿的普坎，爬进了山洞。洞里有两个室，最大的近12米长、9米高。陈旧的熊粪便散落在地上，有几堆边上长出些草来，看上去像堆在一起的煤球。

还有一些核桃壳和捻角山羊的羊毛。羊毛大概是从已死的羊身上薅下来的。这一点点粪便样本并没有给我有关这几只熊的食谱信息。以前，我曾在克什米尔的丹希冈保护区检查熊的秋季粪便，里面发现了栎实、核桃、朴树果子、葡萄、玉米、蔷薇果实、杏、苹果、黄蜂和羽毛，这还仅仅只是其中一小部分。在洞穴的尽头，是个刚刚容我通过的通道。我让普坎等在洞口，自己钻了进去。灯笼的光穿透这片从未见过光的黑暗。隧道向下，再向上，经过大约9米，我抵达一个大约4.5米宽的小室。这地方挺让人失望的：什么都没有，没有骨头，没有建筑巢穴用的材料，只有一代又一代熊睡过的、都蹭得光滑了的裸地——熊的床。

我们艰难地向着山谷前进。到海拔2600米，栎树就不再生长，现在大约在3200米，连针叶林都几乎放弃了。登山的时候，每个人都应该有自己的速度，一步接一步地，心中只有当下。当沿着斜坡倾过身子吃力地攀爬时，登山者的视野局限在了脚下的土地上。我不喜欢自己看到的：被牲畜踏平了的陆地，家绵羊和家山羊的粪便到处都是。植被已被家畜完全破坏，寸草不生，连杂草都不长几根。只有那些能以某种方式逃脱贪婪嘴巴的植物才能设法生长，例如长刺的黄芪和刺矶松，它们豪猪刺般的长刺保护着自己灿烂的叶子和花，防止被食草动物吃掉。这废弃的荒原上几乎没有野生动物存在，一次跑过去一只黑颈兔，还有一次咔咔咔走过去一只石鸡。

终于登上了山顶。我们低头向吉德拉尔的主山和远方的山峰看去。很远处，散落着一些土地勉强达标的小农田。这么大一片陆地，却只有那么一点点可以养育生命！一片雪地上留下了大型猫科动物的足迹。我测量了一下：大约 10 厘米长，7.5 厘米宽。只有雪豹或猞猁能够留下这么大的足印！我满怀希望地在附近寻找更多的踪迹。果不其然，很快在附近地上找到了一处刨痕。是两道平行的凹痕，是猫科动物后腿立起时留下的。我之前就知道这种刨痕的意思，是大型猫科动物用来标识活动范围的，如豹、狮、虎，用来告诉别的动物它们的存在。有只雪豹巡逻了这道山脊。在我们下山回到小屋的漫长路途中，我一心想着如何安排一场与它的邂逅。

雪豹是中亚高海拔山区的动物。活动范围从阿富汗的兴都库什山向东延伸，沿着喜马拉雅山脉，穿过青藏高原，经帕米尔高原、天山、阿尔泰山，最终至贝加尔湖附近的萨彦岭。这位罕见的、害羞的居民生活在高达 5400 米的高海拔地区，其野外的生活从未被研究过。尽管 1779 年博物学家彼得·帕拉斯（Peter Pallas）仔细地将雪豹从普通豹中区分出来，但两百年后的今天，人们对它的了解也仅限于"会跟着猎物北山羊和岩羊做季节性的海拔上下迁徙"。甚至动物园里也没什么它们的相关信息。1970 年，全球动物园共有 96 只圈养雪豹，但只有 20 只繁殖。已知孕期在 96~105 天，一胎通常产两到三只，幼崽出生后一周左右睁眼，三周左右长牙。但关于雪豹的野外生活，仍无记录。

黄昏时分，我们到达小屋，疲倦但兴奋。这一天有这么多新的发现，留下了许多深刻的印象。谢尔·潘纳（Sher Panah）点燃了火堆，很快给我们拿来了味道浓郁的甜茶。谢尔是个典型的吉德拉尔男人，矮个子，棱角分明，长脸，微微弯腿。他平时的工作是为王室成员烹饪。后来我发现，他在烹饪方面是个相当的人才。他的厨艺简直成了后来每次我们旅途的欢乐之源。于是，我之后在吉德拉尔的所有行程，他都有加入。他管理帐篷，知道我行程的需求和个人喜好，确保我们的旅程总体顺畅。在偏远地区，村庄里可能许多年都没见过外国人了，因此有个当地人随行十分必要。不仅可以消除疑虑，还可以充当翻译。山区人多数只说当地语言，仅举几例，如吉德拉尔的克瓦瑞语和巴什加利语、罕萨（Hunza）的布鲁夏斯基语，或在迪尔（Dir）和斯瓦特（Swat）部分地区的克希斯坦利语。如果不说当地语言，问一个简单问题的过程可能都相当复杂。例如，如果我想问某一个特定的山谷中有多少只捻角山羊，我可能会用英语问扎希德，他接下来用乌尔都语问谢尔，然后谢尔再用克瓦瑞语问当地向导。之后，当地人相互之间热烈讨论几分钟，继而过滤掉这些信息，最后给我一个单音节的回复。

当地语言并无现成的字典可用，但埃里克·纽比（Eric Newby）在他有趣的游记《走过兴都库什山》（*A Short Walk in the Hindu Kush*）里提到过一本巴什加利语 - 英语的辞典：

> 巴什加利语［卡菲尔人（Kafir）］笔记，印度总队戴维森上校，1901 年，由作者在吉德拉尔援助的两年内搜集，受到两名当地巴什加利部落里的卡菲尔人协助，涉及该语言的语法和一些例句。

按照这本书里的蛛丝马迹来看，这地方在世纪之交发生的对话都十分浮夸：

> 我今天早上在地里看到一具尸体。
>
> 你甲状腺肿了有多久了？
>
> 你父亲掉进了河里。
>
> 我有九个指头，你有十个。
>
> 我打算杀了你。
>
> 一阵风来了，带走了我所有的衣服。
>
> 一只胡兀鹫从天上飞下来，叼走了我的公鸡。

这些句子实在不是我有机会用得着的。

我和扎希德挤在火堆旁，一边享受着光明与温暖，一边各自写着笔记。谢尔在旁边准备晚饭。他最终给我们端上来了煮熟的山羊肉和贾瓦里饼。后者是一种扁扁的、厚厚的、未发酵的面包类制品，尺寸和重量都和铁饼差不多。在山区，最好尽可能吃当地食物，有时候还挺美味的，远胜过请当地人笨拙模仿西方食物做出来的料理。晚餐标志着我们一天的结束。夜间，寒冷笼罩山谷，睡袋为我们提供了唯一温馨的避风港湾。晚上 8 点钟，我们就上床睡觉了。

我和扎希德很快制定了每天的活动日程表。黎明时分，他先带普坎在小屋周围寻找捻角山羊，这时候我去山谷里逛逛。一开始，道路十分狭窄，小溪都漫到河岸上来，只能沿着岩壁的边缘走，沿着被冰盖住了的巨石，跨过横在咆哮河流上颤抖的独木桥。

寂静的石头

太阳很少把它的光辉透射到这个令人沮丧的阴森地方来，连鸟儿的羽毛都更为灰暗。偶尔地，蓝黑色身子、黄嘴巴的紫啸鸫在柳树丛中秘密活动。一些红翅旋壁雀藏在阴影里，灰得如此不显眼，连我都很少注意到。扇翅的时候，它们就像蝴蝶似的跳动起来，露出深红色的翅膀。山坡放缓一点的时候，小路就翻到溪流之上。道路常常只有0.3米左右宽，使爬山成了一项非凡的运动挑战，特别是当它还铺着冰和雪，变得滑溜溜时。植被如此贫瘠，不怎么能保持土壤，碎石不断滑落下来，掩埋了小路的各个部分。偶尔有孤独的小石子甚至是大石块以惊人的速度飞滚下去。不过，站在这条路上，我能很轻易地观察到狭窄山谷对面的捻角山羊。落石甚至也带给了我一点儿好处：捻角山羊走路也会踩滑石子，有时候这种咔嗒声让我意识到，有羊在附近。

大多数有蹄类动物必须每天觅食8~12小时，因此捻角山羊通常整天都在移动。只在上午10点半到下午1点半活动得少点儿，这段时间它们一般休息和反刍咀嚼。捻角山羊的分布范围内几乎没什么食物。我十分好奇这些动物们究竟是如何获得足够的食物来度过寒冬的。像捻角山羊这样的食草动物似乎总是有足够的食物，即使是在吉德拉尔山谷这种地方。要知道，这里的草皮大都已经被牲畜踏毁了。食物不仅要够，还得含有足够的营养才能维系生命。动物们大都喜欢鲜嫩的、还在生长中的植物，而不喜欢部分休眠或已经死亡的，因为前者含有更多的蛋白质和较少的难消化的纤维。此外，有的吃也不代表好吃。有些植物太多刺，难以咀嚼，其他的例如蒿草、柏树和薄荷，都含有有毒的芳香类化学物质，如果动物吃得过多，超过其消化系统在一定时间内能够降解的量，就有可能导致死亡。捻角山羊吃多种植物，包括酸模和黄连木属植物的枝叶，最主要的食物是一种常绿栎树的坚韧的叶子。这些叶子含有大约 4% 的脂肪和 9% 的蛋白质，算是比较有营养的。捻角山羊为了啃到挂得比较低的树叶，经常站得笔直去够，不只如此，它们还常常跳到树上，像猴子似的从一根树枝跳到另一根树枝上找食物。抬头看见 4.5~6 米高的栎树树冠上，几只捻角山羊在平静地吃着树叶，实在极不协调，令人惊讶。不过，栎树树叶并不是它们首选的食物。两年后栎树的果实大丰收了一次，捻角山羊那时几乎不屑吃栎树叶了。在特别严酷的冬天里，白雪覆盖了食物，叶子中的营养成分较低，捻角山羊恐怕难以生存。在夏天牧场里吃得肚滚圆肥、储满了脂肪的动物们可以依赖储备生存，熬到下一年春天再带来一轮绿色。但年幼的动物们则把太多能量用于成长，进入冬季的时候很瘦，许多显然只好败给了当季的生存压力。以我日常收集的数据统计来看，11 月的时候，平均每只母羊大约带着 1.3 个半岁左右的幼崽；一年后，平均每只母羊只带着约 0.5 个，死亡率接近 60%。

我通常沿着下游走，最远走到梅林（Merin），离溪流汇入吉德拉尔主山谷的位置不远。王室家族在梅林有个大平房，不过沉重的木梁和泥土做的屋顶都已经坍塌了，只有两间房还能用。12 月底的大雪后，我常常住在这里，因为大雪，进入上游河道的小路太过危险。梅林有几家采石场，还有大群家养的山羊。从镇子上来的伐木工会每日到访，牧羊人则会砍下栎树的枝条拿回去喂羊。

寂静的石头

我在山谷里工作的时期，虽然捻角山羊的栖息地被破坏得很厉害，但种群本身并没有受到人类的骚扰。许多年前这里生活着非常多的捻角山羊，100 只以上的羊群很常见。现在，羊群的平均个体数量是 9 只，我见过最多的也只有 35 只。在重复见到同一群羊几次之后，我很快就弄清楚了：吉德拉尔山谷的捻角山羊大约分为 6 个松散组织的羊群，各自喜欢待在山谷的某个特定地区。一些成年公羊例外，它们有时候独自游荡，有时候几只一小群活动。基于有关种群的更多细节，我估算在这个山谷中有 100~125 只捻角山羊。而这里已经是该物种现存状况最好的地区了[1]。

捻角山羊是一个主要分布在巴基斯坦的物种，也有小的种群活动在阿富汗东部以及毗邻的苏联（今塔吉克斯坦南部、乌兹别克斯坦和土库曼斯坦东南部）地区，沿着克什米尔的西部边缘。它本质上是一种低海拔的山羊，喜欢少降水、崎岖不平的地貌，尤其讨厌过厚的积雪。夏天的时候也可能上升到海拔 4000 米左右，甚至更高的地区活动，冬天就喜欢在 2300 米以下的地区活动。捻角山羊在不同地区的外貌有所不同。在印度河的西边，俾路支的奎塔镇（Quetta）和印度河北缘之间，主要活动的是直角的捻角山羊，也叫苏莱曼（Sulaiman）捻角山羊或喀布尔（Kabul）捻角山羊，不同地区的习惯性叫法不同。它的直角跟开瓶器似的扭着。相对地，在印度河北部及其支流流域附近，阿斯特（Astor）

---

1 吉德拉尔山谷 1977 年开放商业狩猎。这是一个令人心碎的法律决策。否则，这里的野生动物保护还可能有些进展。

捻角山羊有着大开叉的角，最多也就拧一圈半。而分布在斯瓦特、迪尔、吉德拉尔和邻国阿富汗的，被称作克什米尔捻角山羊，张开的角度较轻微，但最多能拧上三整圈。

跟我最近在坦桑尼亚的塞伦盖蒂国家公园完成的一个研究狮子的项目比较，这里的山脉令人沮丧。而在坦桑尼亚，几乎总能看到野生动物。在这里，徒步几小时，我才能遇到一两小群捻角山羊，运气好的话说不定还有其他动物，比如说黄喉貂。有时候能在小径上遇到赤狐整齐、呈梭形的粪便，但人们很少有机会直面遇上这些夜行性的捕食者。不过，粪便也能告诉我们赤狐吃了些什么，例如黄喉姬鼠、黑家鼠、蔷薇的果实、黄连木属植物的种子，等等。要是在人类的住处附近发现的粪便，有时候还有山羊皮的碎片和玉米，等等。这个保护区实在是太小了，里边生活的猎物太稀少，很难养活定居的大型捕食者。很偶尔地，才有狼群或者雪豹路过。

其实，我在那儿只遇到过一次狼。当时才下午 2 点 40 分，但太阳已经消失在山脊的背后，整个山谷冰冷，笼罩在一片苍白之中，巨大的石灰岩悬崖被云层禁锢。旁边有 9 只捻角山羊在吃草。我只好颤巍巍地缩进一块岩石的凹穴里，以免打扰它们。突然，两只狼闯进视野里，沿着斜坡的边缘奔跑。所有的捻角山羊都大吃一惊，向 60 米之外的一处悬崖狂奔。一只不知道在想什么的小羊，则选择了往斜坡上方跑去。不过狼都没看见它。个头小一点儿的那只狼跑到了离一只捻角山羊只有 9 米的地方，结果在悬崖处停了下来。另一只狼是有着帅气鬃毛的灰色雄性，也盯上了一只捻角山羊追着跑，眼看就要追上了，脚下一滑，差点从冰封的悬崖边上滑下去。他明智地放弃了。两只狼重新回到一起，沿着斜坡跑走，消失了。所有的捻角山羊都在悬崖上犹豫着，一只年轻的公羊首先走下了山腰，穿过了狼跑过的路。要是狼稍微逗留一会儿，就有可能抓住它。照这么看来，算上前面那个走错路的小羊和现在这个鲁莽的雄性，我都不惊讶为什么食肉动物常常不成比例地猎杀雄性和幼崽。

与动物不同的相遇都十分让我着迷，不过雪豹还是成了我颇具私心的一个希冀。很多个清晨我能看见一些新鲜足迹，我就跟着走，希望至少能看见一个影子消失在岩石间。但这附近视野十分开阔，哪怕距离很远的猫科动物，都能轻易地察觉到我在接近，然后跑掉。没事时跟踪陈旧的足迹就要愉快得多，比心情紧张地追踪新鲜足迹好多了。有一次，我沿着冷杉覆盖的山脊走了5个小时，试图从雪豹的足迹中推断它的行踪。这是在3000米高的海拔上，冷得刺骨，没有一丝风，也没有一片云，只有北边雪峰高耸，刺入天际。我先是在雪豹的兽道上发现了黑颈兔的足迹，弯来绕去，好像在躲避雪豹的搜寻。然后雪豹的足迹直奔一棵巨大的冷杉树，并在下面留下了刨痕——这是给同类的"名片"。在雪地单调乏味地稳步走了一段时间后，雪豹停在了一堆狐狸粪便处，可能是在嗅探它。几分钟后，它离开了这个山顶，往另外一株杉树去了，它绕着树走了一圈，可能是在看有没有其他猫科动物留下的气味或踪迹。然后，在两棵冷杉下，它留下了自己的标记——刨痕。尽管大多独行，雪豹也是有社会组织的动物。通过留下标识来告诉其他动物它的存在：刨痕、粪便和尿液，其中都有它自己独特的气味。某一地区的每只雪豹个体从中不仅能知道有其他个体到过这里，还有可能知道它是谁，在这儿待了多久等信息，如果是只母雪豹，还能知道她是不是想找个伴儿。刚刚那只雪豹在显眼的位置留下"名片"，例如一株单独矗立的树，或者是山顶，或者是光秃秃的山坡上，这都是有原因的。我跟踪的那条兽迹离开了山顶，走下了山谷，之后到了没雪的地方，我就找不到。随着野生动物数量减少，以及人们加强了对家畜的看守，雪豹必须走出很远才能找到一顿饭吃。我在巴基斯坦和尼泊尔跟踪兽迹走了大约 42 公里，很远地看到了一次狩猎行为，可能是逮住了一只岩羊。像其他大型猫科动物一样，雪豹的捕猎行为大部分都落了空。斯托克利（C. H. Stockley）在他的《喜马拉雅和北印度漫游记》（*Stalking in the Himalayas and Northern India*）里，写他一次看到"一只雪豹突然冲进它们（北山羊）正在进食的山洞，扑向一只雄性。这只北山羊及时逃脱了。雪豹伸出爪子，从北山羊身上薅下来一大片毛发……"。雪豹到底能跋涉多远还是个未解之谜，但由于它生活的区域猎物贫瘠，想来得走很远。有一次我们在吉德拉尔的另一个山谷——戈伦山谷（Golen Gol），等了一个月看能不能遇上雪豹，却只有一次见到一只猫科动物路过。

19 世纪末和 20 世纪初的狩猎记录很少提及雪豹。因为即使经年累月待在山上，人们也很少遇到这种猫科动物。这也不奇怪，因为这些动物只有不被人发现，才能侥幸存活下来。在克什米尔，从法律上来说，直到 1968 年以前雪豹还被视为有害动物。例如，在多次探访喜马拉雅的旅程中，博物学家 A. 沃德（A. Ward）见过 5 次独行的雪豹和一次 3 只的一小群。他猎杀了其中的 5 只。我可不能仅凭运气来等着遇见雪豹。我曾在印度中部，用绑着的家养水牛做诱饵，引出老虎来观察和拍照，我决定在这里尝试相同的方法。我派谢尔去买了 3 只山羊，拴在出现过雪豹踪迹的地方，有必要时就喂点儿栎树叶子和水。我每天早晨都来检查这些羊的状况，充满了期待。结果每天早晨，这三只山羊都活蹦乱跳的，并欢快地咩咩叫着跟我打招呼。雪豹是已知白天晚上都捕猎的动物。例如，印度登山家哈瑞·丹格（Hari Dang）见过三次它们猎捕岩羊，一次塔尔羊，一次雪鸡，都是在白天。既然如此，我用柏树枝建造了一个小小的遮挡物，花了很多时间在那里静静等待。我的存在并没有打乱山谷中生活的节奏。几群黄嘴山鸦在我头顶沿着峭壁盘旋上升，它们毫不费力地随着天空中气流的方向飘动。它们的运动方式简直是一种艺术。有时一群捻角山羊进入视野。交配季节已经开始了，每群里领头的公羊守在发情母羊的周围，一直勃起，试图用健壮的样貌打动母羊，用强大的力量吓退其他公羊。有时候，它通过往身上喷洒尿液来彰显自己的存在，把尿液浇在自己的胸部和面部。它的胡子都可以用来做香包了。母羊可以通过逃跑来回应公羊持续的关注和要求，但公羊还是会追随，两只羊就在山坡和树林中赛跑嬉戏。

群山常会令我感到空旷。但在吉德拉尔山谷，山坡和山峰总是阻隔了视线，将我包围其中——除非是在夜里。我缩进睡袋里，山峦融入无边的夜色。我盯着空中飘过的云，几乎因为眼睛在空间中穿梭而感到眩晕。只有柏树的香气，还有山下溪流的潺潺细语，提醒我自己是夜宿山中。我蹲守的时候，没有雪豹经过附近。但在我停止守夜的两天后，一只雪豹不经意地路过，进入了这片区域，却不顾途中的诱饵，径直前行。我们努力了两个星期，一无所获。

一天早上，在去往梅林的路上，普坎突然朝我跑来，挥舞着双臂，用他的木棍指着远处。"波尔敦！"他喊着吉德拉尔语里雪豹的单词，比画着两根手指，告诉我们有两只雪豹。一只羊被咬死了。我的眼睛扫过山坡，看到了第一只雪豹。她倚在山岬，身旁是一只幼崽，像个黑白相间的小毛球。此刻，不少大嘴乌鸦正盘旋而下，接近猎物。只见雪豹晃动着长尾巴尖，跃向山羊，保护着战利品，不让这些食腐者和高山兀鹫靠近。雪豹幼崽迅速躲进了岩缝中，母亲仍留在外面。几个小时后，我想试试雪豹能允许人靠多近。于是我慢慢地、看似不经意地沿着山坡向上走，直到距离雪豹 76 米左右，我停了下来。她蹲坐在一块巨石上，盯着我，眼神冷峻。我转身离开，几个小时后，又带了一只羊回来。我向她靠近的时候，她退回了岩石处。她跃上巨石，融入山石轮廓，突然像隐身了一般。她停住，望着我。我只能看见她的头部。我把羊绑在一棵小树上后离开。一路上我心中狂喜，为雪豹偶然接纳我的存在而高兴。我小跑下山，沿着山谷跑到卡萨维尔去拿我的睡袋，又回到梅林过夜。这原本要花 4 个小时的路程，我竟只用了一个半小时。

拂晓时，我拿起望远镜，从山谷谷底抬头观察雪豹。雪豹幼崽在离母亲约有 4.5 米之上的岩石中攀爬，突然，它跑回来，用前额抵着母亲的脸颊，好像要从中寻找一些肯定与安慰。它咬食羊的尸体大约 40 分钟，然后回到母亲身边，摩擦着她的脸颊，向她打招呼，舔了舔她的额头，接着就消失在岩缝里。我估计这只雪豹幼崽大约 4 个月大，可能是 8 月出生，雪豹妈妈可能是 5 月怀胎。不过根据当地人提供的信息，雪豹的交配季节大约是 3 月或 4 月。根据在动物园的观察，出生两个星期后，小雪豹可以站立走动，大约 4 个星期之后，小雪豹可以离开洞穴开始探索周围的环境。雪豹幼崽在出生后头两个月都难以移动。为了成功将其抚养长大，雪豹妈妈需要找到一个比较偏僻的巢穴和一些容易获得的食物。普坎告诉我，有人在几周前看到这只母雪豹带着两只幼崽，不知道为什么少了一只。然而小雪豹能够存活下来已经很不容易。现在野生动物越来越少，雪豹不得不越来越多地捕食家养山羊和绵羊。粪便就能说明家畜对这个地区的猫科动物来说有多重要：雪豹粪便中 45% 是家畜的残渣。如果雪豹捕猎、咬食的速度缓慢，牧民很快就会发现它们，赶走或是射杀它们。冬天，急需食物的雪豹可能潜伏在村里的小屋外，偷偷咬死家犬，或是钻入家畜棚圈里。暴怒的村民发现后就会围住受惊的雪豹，用棍棒和斧头把它们打死。雪豹与一般的豹类个头差不多，像布朗克斯动物园的一只母雪豹约 32 公斤，另一只公雪豹约 40 公斤。尽管如此，到现在仍没有记录显示雪豹会吃人。

　　当晚，我决定就在母雪豹和幼崽附近过夜。在逐渐消逝的光亮中，我展开睡袋，在离雪豹 46 米左右的一块平地安顿下来。母雪豹回到猎物身旁。在这个环顾无人的暗夜世界，这座山都属于她。山石、积雪的永恒孤绝，让这只雪豹也生出一种古老而苍凉的气质。很快黑夜吞噬了我们，只能听到冰冷的夜风在山间席卷而过，偶尔还能听到牙齿咀嚼骨头的声音。

月光洒满山脊，山坡变成冷峻的银色，但猎物仍在阴影中。天又开始落雪。潮湿的雪花逐渐渗入我的睡袋。当夜色褪去，岩石在晨光中显现，我卷起睡袋和随身物品，准备离开。在湿重的雾气和纷飞的雪花中，我看到雪豹躲在一个突出的山岩下，皮毛看起来十分干燥，保护得很好。那个晚上，我对雪豹的了解并没有增加多少，但我静享了数个小时的沉寂，感受月下群山超越尘世的美丽，更重要的是，我终于成为雪豹世界中的一员。这个新认识，让我整个人都充满了一种安静的却难以抑制的喜悦。

三天内，雪豹对我的存在都很包容，允许我靠近至 36 米的距离，再近她就开始往后退。但很少看到雪豹幼崽。母雪豹每天大部分的时间都在猎物旁边，防止食腐鸟类的靠近。除了乌鸦、高山兀鹫，偶尔还有金雕。猎物还吸引了 5 只胡兀鹫，其中两只是成年个体，还有 3 只是亚成体。它们在悬崖边倾斜转弯，双翅张开长达 2.4 米，在上空盘旋，嗜血的眼神直勾勾地盯着猎物。胡兀鹫为人所知的习性就是它们会叼着骨头，从高空中抛下砸到岩石上，再从碎骨中吸取骨髓。我每天都给雪豹送一只活羊，诱使她留在那个地方。通常她会在天黑后把羊咬死，不过有一天傍晚，我目睹了她咬死羊的全过程。

她先是饶有兴致地观察着那只羊，看了足足有 45 分钟。随后她慢慢地走下山坡，身躯贴近地面，小心地调整着四肢爪子的位置。直到走到猎物正上方的一块大石上，她犹豫了一下，然后突然

　　　　　　　　　　　　　　　　　　　　　　　寂静的石头

跳下，落到羊的身后。受惊的羊低下犄角，乱跳乱转。雪豹也一样吃惊，往回跳了一点，举爪在空中猛击了一下。但当羊转身要逃时，她再次跃起，动作迅速敏捷，用牙咬住了羊的喉咙，巨大的前掌紧紧抓住羊的肩头。慢慢地，羊失去了挣扎的力气，跪倒在地上。她轻轻一动，把羊放倒在一边。她蹲坐着，继续咬着羊的喉咙。8 分钟后，羊一动不动，完全停止了挣扎。

一天晚上，雪豹和她的幼崽突然离开了。我循着他们留下的踪迹，沿着地上的针叶一直走到峭壁边。我是应该追踪下去，还是就让他们继续平静地生活？我选择了后者，不情愿地走下山。一周以来，他们给我带来了一种独一无二的体验。我期待有一天能再见到他们，以续旧识。

现在是 12 月 21 日。我在吉德拉尔山谷的野生动物调查结束了。扎希德前几天已经回到拉合尔，现在我也该去了。带着沉重的行李，我和普坎、谢尔第二天早上离开了吉德拉尔镇。道路沿着斜坡直上山崖，我们停下来休息一下。在我们的脚下，很远的地方是镇子，是有着建筑物和梯田的另一个世界。穿过山谷，耸立着参差不齐、坚硬的山峰。北部是蒂里奇米尔峰，海拔 7690 米，是兴都库什山的最高峰。只有它与这些无名的其他山峰有所区别。它占据人心，在人的记忆中徘徊。"云挂在蒂里奇米尔峰上，恰似忧愁挂在心间。"一个吉德拉尔人说。但是，即使它被乌云笼罩，人们的目光仍然搜寻着它，仿佛只有它在瞬息万变的世界中提供了永恒。

正当我们休息时，当时的米塔，H. H. 赛佛－乌尔－马鲁克（H. H. Saif-ul-Maluke）带着 9 个随行人员沿着小路远足而来。

他刚从学校放假回家，正往自己的狩猎区去。他大约 19 岁，是个非常和善的年轻男子，刚刚长出胡子。我们聊起了野生动物，他偷偷地拿手抚摸着胡须。他的圆脸里透露着蒙古游牧民族成吉思汗骑兵的基因记忆，但他眼神温柔、气质放松，仿佛他的血液已经忘记了过去。他从来没有统治过这个小山村。早在 20 世纪 50 年代，他的父亲在一次飞机失事中去世，他的叔叔阿萨德－乌尔－拉赫曼亲王（Prince Asad-ur-Rehman）接任摄政。阿萨德亲王性格软弱，缺乏许下承诺的勇气和强硬的手腕，几乎没有做出什么努力来帮助自己极度贫困的国民。随着王室财产的崩溃，阿萨德在动荡中退位，把这个世界上的问题留给了下一任继任者。最后，政府废黜了王室，全面接管了当地。在祝米塔旅程愉快后，我们沿着通往城市的荒坡往下走。在人们的记忆中，这里曾经草木丛生、遍布生命。

吉德拉尔镇本质上是一个集市。店铺排列在将近 1.6 公里的土路旁。这条路冬季泥泞不堪，夏季尘土飞扬。每家店铺的门口都是开放式的棚屋，墙上摆着商品，店主则蹲在中间。大多数商店卖些布匹、铝锅、杏干、核桃或者香烟。有些还摆着几个罐头食品，看起来非常古老、锈迹斑斑。还有人卖粗糙的原盐，像一大块石英。肉店里倒挂着剥了皮的山羊，拖着看上去像是一块奇形怪状的布料的肠系膜。鞋匠们流行用旧轮胎做凉鞋。在冬季，店主们会蜷缩身体，沉默寡言地围着烧木材的油铁罐取暖。人们用一种叫作寇尔加斯的褐色披风紧紧裹住肩膀，在严寒中沮丧地行走在路上。吉德拉尔是懒男人们的理想小镇。这里的宗教迫使女性在家

　　　　　　　　　　　　　　　寂静的石头

中操持生计。男子聚在一起闲聊，或在餐馆享用奶茶，闲散地消磨时间。吉德拉尔的男性间一度流行用褐色毡料做帅气的民族服饰，现在大多数人只穿着外国慈善组织捐赠的破旧、不合身的夹克和大衣。只有当每个当地人都戴着被视作山地男人徽章的扁平的、卷曲的毡帽，才能阻止这里正在蔓延的不景气和破败气息。

跟许多其他按部就班生活的人一样，吉德拉尔的男人们由衷地喜欢八卦。比如说，我就是个新鲜的动物学现象，关于我的谣言盛行。我在镇上行走，闲人们空洞的目光跟着我，再把我的所作所为报告给当地的管理者。有人说，我可以催眠雪豹，能把它们抱着玩儿。而且，更令人烦恼的是，有人说我是在这里建立导弹基地。整个世界害怕间谍，这里作为世界的一部分也不例外，所以这种传言可能会影响我的工作。在印度，有人偷偷向政府官员汇报说我可能是一个美国中央情报局的特工，导致我没有拿到进一步研究的许可证。虽然这是印度人的常用手段，用不光彩的个人原因排斥外国人，但我还是很担心这些毫无根据的谣言可能在吉德拉尔造成同样的影响。幸运的是，他们没有这样做。

从集市继续下坡，穿过以前的一些政府兵营和用作公用厕所的田野等，就来到了所谓的王室宫殿。宫殿坐落在库纳尔河畔，只不过是一个矮矮蹲着的木泥小堡，并没有高塔和高墙。外面看上去一副废弃的样子。里面，穿过一道高大的镀铁大门，就看到了锈迹斑斑的大炮和摇摇欲坠的墙头碉堡。建筑物里的楼梯相当危险，破碎阴暗，走廊和房间空空如也，只有灰泥剥落的墙壁，储藏室里除了蒙着灰尘的马可波罗盘羊和捻角山羊的头骨，几乎空无一物。腐朽得如同这堡垒一样的旧时家臣，凿沉了屋子里的过道。只有宴会厅里还留有昔日辉煌的假象。房间大小适中，装饰着各种鎏金木制品。室内摆着各种照片：以前各个肥肥胖胖、留着大胡子的米塔，仅有男性的家族肖像，排列整齐的士兵，19世纪90年代曾在这里掌权的英国统治者。宫殿的萧条令人沮丧。我感到悲伤。我无可挽回地错过了一个已经消失在历史中的时代，却遇到了它残留下的现在，不受欢迎，无人哀悼，几百年的历史以一个可悲的废墟告终。

我曾问过阿萨德亲王，他的家人统治了吉德拉尔多长时间。"我不太确定，"他含糊地轻声回答，带着梦幻般的笑容，"我们没有文字记载的历史。我们最早的祖先可能是16世纪的巴布尔兄弟的儿子吧。"巴布尔的父系来自伟大的征服者帖木儿，母系来自成吉思汗次子察合台。他统治撒马尔罕和喀布尔，并在1526年成为击败新德里统治者的第一个莫卧儿皇帝。不过，阿萨德亲王的家人直到17世纪后期才来到吉德拉尔。之后，他们与吉德拉尔东北部的胡什瓦克特家族共享这里的统治权。

吉德拉尔近代史充斥着阴谋、谋杀和背叛。1892年，阿曼－乌尔－穆尔克（Aman-ul-Mulk）身亡，吉德拉尔陷入无政府状态。查尔斯·布鲁斯（Charles Bruce）在令人着迷的《喜马拉雅20年》（*Twenty Years in the Himalaya*）中写道："他死后，只有两个可能的继承人：他的嫡长子尼扎姆－乌尔－穆尔克和嫡长子的弟弟阿夫扎尔－乌尔－穆尔克。哥哥英俊软弱，按照吉德拉尔的道德标准来看，是个不道德的人。弟弟绝不是一个坏人，只是生性凶猛，几乎能称得上残暴。"书中说，父亲去世的时候，弟弟杀死了几个兄弟，迫使哥哥出逃。他的叔叔谢尔·阿夫扎尔（Sher Afzal）从边境上阿富汗的巴达克山（Badakshan）入侵，攻占吉德拉尔堡垒，并杀死了王宫里的阿夫扎尔。这时候，英国在附近的吉尔吉特已经建立了统治政权。他们请回了尼扎姆，派出一支小军队护送他登基。不过，英国人对当地人有偏见。军队骚扰当地的贵族，以布鲁斯的话说，"不许随意在公开市场上出售奴隶"。与此同时，贾尔多的安拉·汗和他的普什图族人接管了王宫下游 32 公里左右的一个小镇乔什镇（Drosh）。1894 年，尼扎姆被他的兄弟阿米尔-穆尔克谋杀，贵族们起兵反抗英国的统治。英军当时共有 150 人，三分之一的兵力被摧毁，其余撤退到吉德拉尔的堡垒。1895 年从 3 月到 4 月的 46 天，士兵们仍然受到围攻。吉尔吉特派出一支军队，白沙瓦再派一支，两支军队从北边转战，通过以前英军从未到过的部落地区，攻占了堡垒，并任命了一个新的统治者舒亚-乌尔-穆尔克。

现在这里归英国统治，村民恢复了从前的生活。每年收成的 10% 必须作为税收上缴给统治者。但是，至少现在这里是和平的。奥莱尔·斯坦因（Aurel Stein），世界上最伟大的科学家、探险家之一，1906 年到访吉德拉尔之后，凭着卓越的先见之明，提出了下面的问题：

> 英国统治者早晚都要面对这里的经济问题。这里不再买卖奴隶、废弃了世仇决斗，人口势必会迅速增加，仍无人居住的

耕地储备很可能在一个可以预见的时间内就会被用完。

吉德拉尔1895年有5.5万人，如今有3倍之多。所有可耕的田地都用于农业生产，粮食却仍然严重短缺。许多男人每年冬天离开山区，到城市找份临时工作。面粉、大米和糖必须由军用运输机运来，以补给当地微薄的物资供应。而政府的存在仅仅造成了加剧短缺的效果。每年政府部门需要上万人手或110万美元来预防森林火灾。每个办公的配额是一天一个人力，然而，这里火灾很罕见。政府官员们裹着大衣、披着披肩、戴着帽子，在执行防火任务时瑟瑟发抖。分配取暖的柴火在哪里呢？我在想。官员们把柴火分好了带回家，因为他们微薄的薪水买不起约合50美分一堆的柴火。山羊破坏山丘，但人们需要羊奶，村民还能卖羊肉赚一点钱。"吉德拉尔的土地曾经刚刚够用，"瓦齐尔·阿里·沙阿（Wazir Ali Shah）有天晚上对我说，他来自吉德拉尔一个历史悠久的家族，如今是这里的行政副长官，"但现在是不够了。"我们盘腿坐在他的壁炉前取暖，吃着一点儿烤羊肉。柴火和食品是用来招待我的。我感到内疚，我，一个局外人，也在消耗着这里的资源。

现在大部分吉德拉尔贵族已经离开当地，但布尔汗-乌德-丁王子（Prince Burhan-ud-Din）留了下来。他看起来像过往世纪里米塔尔的转世化身，行为举止却像一只热闹的熊，在集市里拥抱朋友，给孩子们散发糖果，还邀请我这样四处游荡的外国人到自己家做客吃饭。有时候他像个传播福音的布道者，突然对正在离开的客人说："让我为你的祖国给你一个祝福吧。让男人之间和平相处。"布尔汗精通巴基斯坦的待客艺术，能让人感到友善好客，又留有余地。我有时在他家连住许多日，却仍然对他一无所知，而且依据穆斯林的习俗，我甚至从未瞥见过他家里的女性成员。我们常常会围绕野生动物展开热烈的讨论。布尔汗还保留着过去的习惯，冬天的时候喜欢储藏捻角山羊肉制品。并且，即使狩猎违法，他还是喜欢邀请客人在他的私人保护区里打猎。

"吉德拉尔现在只剩下几百只捻角山羊了，"我会跟他争论说，"正如你为男人之间的和平努力一样，你也应该为人类和野兽之间的和平而努力。伊斯兰教教义本来也就说，非必要时不杀生。你就没有这个必要。再说，你给村民做了一个坏榜样。"

"是的，是的，是的，"他会回答，"你说得对。打猎打得太多了。我担心我的阿加拉姆保护区里的那些北山羊。你得去那儿看看。带着我的枪，随你打猎，要多少打多少。你尝过北山羊肉吗？没有？超好吃的。"

不管花多少努力去试图理解新鲜事物，他总是回到原来的思维模式中。这一点在雪豹事件上最明显了。布尔汗在镇子13公里外的图什（Tushi）有一个捻角山羊保护区。这个保护区由一片路边的山坡组成，当时大约有125只捻角山羊。我很少见到这些动物，因为大多数成年公羊被猎杀了，使整个种群的性别和年龄构成比例失调。冬天，受这些猎物的吸引，一只雪豹偶尔路过了图什。我曾跟布尔汗说，如果有雪豹，赶紧通知我，于是1973年1月15日，一个人跑着来到了吉德拉尔山谷，带来张纸条说有雪豹出现。1月17日，我就抵达了布尔汗家。

"你去哪儿了？"他招呼我，"你来晚啦。我昨天已经把雪豹杀掉啦。它弄死了我的捻角山羊。"

我惊呆了。行政副长官、地区森林官和其他几位官员在他家享用午宴。尽管雪豹受法律保护，但没有一个人谴责这件事。大家都出去看新剥下来的雪豹皮，它被稻草诡异地塞满，挂在一个棚子里。我参加了午宴，这顿丰盛的午餐有米饭、五香汉堡、咖喱鸡、炖杏和绿茶，但我没有食欲。看我这么沮丧，布尔汗建议我在他位于图什的小屋里住上几天，说不定还有其他雪豹会出现。我默然地同意了。

图什小屋挤在公路和山地之间，建在古老的河畔上，是个阴森森的地方，环绕着许多冬天光秃秃的苹果树和杏树。灰色的云层在山上翻滚，我觉得自己被荒山巨石囚禁了。在全身心投入一个地区的研究之前，我需要与它建立共鸣。可在这里，我觉得自己像个外星人。一个地方什么样，很大程度上得看描述它的这个人什么样，因为人们常从风景中折射出自己的内心。我知道，我的忧郁部分来自山上这些人类的不断扩张：我在搜寻一个无人之境。我的精神家园在阿拉斯加的荒野，在那里我进行了第一次野生动物研究。一旦爱上，荒野就变成不只是一个现实中存在的实体，更是一种想象中的理想状态。我还没准备好面对兴都库什这些受伤的山丘。

我绑了两只山羊，希望能诱来雪豹。在山坡上搜寻新的足迹时，我发现了四个近期的捕猎痕迹，三只雄性捻角山羊和一只幼崽，但这些很可能是我刚刚看到的那只雪豹最后的一餐。我没有找到什么新鲜足迹。但是至少，我发现了一条狐狸走过的小径，沿着它找到了正在发情的捻角山羊，看到了两只金雕向一只野兔俯冲……突然，有一天早上，一只山羊躺在碎石上死了。我在可能的范围里认真搜寻，就只能找到这么一个凌乱的尸体。我想，也许是一只狼咬死了这只山羊，吃了它的内脏，继续前行。一些喜鹊还充满期待地待在附近，好像害怕似的，不敢接近。我又看了看，一块磐石移动了起来，顽石变成了生命，像一团灰色的薄雾，一只雪豹跑掉了，动作如此流畅，就好像从未移动。这是一只母雪豹。那天，她成功地躲在了悬崖某处，赶走了觊觎她的猎物的鸟儿们。我再绑了一只山羊，等待着。下午4点45分，一只胡兀鹫从岩石顶上飞过。雪豹沿着山坡匍匐而来。她并没有立即攻击山羊，而是躲在鼠尾草丛后面安静地等待了一个小时，直到黄昏模糊了她的轮廓。黑暗之后，很快，一场短暂的战斗过去了。

这只雪豹活动的区域跟之前死掉的公雪豹是重合的。有些博物学家说雪豹成对活动。我在山上游荡的时候，碰到过29组足迹，其中25组都是一只独行，其余是成对同行，而印度登山家哈瑞·丹格遇到过12只独行的和4对同行的雪豹。显然，猫科动物总是孤独的。当两三个一群活动的时候，有时是一公一母同行，有时是母雪豹带着已成年的幼崽，有时是几只未成年的公雪豹同行。然而，一般报道很少提到被猎杀或被看到的动物的性别。1972年，在吉德拉尔和乔什之间的克素山谷，一名村民猎杀了一组三只雪豹，其中有一只母雪豹和一公一母两只幼崽。一种动物可能喜欢独行，但未必就不合群。如同老虎，生活在同一个地区的雪豹可能偶尔碰面、分享一下猎物。不幸的是，我未能揭开雪豹社会生活中的细节。

黎明时分，我俯卧在大石背后，观察和拍摄雪豹。一些喜鹊已经率先到达，在距离雪豹大约 1.8 米的范围内跳来跳去，戏弄着她，等她扑过来的时候又赶忙灵活地跳到一边。高山兀鹫在周围的岩石附近滑翔和降落。现在天大亮了，在这开放的空间中，雪豹变得不安。她离开了三次，但又返回来到猎物尸体旁赶走喜鹊。最后，她离去了，跨过碎石，沿着悬崖底，一直消失在了周围的山尖上。这是我最后一次见到她。我在吉德拉尔山谷与雪豹第一次的相遇令我十分激动，但是这一次却给我留下了遗憾和惆怅，仿佛看到美好的事物消逝，直到永远。这使我想起罗马诗人维吉尔的话："物也含泪，因它注定消逝，而人心为此感伤。"

我通常在冬季前往吉德拉尔。这个季节，雪深藏在山脊，寒冷笼罩着峭壁，大多数野生动物从高海拔下到山谷活动。捻角山羊尤其如此。它们从 11 月至来年 5 月都待在低海拔的地方。雪豹自然也跟着它们的猎物下来了。野生动物集中的时候，就相对容易进行调查和研究。但是，在冬天进入或离开吉德拉尔则面临各种挑战。

从地图上来看，有一条醒目的红线，从白沙瓦附近的瑙谢拉（Nowshera）一直向北。它能进入马拉根德（Malakand）前的山区，穿过斯瓦特南部，接着到迪尔，越过 3118 米的洛瓦里山口（Lowari Pass），最后抵达吉德拉尔。确实有这么一条路。不过，它在洛瓦里山口附近的部分，一年至少有 6 个月都被大雪封山。在许多地方，道路沿着不稳定的斜坡建造，任何暴雨都能导致山体滑坡，再加上路旁没有排水沟，路面会被侵蚀成峡谷。从白沙瓦到吉德拉尔一星期有 3 次航班，但很多会被取消，特别是 12 月至来年 5 月，因为洛瓦里山口臭名昭著的坏天气。早上常常天气还不错，到了中午，云雾就开始进入山口。航班自然一般安排在中午前后离开白沙瓦。因此，我每 9 次订机票试图进入或离开吉德拉尔，只有 3 次能在当天起飞。航班总是很满，一票难求，订票相当困难。因此，即使取消航班，人们也不会轻易放弃已订的机票，改从陆路进出。因此，有飞机的时候，去机场搭乘这班飞机，就得去面对柜台周围聚成一堆、推来推去、大声高喊的"暴徒们"。每个人都背着铺盖、铁皮箱和用布绑起来的奇形怪状的物品，就像逃难似的。一百年的英国统治也没有教会巴基斯坦人排队。航班取消后，为了拿回我的行李，尽管不情愿，我还是经常不得不勇敢地面对"暴徒"。尤其是冬天天气不好，有时飞机会停飞几个星期。经过几次这样往返机场的徒劳跋涉，毫无疑问我更喜欢严酷的陆路进山。

飞机太快，都来不及对旅途充满期盼。陆路缓慢，总是带着愉快的旅行愿望开始，又靠着简单的"抵达目的地"的希望继续。两种旅行方式都有各自的缺点，我在 1973 年 1 月的公路旅行里就写过一些。布朗克斯动物园哺乳动物馆的前馆长布拉德·豪斯（Brad House）加入了我这次往吉德拉尔的行程。在白沙瓦集市，我必须找到愿意载我们 193 公里去迪尔的出租车，讨价还价了一番之后，一位司机同意了相当于 25 美元的车费。他的车漏油，搞得车内都是一股汽油味儿。轮胎特别老旧，很快就漏气了，然后爆胎了。尽管我们找到了一个村店修理，不久后还是再次听到金属摩擦的声音。我们继续前行。北马尔丹的荒山从印度河平原上拔地而起，狭窄的道路在山间蜿蜒。下午过去了，天渐渐黑了，冰冷的雨落了下来。路边偶尔出现的店铺都被栅栏拦了起来。终于，我们看到一家开着的茶店，煤油灯从狭小窝棚里透出微弱的光，落在荒村街道上。我们要了煎蛋卷、当地特有的主食恰帕提（一种烙饼）和茶，然后继续前行。一名警察挥手让我们下来，告诉我们说，匪徒封锁了前面的道路。查尔斯·布鲁斯在1904年曾到过这个地区，他说："在这儿没有保镖，旅行实在不太安全。"现在，70年之后，还是一样。我们回到了茶店，希望能借宿一晚。不过，很快两辆卡车与十几个警察赶到，我们就一起同行了几公里，直到他们停在了道路上的一个急转弯处。警察从他们的卡车里一跃而出，准备步枪，发射了照明弹，照亮山头，但并没有人。我们继续孤独的旅途。雨还在下，再往前走，它变成了雨夹雪。路上的车辙成了一道道溪流。临近迪尔镇，爬上陡峭的山坡，我们只能在雪地和泥泞里推车前进。最后，在晚上10点半，我们到达了镇子上。在沙黑德旅馆门前，我们捶了半天门，终于进了屋。房间里既没有暖气，也没有光，只有一股尿臊味儿。我用手电扫了一下我的床上，离上次换床单的时间大约有一年了吧，我就知道臭虫和跳蚤将伴我入眠。但至少，在这里还能睡个觉。

天亮时，我去集市上找几个背夫，但那里游手好闲的人们只用无动于衷的呼噜声回应了我。最后一个年纪较长者说，他可以找到两个背夫。昨晚的风暴已过，天空晴朗清澈。从迪尔镇到洛瓦里山口大约有 30 公里，这是一条容易走的路，大部分道路被冰雪覆盖。从山口再走 4.8 公里是古扎尔，这是一家类似旅馆的开放式棚屋，看上去就像一个邪恶的外屋。周围的雪堆上落着粪便，屋子里边咕噜咕噜煮着茶，时不时传出一阵笑声。布拉德已经远远落后了，他不习惯高海拔登山。他到达的时间太晚，已经来不及当天抵达山口。黄昏时分，老板在木架上架起了用紧绷的绳子做成的床。第二天早上，布拉德明智地决定，他不擅长登山，尤其最近肺炎才刚刚好。他转头返回白沙瓦，而我用 5 小时走完剩下的 22.5 公里，爬过山口，抵达吉德拉尔。道路很快就没有积雪了，吉普车能通过了。

山路大部分又窄又陡又多急转弯，只有吉普车能够通行。旅行者只有两种选择：乘吉普车或步行。前者体验起来很独特，但后者更安全。被联合国当作废品丢弃的吉普车，成为了山区出租车。首先，吉普车能装几百斤，向各类商店运送面粉、大米和其他物资。此外，车路过崎岖路面弹起来的时候，乘客们的个人行李能堆到车顶。最后，大约有八名乘客挤了进来，另外三个挤进了前排座椅。每辆吉普车由两个人负责管理，一名司机和一名助手。助手的任务是补充散热器里漏掉的水，每次车辆熄火时把石头垫在车轮后边。因为总有乘客推车，车的启动功能算是多余的。轮胎通常被磨得很光滑，还用些破布塞进轮胎上的洞里以保护内胎。这些超载、过度拥挤的吉普车穿山越岭，并不总是有人在开着，因为下坡时为了省油还常常关闭发动机。我通常精神紧张，随时准备在发生事故时跳出车去。有一次，我听说了吉尔吉特地区的事故记录：一个月内，5 辆吉普车摔下山，23 人死亡。在这种情况下，我于黄昏时到达吉德拉尔镇，从白沙瓦走了 3 天，乘飞机才一个小时。

孤独、罕见、难以捉摸的雪豹常常使我对它们的研究受挫。常规的博物学手段，跟踪足迹、检查粪便和偶尔瞥见，实在不是研究这种猫科动物习性的好办法。如果我可以在它们脖子上安装一个无线电发射器，我就能通过接收设备的信号定位它们。这种技术在棕熊、老虎等物种上已有成功案例，我想试试用于雪豹。1974 年 1 月，生物学家、无线电遥测专家梅尔文·森德奎斯特带来设备和两个陷阱箱，试图捕捉雪豹。梅尔文高瘦，好相处。他以前研究树懒。我们搬进了吉德拉尔山谷。由于梅尔文并不是特别喜欢爬山，于是我独自在山谷搜寻雪豹的踪迹，但一无所获。普坎告诉我们，这里已经几个月没有见到猫科动物了，根据布尔汗王子的消息，图什也是如此。

我十分担心。一年前，我在这两个地方都看到了雪豹或它们的踪迹。但我也知道，1971~1972 年的冬天，布尔汗王子的哥哥，木塔 - 乌尔 - 穆尔克王子（Prince Muta-ul-Mulk），曾在图什附近的夏高尔村（Shogore）枪杀两只母雪豹。同一个冬天，吉德拉尔山谷里至少还有四只雪豹死亡。下一个冬天，图什又猎杀了一只公雪豹。这七只雪豹的死亡导致了山谷里的种群数量锐减。现在，我想知道是否还留有任何活口，能供我研究。

一天，我们在吉德拉尔山谷等待雪豹，狩猎场管理员米尔扎·哈桑（Mirza Hassan）来拜访我们。他个头结实，身材矮小，眼睛像脸上长喙的野鼠般闪烁不定。他很特别。尽管大多数官员在他们的办公室里无所事事，还以此为傲，米尔扎·哈桑却巡视了整个区域，试图认真执行各种规定。早些时候，我曾问他去调查各个山谷里雪豹的情况，他现在就是前来回复的。他的英语虽然不是很好，但还是比我的乌尔都语好一些，我们的谈话磕磕巴巴地进行着。

"你找到了多少只捻角山羊？"

他拿出一张写着记录的废纸，念道："乔什山谷 10 只，吉拉尔山谷 15 只，加西特山谷 10 只，邦不热特 25 只。捻角山羊现在太少了。"他总结道。算上他的 120 只，再加上自己在吉德拉尔山谷和图什保护区里调查到的，我稍微估算了一下其他山谷里的种群数量。乐观来看，吉德拉尔整体大约有 500~600 只捻角山羊。据以前的居民回忆，30 年前，每个山谷中都生活着许多动物。不幸的是，那句古老的口号依然在吉德拉尔流传："如果它还在动，就打一枪；如果不动了，就砍成肉块。"吉德拉尔的人们仍然照着这口号做，即使副局长去年开始已经禁止任何猎杀捻角山羊、北山羊和雪豹的行动。

哈桑看了一下他的手表，突然打断我们的谈话，面朝麦加跪下。他背诵一天五次的教义："万物非主，唯有真主，穆罕默德是主的使者。"

接下来，他有点气喘吁吁地回到捻角山羊的话题："布尔汗惹了太多麻烦。他这个月开始猎杀捻角山羊。但我们找不到证据。林业部门正在对木塔-乌尔-穆尔克提出起诉。从 1 月 15 日到 19 日，他射杀了 4 只捻角山羊。"

我赞许了他的作为。如果王子肆无忌惮地狩猎，就不能指望村民们遵守法律。

　　"你知道迈克罗伊吗？"他问。我疑惑地看着他。"美国人，"他提示，"去年猎杀了捻角山羊，很快走了。"

　　哈桑念错了他的名字，但现在我记起来这个人了。洛杉矶狩猎俱乐部的代表，曾在这儿非法猎杀捻角山羊。

　　"我们现在有案例了。如果他再来吉德拉尔，我们要给他发传票。"哈桑最后说。

　　这名猎人明智地再没来过吉德拉尔，以免被捕。接下来的一年里，我又遇见了他。这一次他在猎杀另一种受法律保护的物种旁遮普盘羊（维氏盘羊旁遮普亚种）。他性格开朗，但是眼界有限，打猎主要是为了增加猎物来在圈内获得地位。他的人生目标之一是猎杀世界上每个种类的羊。他当时正在恼火，因为不能获得许可证去猎杀埃塞俄比亚罕见的西敏山羊。我说，这些动物在灭绝的边缘，都只剩下不到 300 只了。他强调说，他很支持动物保护。他给我看他的公益保护组织野鸭基金会（Ducks Unlimited）出品的领带，说："这花了我 300 块钱。"

　　我和米尔扎·哈桑的话题转向了雪豹，但他几乎没什么可说的。他刚刚在吉德拉尔山谷南部的然波尔（Rumbur Valley）、邦布热特（Bumburet Valley）和比里尔山谷（Birir Valley）待了 3 天，但那里的卡菲尔人近期都没有看到雪豹的踪迹。一些卡菲尔人金发碧眼，种族来源不明。"卡菲尔"的意思是"异教徒"，对伊斯兰文化来说是异端，因为他们不相信只有一个神而信仰多神，妇女也无须隐居家中，每年9月还有一个节日，选出精壮男子来给未育女性。1893年，阿富汗的阿米尔强行将卡菲尔并入自己的领地，只有逃到吉德拉尔的卡菲尔人保留了他们传统的生活方式。然而，即使是这里，文化的变化也在加速。例如，为纪念重要人物，他们会制作真人大小的木制人像、马背上的人物雕像和令人印象深刻的墓碑，但现在这种艺术形式已经失传。

我雇用苏比达·阿夫扎尔（Subidar Afzal）帮助我们搜寻雪豹。他是吉德拉尔童子军的退役成员，现在是负责边境巡逻的准军事部队的一员，十分熟悉当地。他报告说离吉德拉尔镇19公里的戈伦山谷可能是个寻找雪豹的好地方，我们就搬到了那里。从镇子上沿着库纳尔河往上游走几公里，河水分支，一条支流是阿卡瑞河（Arkari），另一条是雅昆河（Yarkhun）。后者的源头在吉德拉尔东北角240公里左右。我们沿着雅昆河乘吉普车到戈伦山谷的山口附近，搬运工把行李卸了下来，穿过一个阴沉的峡谷，直到山谷口变宽，越过山坡可以看到戈伦村和波巴卡村（Bobaka）。雪积了0.3米厚，悬崖上覆盖着一层冰盖，石头的小屋都反射出铁般的寒光。因为租不到房间，我们在旁边单独建出来的商店里过夜。幸运的是，第二天谢尔·潘纳给我们找到了两个房间。当天晚上，雪豹来到了村子里，但没有看到我们事先绑好的山羊诱饵。雪豹走到山谷底，沿着悬崖的底边，走过下面很大一片巨石丛。它从一块巨石跳到另一块巨石，向着溪流的方向，沿着覆盖着冰的岩石边往下走。它一跳1.8米，跳到一块大石头上，又一跳2.1米，跳到另一块大石头上。它的爪子抓住岩石光滑的表面，最后一个飞跃，到达对岸。它绕开村庄的边缘，沿着一堵石墙走过，爬上一条卵石斜坡，在悬崖上蜿蜒而上。我们都感到非常高兴：另一只雪豹肯定很快就会经过这里。

我们的生活日程很快建立起来。梅尔文研究了河边到处都是的褐河乌。虽说现在还是 2 月中旬，这种耐寒的鸟已经开始求偶。每对占据的领地大约沿河 426 米，若有其他同类来犯，它们会奋力捍卫领土。偶尔会有鸟儿对着自己的伴侣扇着翅膀，尖声唱歌。我在戈伦山谷探索了大约 40 公里的浅山区域范围，有时带着苏比达·阿夫扎尔，有时就我自己。这个山谷曾经以野生动物多而著名，现在捻角山羊和北山羊都已罕见。从我们的营地往上向山谷外走，还有三个村庄，那是狭窄的泥泞中一小群棚屋，由一条冰雪覆盖的小路连接在一起。

有一天，我们越过了最后一个村庄伍斯特（Ustor），山谷变窄，之后在一条古老的山坡上突然升起。这里长着一丛柏树，从雪地上凸起的众多树桩看来，这一丛很快也会被人们的斧头砍伐。我特别喜欢这些柏树，它们的树皮参差不齐，树干粗糙，枝叶凋零。跟雄伟的冷杉不同，这些柏树都平易近人，令人感到舒适。它们散发出一种泼辣、野性的气味。白斑翅拟蜡嘴雀喜欢吃它们的果实。我们走得很慢，巡视着斜坡上的北山羊小径。两个小时后，山峰后退，地形变成几公里宽的平地。这里是海拔 3230 米一个叫作热格纳里（Rogenali）的地方。在这无垠的天地中，三间小屋子挤在一起，成为这片土地的一部分。从远处看，只有从房顶上一个洞口升起的一缕薄烟，表明它们不是雪丘。等我们走近，我可以看

寂静的石头

到墙边堆放着木头，干草堆旁有几只羊蜷缩着抵御寒冷。附近生长着一些棉白杨和桦树，树枝残缺不全，有些被砍来用作牲畜饲料。两只狗狂吠了起来。跟大部分山区的狗一样，它们的耳朵被割掉了。村民们喜欢砍东西。两个男人走到门口，都穿着棕色的粗布衣服，腿部用皮带绑着山羊皮，保护自己的脚。他们请我们进到客厅里。我们脱下靴子，决定在火前的稻草堆上盘腿坐下。不久，他们端来水壶煮的茶。之后是晚饭，我们吃的是撒了点儿盐的煮土豆。我喜欢巴基斯坦人的热情好客。即使是最贫穷的村民也会向客人提供他的所有，并且不卑不亢，很有尊严。天黑了下来，我们坐在火的昏暗的光芒下——穷人用不起蜡烛或煤油灯——三个男人低声闲谈。他们散发出一种原始的气味，半人半动物，是一种汗水、烟草和农家庭院的混合味道。没有西方文化前来打扰这个晚上。在这里，很容易看到文明带来的过激，从而认识到简单生活的价值。我并不想回到这样的生活，但意识到自己生命中的浪费，能让人默默许诺接下来要珍惜。我的祖先就这样生活过。也许有一天，我的后代也会如此。

　　第二天早上，其中一个男人带着我往东南走，顺山谷向着一些冰川爬上去。-18℃左右，冷得刺骨。雪在我的靴子底下吱吱作响，太阳蒙着云的面纱，只剩下一张浅盘。没有太阳光芒的温暖，山峰死去，一堆堆岩石和冰块显得如此荒凉。一开始，我们沿着一条小溪上面流动的浮冰走，走着走着，就踏进了没过膝盖的积雪。我们在往上很高的地方看到了山羊的兽道，但没有动物的踪迹。我们吃了一顿简单的午餐——干面包，一边吃一边跺脚来使双脚保持温暖，然后是时候回家了。向导再次查看了山坡，多半是出于习惯，而不是抱着什么希望，但是这一次，他笑着把望远镜递给我，指着一个方向。远处非常高的一个地方，在山脊顶部附近，有一群长着黑斑的北山羊。我数了数，6只母羊、3只幼崽、3只亚成体的公羊。小公羊弯刀形的角还不到0.45米长。有几只在吃食。雪没到它们的肚子，它们只得使用一些特殊的技巧来找到自己的食物。一只羊面对着上坡，用前腿大力地刨地，把积雪清扫到身后和两侧，然后在刨出来的坑里蹭来蹭去，寻找可吃的东西。为了一口吃的，或者可能一无所获，它可是耗费了大量精力。冬季，山羊往往从高处峭壁下到较低的山坡上觅食，尽管这里的草料大部分早被牲畜吃光了。我看着这些动物这么费力地挖出每一口食物，想知道它们如何度过严冬。需要生存下去得保存这么多能量：要保暖，要犁雪，要发情，母羊还得养育胎儿。维持生存与死于营养不良之间的平衡，实在相当微妙。在吉德拉尔西北部附近，通向阿富汗的多拉山口，我曾做过植被调查。那里原本是北山羊的栖息地，后来植被都被牲畜破坏了。乍一看，山坡上似乎有丰富的牧草，但幸存的植物主要都是羊类不能食用的物种。地面上仅仅覆盖着2%的受欢迎的草。

幸运的是，作为一个适应性很强的物种，北山羊能够适应面积广阔的各种栖息地。北山羊有四个亚种，只有西敏山羊生存环境稍好。其他几个亚种都生活在灼热的高温或低温环境里，日子几乎无法忍受。努比亚北山羊栖息在埃及和阿拉伯半岛的沙漠里，阿尔卑斯北山羊活动在欧洲的高海拔地区，而库班北山羊则生活

　　　　　　　　　　　　　　　　　　寂静的石头

在西部高加索地区。我现在正在调查的亚洲北山羊，生存范围从兴都库什，包括帕米尔高原和天山，到萨彦岭，沿大喜马拉雅山往东一直到苏特莱杰河（Sutlej River）。整整一天，山谷都令人不舒服，山峰无情，毫无生命的痕迹。上边有那些北山羊陪着我们，我莫名地感到不那么孤独了，山峰也变得更加友善了。

第二天早上，我和苏比达·阿夫扎尔回到我们位于戈伦的小屋。两天后，我们绑着的一只山羊死了，躺在地上。是呱呱叫的大嘴乌鸦向我们宣布的这个信息。我希望我们为了雪豹苦苦的等待现在结束了。但当我检查尸体，看到了喉咙上深深的咬痕，我知道是狼杀死了我的诱饵。猫科动物们是更爱整洁的杀手。狼尽管很少见，但牧民还是由衷地痛恨它们突然出现，冲进羊群，咬死一两只羊，吃掉一些肉，然后像来时一样突兀地消失。斯托克利曾目睹了这样的一次袭击事件：

> 他突然以最惊人的方式冲进羊群，用美妙的速度和灵巧的动作，扑倒一只又一只羊，27米之内，倒下了5只……他从每只羊的右侧袭击……抓住四窜逃命的羊的右耳，向下和向内猛击它的头部，使它鼻子冲下倒地。

在戈伦山谷等待12天之后，我决定：梅尔文和谢尔继续守夜，而我自己去其他山谷搜寻雪豹。我和苏比达·阿夫扎尔步行出发去吉德拉尔城镇，我再次拜访狩猎场管理员米尔扎·哈桑。他请我进屋。屋子里光景惨淡又没什么生活气息，是那些仅有一个铺盖的守林员的典型房间：几套制服和一些盥洗用品。像大部分公务员一样，在任职期间，他没有能力把家人带到吉德拉尔居住。难怪只要重新分配山区，他们都要抢着换地方。我们坐在他的床上，喝茶，啃我从集市上买到的饼干。房间里的温度在0℃左右。我最近常常出现的一个愿望是能真正地暖和、全身都暖和，而不只是手、前胸、后背，或其他正巧对着微弱火苗的身体部位。我询问了雪豹的情况。有，哈桑说，人们在镇子附近看到了。但很显然，他的心思被其他事情占据了。终于，他开口问道：

"那个垂死的人，发生了什么？"

我花了几秒钟才意识到，他提到的是一场发生在戈伦山谷的意外。一天早晨，我在我们的小屋附近看见积雪上洒满鲜血。我当时想，这山羊宰得一团乱。那天晚些时候我才发现，原来是前一天晚上，一名村民为争女人枪杀了另一个村民。而现在我了解到，按照镇子上的传闻，受伤男子爬到我的床上，在我的怀里死去。

哈桑认识一个家里有许多羊角的人，他主动说可以将这些羊角拿给我看。我们穿过一条迷宫般的狭窄泥泞的小巷，两侧高石墙的后面掩藏着一些平顶小房子和种着杏树、桑树的小花园。哈桑走进了其中的一个庭院，去告诉他们我们来了，让女眷避让。我在门口等着。阳台上就挂着几个头骨。我都测量了一遍，114厘米的捻角山羊、101厘米的北山羊，等等，曾经鲜活的野兽生命此刻尘土飞扬。我工作的时候，一位村民前来看了一会儿。他告诉哈桑，他还有一些盘羊，可以给我看，但前提是他不会为此而被捕。他确信，没有法律规定他不能在家里收藏动物犄角。拉达克盘羊是维氏盘羊的一个亚种，大多分布在沿河流域的山谷里。20 世纪 30 年代，米塔曾派遣他的人进山把羊群赶到山下森林覆盖的坡地里，来方便他们打猎。这块狩猎场空地现在是吉德拉尔机场。这些山坡现在光秃秃的，不长树，维氏盘羊也变得如此罕见，我都从来没在吉德拉尔见过一只。

我对确认每个羊角的年龄特别有兴趣。动物在整个生命周期中，犄角都持续生长，尤其在有营养的食物充裕时，冬季长得最少。这种有规律波动的增长速度，在角上留下了很容易认出来的每年的冬季"环"，也就使精确确认犄角的年龄成为可能。我记录的年龄最大的捻角山羊 13 岁，年龄最大的北山羊 15 岁，年龄最大的维氏盘羊 10 岁半。所有羊角都大到足够进入我记事本讣告榜的前几名。捻角山羊角长的世界纪录是 162.5 厘米，北山羊是 142.2 厘米。一些猎人哀叹，他们从来没有见过更别说狩猎这么大的野兽了。然而，角要想达到创纪录的长度，得营养好、寿命长，这可是现在很少有动物能够享受到的。

我和苏比达·阿夫扎尔再往前走了 12.8 公里抵达图什，当地最近没有雪豹到访。我们继续向北走到夏高尔，向游客和村民们询问有关雪豹的信息。我们被告知，有一只最近来过。从夏高尔，我们继续往北，到了阿卡瑞，沿着一条 0.3 米宽的小道前行。这条小道先是在悬崖上蜿蜒而下，然后沿着一条湍急的溪流而行。溪流有时穿过峡谷之间，有时穿过建在冲积扇地和高处岸边的成群小屋。我们在一间小屋前停了下来，跟布尔汗王子雇用的一名狩猎场管理员古尔巴什·汗（Gulbas Khan）聊了一会儿。古尔巴什高大强壮，对生活充满热情。我很高兴他答应陪我们一同前往。开始下雪了。黄昏时分，我们到达密支古然姆（Mizhigram）的村庄，我希望能跟当地一个私人狩猎场贝斯提（Besti）的场主交谈，他的狩猎场拥有吉德拉尔可能是最好的北山羊种群。1972年夏天我曾在贝斯提研究过北山羊，现在要再次调查该区域，这次的主要目的是寻找雪豹。主人冬季不在，但看守邀请我们过夜。到第二天早上我们离开时，仍在下雪。两个小时后，贝斯提山谷从左侧出现了。我们通过一条积雪和雪崩淹没的狭窄小道，爬上了贝斯提山。穿过河流上方不稳定的碎石斜坡，我发现脚下的小径坍塌让人十分不安。我很愿意让古尔巴什带路。终于，山谷变宽了，我们看到前面的贝斯提村紧紧地靠在山坡上，一家人的阳台是另一家人的屋顶。山地居民必须学会节省空间。适于耕作的土地十分宝贵，拿来盖房子太浪费了。有一张稻草床和一个壁炉的小房间成了我们的家。苏比达在烧热的煤上泡了些热茶，烤了贾瓦里饼。在等待的生活中，吃饭就成为分散注意力的主要办法。在这些山间，一个人必须始终在等待，等雪停，等背夫到达，只有一小部分时间用于实际研究。在这里，村里的人等春天等得太久了。他们几乎冬眠。出村子只有一条积满雪的道路。偶尔有人在木屋之间匆匆往来，从头到脚罩着披风保暖。这个世界一片寂静，一片中世纪的寂静，没有马达。除了人和牲畜的声音外，几近无声。

雪还在下。我决心做一些实地考察，沿着山谷走了一小段路，但很快停了下来，我意识到我的冒险是徒劳的：雪和云在山坡上低低地翻滚着，我几乎什么都看不见。突然，地面震动，持续了几秒钟，就像巨大的野兽摇晃自己一般，山峰扔掉了新雪的披风。雪崩隆隆，山谷作响，狂风带来的尖锐冰晶不时拍打在我的脸上，带来一阵阵刺痛。在这个白色的、移动的虚空中，仿佛只有我存在。

第二天早上，雪停了，云层开始散去，在明亮的天空衬托下，隐约可见山峰的线条和偶尔出现的碎冰。用雪鞋踩出一条路，我在前面缓慢沉重地走着，古尔巴什在后面挣扎地跟着。尽管大雪总是可能连续几个星期封闭村庄通往任何地方的路，当地人还是从来没有发明过任何雪鞋来让他们的出行更容易些。雪崩不断地从峡谷中倾泻而下，然后在山谷中呈扇形散开。我提心吊胆地检查了一下这些闪闪发光的小瀑布。当然，它们让我选择了这条道路，而由不得我随意乱走。半山腰的一个斜坡上，沟壑里的雪被扫开了，我们发现一个有 7 只北山羊的羊群。后来我们又遇到了另一群 9 只，也是在雪崩小道上觅食。很显然，北山羊在这种没雪的地方更容易觅食。第二群里有两只雄壮的公羊，它们的多节羊角高高冲上，有近 1 米长。不像欧洲雄性北山羊都是单调的棕色，亚洲北山羊有一张引人注目的毛发斑白的脸、银色的背、白色的臀，与身体其他黑色的部分对比鲜明。我正观察着动物，最后几缕云也消散了。不久，热浪从雪面上拂过，在冰上跳舞。这片风景再次充满了律动感，光彩夺目，散发着一种几乎让人产生幻觉的光芒。这一天和接下来的一天，我发现了 8 群北山羊，共计 40 只。古尔巴什告诉我，也许一个动物园在贝斯提面积 142 平方公里的冲积平原上幸存下来。他的估计似乎是准确的。贝斯提山谷在村庄附近分岔，在 1972 年 8 月，我曾调查了其中一个分支古兰布克特山谷

（Gulumbukt Valley），发现了 72 只北山羊。

我很喜欢在古兰布克特度过的夏日。从海拔 3444 米的帐篷营地开始，穿过石栏之间的平地，我漫步在群山之间，攀上长着蒿草的山坡，直到只剩下蒂里奇米尔银色山尖的地方，整片天空都是我的。我穿过开满花朵的蜿蜒山谷，白色的雏菊、黄色的马先蒿、紫色的薄荷和藏在草丛中的火绒草。我喜欢找个避风的山坳，在那里静静地坐着，我不再是一个入侵者。有时候，石龙子和我一起在阳光下晒太阳。我惊讶地发现，这些蜥蜴能生活在高达 4400 米的地方。长尾旱獭在土壤沙质和植被丰茂的地方打洞。这个季节里，它们迫切地塞进尽可能多的食物，以储存足够的脂肪，来度过漫长的冬眠期。有时候，我看看北山羊。一个下午，我发现一群由31 只公羊组成的羊群往高处移动。我赶紧去营地抓上睡袋，跟上这群羊。山谷沿着一大阶一大阶的岩石上升，平坦的绿色草地上点缀着黄色的委陵菜，悬崖和巨石交替下降，溪流瀑布般落下。黄昏时，我登上了 4300 米处。我在一片冰上铺开了自己的睡袋，旁边的旱獭似乎在咒骂着什么，狠狠地啾啾啾地叫着。天亮了，我继续爬向滑下山峰和冰川的太阳。在 4572 米的冰碛石底部有一个池塘，岸边有野兔和旱獭的踪迹，但是没有北山羊的踪迹。我爬上去，翻过冰碛石灰色的翻腾的表面，然后沿着卵石山坡朝一个山坳走去。这里海拔约 4800 米，周围是巨大的冰雕山峰，只有顽强的植物可以生存，我又找到了北山羊羊群的踪迹。向上移动时，动物们在零零散散的草丛里觅食，啃着紫色的野豌豆和黄色的葶苈。植物四处散落，贴着地面平卧，隐藏在巨石的保护下，生长稀疏，难以满足羊群的需求。每片草皮都是自己的绿洲。北山羊已经走到山坳，进了后面的山谷，但我并不在意。在这个海拔上徘徊，脚下踩着坚硬的岩石，看着天空中盘旋的鹰，对我来说已是奖励。

在我心目中，我已经到达了另一个世界，又再回来。我不得不离开充满魅力的高海拔夏季牧场，而返回贝斯提冬季的冰冷荒凉。我想逃离。我想跟花花草草在一起。目前这里还没有雪豹。第二天早上，我们在暴风雪中离开。村口有块巨石，很久以前有人在上面刻下了北山羊和狼的粗糙图案。当贝斯提的小屋化为尘土，最后一只北山羊消失在猎人的肚子里，这些岩画将永存，用无声的声音向沉默的群山讲述着过去的故事。

截至 2 月底，我走访了许多山谷寻找雪豹。我有证据证明，在这片约 3108 平方公里的山区里生活着 4 只或 5 只雪豹。四年前，我第一次遇到雪豹之后，就离开了吉德拉尔，当时就希望有朝一日返回这里研究雪豹。我已经等了太久，现在已经太晚了。我无法证明为这么少的动物设计一个庞大的保护工程是合理的。我也不得不离开吉德拉尔，去观测波斯野山羊的出生季。梅尔文多待了一个星期，希望能够捉到雪豹，但一个半月的努力之后，他也放弃了，离开了山区。在短短四年间，吉德拉尔雪豹的状态已经从稍有保障变成了受到严重威胁。动物被射杀的原因既不是为了获得它们的皮毛，也不是为了保护牲畜，而只是因为它们在那里才肆无忌惮。根据谢尔·潘纳的来信，1973 年到 1974 年的冬天，1974 年到 1975 年，没有雪豹到过吉德拉尔山谷。从那以后，我没有寻求进一步的消息。捻角山羊可能仍然奔跑在吉德拉尔山谷的悬崖山间，石鸡可能仍然在蒿草丛咯咯叫，但我的梦想之一，随着最后一只雪豹，一起消失了。我不想重回那个山谷。

雪豹作为一个物种，并没有面临迫在眉睫的绝种危机，但在巴基斯坦，总数可能少于250只，它们的未来没有保障。巴基斯坦的山很快就会失去雪豹吗，就像平原失去了狮子、老虎和猎豹？从法律上来说，捕猎它们和销售毛皮都是全部禁止的，但在偏远山区很难执行这些法律。此外，雪豹确实捕食牲畜，这是村民不能容忍的，除非他们的损失得到来自政府的赔偿。在保护动物方面，理想主义和现实主义必须协调统一。由于这些问题，人们很容易放弃不管，任雪豹自生自灭。在更新世的严寒中，其他许多物种从我们的地球上消失，而雪豹幸存了下来。如今在人们残酷地屠杀着山上的一切时，它仍然幸存了下来。但我知道，吉德拉尔山谷再也不会感受到它的软软的脚垫了，其他许多山谷再也没有了它的存在。试想一下没有雪豹的山峰。尽管猫科动物也许可以在动物园存活下来，却只能作为一个历史的遗迹，这是一个悲哀的妥协。大山给了人类土地、食物和水，但人类却拿走了几乎所有的东西，使地球裸露出骨头。雪豹的命运，就是人类对高山未来的承诺。

3

山那边

　　我常和吉德拉尔的寒冬格格不入。群山遥远而平淡，感受不到任何自由或是个性的光芒。我倾向于像当地人一样看待它们，当地人是出于需求而非愉悦来拜访它们。也许我的思绪停留在那山坡尚未被人类砍伐的遥远过去，我努力回到那个我永远无法参与的时代。我要找到山脉之外那个孤独的世界。吉德拉尔向东延伸的部分形似弯曲的手指，涵盖雅昆河流域，北部被兴都库什山环绕，南部被兴都拉杰山（Hindu Raj）环绕。河流的源头在帕米尔高原南部的卡兰巴山口（Karambar Pass）。在这儿的旅行是将个人目标和科研项目的愉快结合。据说雅昆河上游经常出现棕熊和马可波罗盘羊，而这两个物种在巴基斯坦都非常罕见，因此我也需要在这里进行一次野生动物调查。

　　我和佩尔韦兹·汗在 1973 年 7 月 19 日傍晚抵达迪尔。尽管观赏野生动物是一种个人体验而非集体活动，我还是更喜欢长途旅行中有人陪伴；我喜欢孤独，而非寂寞。佩尔韦兹在拉合尔供职于一家橡胶公司，这份工作居然允许他连续消失几个星期。和城市中许多中产阶级单身汉一样，佩尔韦兹几乎将所有的业余时间都花在只有男性朋友的圈子里：看电影、兜风、聊天，从可以做的事聊到应该做的事，从家里聊到饭馆，从夜晚聊到天明。他曾说过："我们所有的人都是废柴。"但佩尔韦兹并不仅仅沉迷于穆斯林社会欢快的夜生活中。作为一名称职的摄影师和专业的户外领队，他参加过数次登山探险，很少有巴基斯坦人像他那样了解自己的国家，特别是对山地地区。我有幸邀请他加入这次徒步。

我们从迪尔租了一辆吉普车，开了 5 个小时到达吉德拉尔镇。有人告诉我们这条路是通畅的，但经验告诉我永远不要指望山上的行程能一路通畅。接近洛瓦里山口时，我们发现没有一辆车从吉德拉尔过来，原因很快就变得显而易见：昨天的暴雨导致山体滑坡，巨石和连根拔起的树木堵塞了道路。经过一番挖掘和移除垃圾，我们终于克服了最后的障碍，比原计划晚了 8 个小时到达镇上。

政治障碍比物理障碍更难克服。巴基斯坦吉德拉尔东北部与并不友好的阿富汗接壤，距苏联（今塔吉克斯坦）仅数英里之遥，是一个政治敏感地区。雅昆河谷曾是印度河平原、苏联与中国之间的战略陆路通道。几个世纪以来各种和平或者不和平的旅人，通过巴罗吉尔山口（Baroghil Pass）往返帕米尔高原和中国新疆。他们直到 18 世纪前都对吉德拉尔颇有兴趣，19 世纪 80 年代一小群沙俄哥萨克人越境进入吉德拉尔，而英国从 1886 年起对该地区施加影响。从那时起直到 1947 年，英国人在每一个角落探险，在每一个山谷打猎，绘制了每一座山川的地图，描述了当地的人和自然资源，给了这个地区一个新的现实、一个文字记载的历史。

1947 年英国人离开后，吉德拉尔再次回到原始的自我状态。边境成为禁区。虽然登山探险征服了最高的山峰——挪威人早在 1950 年就登上了蒂里奇米尔峰——但可以自由旅行的时代却已经成为过去。据我所知，此地最后一次出现外国人是在 20 世纪 60 年代初，到达卡兰巴山口的一支德国－美国登山队。我们诚惶诚恐地向副局长古尔·汗（Gul Khan）申请通过卡兰巴山口的许可证。他外表敦实、性格果断，曾在吉德拉尔发起过禁止狩猎大型哺乳动物的行动。令我们欣喜的是，尽管几个地方官员向我投来怀疑的目光，古尔·汗还是给我们颁发了一张许可证。

　　谢尔·潘纳和他的兄弟赛义德（Said）答应作为随行厨师和我们一起上路。我们天一亮就出发了，租来的吉普车上堆满了一个月的干粮。一条路沿着雅昆河下游——也叫默斯杜杰（Mastuj）河，绵延 83 公里，一直延伸到布尼村（Buni）。狭窄的路嵌入峡谷一侧，谷底是满布淤泥的雅昆河。这可不是一条让人省心的路。路在一个转角后突然消失了，一整段路塌到了谷底。我们带着物资跨越这道鸿沟之后，幸运地又租到了另一辆吉普车。很快，悬崖退去，露出一片辽阔而荒凉的褐色山谷。到达布尼村时已经是下午 3 点左右，我们在村子边上宿营。

　　不依赖任何人，独自背包旅行是一种快乐；但一旦涉及行李搬运，不管是靠背夫还是牲畜，都会迅速使旅程变得单调乏味。我的日记里满是吐槽和抱怨，对贪婪、干活不情不愿的背夫，对同样不情愿的驴、马、牦牛、骆驼。旅程常常从探索未知这一愉悦的任务变成了挣扎着保持前进的日常。无休止的拖延和争执产生了某种斯多葛主义，诉诸当地法律并不会产生任何的结果。任何问题只要放着不管，早晚都会自然解决。"真主意欲，"穆斯林们以宿命论的口吻说，"都是天意。"

起初，我们尝试在布尼招募背夫，但无功而返。"我们自得其乐，不需要工作。"一位村民耸了耸肩。他的态度是未来几天的预告。没有人想离开家。我们每天都不得不在不同的村庄间寻找新的运输方式——有时是背夫，有时是驴。我们前进的速度很慢，很少有每天超过 16 公里的时候。

我们早上 7 点离开布尼，带着几个内心充满抗拒的背夫和一头驴。那正是收获的季节，女人们早已在金黄的麦田中，用镰刀小心翼翼地割下珍贵的秸秆。在朦胧的面纱外，是被烈日炙烤得住不颤抖的土地；即使在 2100 米的海拔上，气温也能接近 32℃。走路扬起的灰尘聚成了云雾状，笼罩了我们这一小队人马。我们被群山环绕，但又不属于群山。一般能够勾起我探索欲望的山，需要具备一些个性和亲密感。但这里的山一片荒芜，斜坡向上直指远方，顶峰由页岩和石灰岩组成，没有什么鲜艳的色彩。在耀眼的白色阳光下，山峰不再是让人赏心悦目的休闲胜地，没有让人驻足的欲望。曾经追寻这个偏僻世界的我，直到现在仍然和这山谷、四处散落的村庄、泥石沙漠有着深深的羁绊。

我们经常在村庄里停歇，在核桃树、柳树和杏树树荫下。大多数树木生长在水源充足的区域。冰川被引入水闸，水凭着重力缓缓绕过山的轮廓流向田野。

村里的水果比树荫更能吸引我。糖浆般又黏又甜的桑葚铺满了地面，杏树枝承受不住满枝杏子的重量，垂落下来。一个男孩卖给我们一整碗杏，只收了10美分。我狼吞虎咽地吃着这些美味的水果。杏仁含有丰富的油脂，当地村民对这种营养丰富的食物的喜爱甚至多过杏子本身。我时不时会像村民一样砸壳取出杏仁，给单调的跋涉解乏。其他旅行者也像我们一样，留下了一路碎杏仁壳，像一只不存在的松鼠留下的踪迹。

我们瞥见几对钉在土墙上的北山羊犄角，于是停下来找房子的主人。这位当地人在主干道边经营一个小货摊，销售火柴、茶、香烟之类的小东西。他带着山里人特有的热情邀请我们聊天。我们坐在他家阴凉庭院里的绿草坪上，吃了更多的杏和桑葚。还有茶和煎蛋。山脉如此广袤，无法通过一次简短调查就能确认每一个山谷里的野生动物。但至少我们可以通过采访猎人们，例如我们眼前这位，来了解物种的现状和分布。

"这里有捻角山羊吗？"我明知故问。捻角山羊只分布到巴伦尼斯（Barenis）附近的河流上游为止，我只是试试这个知情人的可靠性。

"没有。再沿河往下游走差不多一天，就有些会待在悬崖上。"

"北山羊呢？"我问。

"也很少。在冬天，它们有时候会接近村子。"他指着不远处布满蒿草的山坡说道。

"棕熊呢？"我接着问。

他摇了摇头。"20年前，我在高山上放羊的时候，看见了一只，开枪打死了。"

我测量了战利品，感谢了主人，恋恋不舍地离开了凉爽的休憩地，继续沿着尘土飞扬的道路前行。

第二天中午时，我们才到达默斯杜杰村。这是默斯杜杰河与雅昆河的汇合处的一个大村庄。8世纪的中国编年史就记载了默斯杜杰，称为商弥（Shang-mi）。17世纪后期，胡什瓦克特家族以这个村庄为基地，通过战争和阴谋将其统治扩大到了亚辛谷（Yasin Valley），以及一些现属吉尔吉特的地区。我和佩尔韦兹仔细查看了胡什瓦克特堡垒，它已经成了流浪者占据的废墟。墙壁摇摇欲坠，屋顶下垂，虽然建成的年代距今尚不久远，堡垒却俨然成了古迹。一座废墟并不仅仅是很久以前发生在某些人身上的某些事，它的历史是我们所有人的历史，是权力、理想以及所有人类努力的缩影。一段雪莱的诗浮现在我的脑海，也许最适合作为墓志铭：

> 朕乃奥兹曼迪亚斯，万王之王。
>
> 功业盖世，无人可及！
>
> 而今一切荡然无存。

黄昏时分，我们到达了淳基（Chuinj），睡在马球场的草地上。这附近是马球的发源地，大多数村庄都有马球场，虽然几乎没有哪个村子养得起玩球必需的马。我在吉德拉尔看了几场马球赛，粗野的比赛就像野蛮骑兵的冲锋，与世界上其他地方温和的比赛相比，只不过是进行了随意的调整。跟惯例一样，观众只有男性。

女性尽管被困在家中，仍然可以通过标志着得分的笛鼓小调了解比分。每一位著名球星都有个人专属的小调。听到这些小调，人们不仅知道刚刚有人进球了，还能判断出进球的人是谁。

几位村民与谢尔·潘纳进行了热切的讨论。"niki"一词，也就是"不"，在他们的对话中尤为突出。前路似乎无法通过，没人愿意做背夫。我知道吉德拉尔人有种将可能说成不可能的倾向，所以坚持在明天继续上路，但不带驴子。这条路确实很糟糕，已经被湍急的河水冲垮了。我们直面陡峭的悬崖，沿着峭壁，踩着岩缝，一寸一寸地挪动，最终克服障碍爬了上去。山谷豁然开朗，三口清冽的泉眼在坡底涌出。布莱普村就坐落在远处的冲积扇上。中国人曾在这里建造过一座堡垒，只不过那时的城墙现在已经化为齑粉，这里现在是一所学校。

中午，我们到达了邦（Bang）。背夫拒绝继续前进，我们结清了工资。我一边坐在村边核桃树下愤愤不平，一边守着我们的装备；谢尔和赛义德去拾柴，佩尔韦兹去找新的背夫。我身边种的是土豆、大麦、豌豆，还有罂粟和大麻。吉德拉尔的大麻品质上乘，盛名在外。大麻叶经过干燥先捣成粉，然后用加热的石杵反复碾压，直到形成一个黑色的"面团"，然后塑形并干燥成类似磨刀石的形状。这一让人上瘾的商品远销到吉德拉尔地区以外的地方。

几个甲状腺肿大的男人和几个男孩在我身边围成一个半圈蹲下，既无善意也无敌意，就那么不言不语地盯着我，表情虚空，似乎在否定我的存在。我想大喊大叫，或者冲进他们之中，做任何能够让他们有所反应的事情。但我知道我必须以朋友的身份与他们接触，我身上的陌生感引起了他们的恐惧，就像他们如牛般迟缓的审视目光使我心中产生不安一样。我的沉默最终胜出：我通过写日记避开了这个问题。一个男孩塞给了我一只大耳蝠，是一种长着巨大耳朵的小动物，苍白而透明，就像昆虫的翅膀。我打量着它毛茸茸的身体，烦躁和不安消失了。

在邦的远处，一座桥横跨在峡谷中雅昆河的出口上。从此处起，山谷特征大变。群山环绕河流，冰川低挂山坡。抛开摇摇欲坠的堡垒和被遗忘的马球场不谈，河谷中的村庄自有其永恒的传承。那是一种能够忍受百年来走马灯般来来回回的征服者，并继续保持下去的意志。而上游的村庄则像临时的乌合之众，村民无视自然规律，拼命从贫瘠的土壤里榨取少得可怜的作物。多巴嘎（Dobagar）是我们在这个新的环境中遇到的第一个村子。它坐落在2700米的海拔上，村中只有几个简陋的茅舍和石造广场，还有这山谷中最后的果树。我们在长满杂草的坑中宿营，挤在柏树火堆旁取暖。几个当地男子加入了我们烤火的阵营，并主动提出做我们的背夫。

背夫在早上5点半准时到达，没有讨价还价，也没有抱怨行李太大。他们乐呵呵地背着我们的食物、帐篷和个人物品，利索地往山上爬。他们确实是非同一般的背夫！那天晚上我们在拉什特村附近宿营，第二天黎明继续前进，穿越冲积扇。平地上种着稀稀拉拉的柏树和白杨，山沿着一段乱石坡陡然倾斜到河边。坎昆村远处的山谷逐渐收窄，一条仅容一人通过的小径沿着山坡的轮廓向前延伸。这条看似不起眼的小道却在数千年来，都作为山区高速公路存在着。朝南隔河相望，仰止的高山、无情的冰壁和崎岖的悬崖猛然而上，有的高达 6100 米。嶙峋的冰川从峡谷中突起，大块的冰在河中漂浮。这是一个野蛮的场面，对我们极为蔑视，但不知为何让人有种深深的满足感。雅昆河下游的山脉和峡谷看上去疲惫不堪，是一幅承载着人类历史的风景画。但在这里，一切都显得年轻而完整。

山谷又一次豁然开朗，在冰川庇护之下有 9 间木屋，那是派求斯村（Pechus）。在一场洪水中，达科特冰川形成了一道巨大的瀑布横扫山谷，却在河岸边戛然而止。黑压压、汹涌澎湃的河水攻击着冰川的两翼，撕裂并带走巨大的冰块。大多数高山冰川已经在近几年消退，但达科特一直在挣扎抗拒。基奇纳（Kitchener）勋爵 1903 年经过此处时注意到，河水冲刷着冰川的鼻部，就像今天一样。三年后，奥莱尔·斯坦因爵士发现冰跨越了小溪。黄昏时分，我们疲惫地爬上河边的山坡，在海拔 3535 米处发现了一间被大麦和豌豆环绕的小屋。我们在附近宿营，在开阔的野地上过夜。我躺在星空下，注视着金红两色交替闪耀的群星，一阵冷冽的清风拂面，就像来自外太空的气息。

我们到了一个新世界，山不再拥挤，景色更为宽广。冰和风将峰顶磨平，使棱角圆滑，给人一种温暖柔和的感觉。我们已经到达了帕米尔高原南端。我们步行一个小时后到达山顶，向下看到一个堡垒，是一个由厚重泥墙围成的方城，几乎完全隐藏在兴都库什山的褶皱之中。每年夏天那 4 个月，这里会驻扎着大约 45 名吉德拉尔哨兵，守卫巴罗吉尔山口。我们恭恭敬敬地拜访了指挥官阿夫里迪（Afridi）队长。像其他巴基斯坦军官一样，他聪明、机智、乐于助人，同时厌倦寂寞无聊的岗哨，所以非常欢迎访客的到来。他自豪地向我们展示了一只43厘米长的幼年北山羊的角，是一位村民在派求斯上边的峭壁猎杀的。这些微不足道的羊角逐渐唤醒了他基因里追逐荣耀的梦想，以至于他想要集齐所有物种作为战利品。

我们在距离堡垒1.6公里处支起了帐篷。谢尔和赛义德留下打理营地，我和佩尔韦兹朝着巴罗吉尔山口进发。在穿过雅昆河的一座桥后，我们到达了巴罗吉尔村。村里大约有12户瓦罕部落居民住在石屋里。原本他们的牦牛和山羊只在夏季来这里的草场吃草，然后回到阿富汗过冬。不过，自世纪之交开始，他们就永久定居在了雅昆河上游。宽阔的河谷不知不觉上升，将河流分为两支，一支流入阿姆河，另一支流入印度河。我们掉头回营。整个山口都很敞亮：成熟的草尖儿在高山草甸上闪闪发光，天空是明亮的蓝色，远处天地相接的地方矗立着纯净的冰峰。只听得到旱獭刺耳的尖叫。它们站得笔直，像金色哨兵般守护自己的小窝。享受大山的方式很多：有人通过攀爬不可逾越的冰墙释放激情，有人则将生命交给岩缝中脆弱的岩钉，还有人，包括我，则更喜欢在高地国家漫步。

虽然巴罗吉尔山口周围的山脉令人愉悦，但那上面已经几乎没有什么野生动物。瓦罕人告诉我们卡兰巴山口幸存着更多的野生动物。黎明时分，我们找了三匹马，把装备运往上游。虽然我也可以给自己找匹马，但我更愿意步行——骑马时无法放松仔细

寂静的石头

地观察事物。黄昏时分，我在营地周围布下了几个捕鼠器，想找出在这些高地上都生活着什么夜行动物。第二天早上，我的陷阱里关住了两只小老鼠。一只灰白相间毛茸茸的灰仓鼠（*Circetulus migratiorius*），另一只是当时还没有记载的灰褐相间的田鼠，我将其命名为（*Pitymys carruthersi*）[1]。根据《巴基斯坦的哺乳动物》（*The Mammals of Pakistan*）一书的作者汤姆·罗伯茨（Tom Roberts）的说法，"是对这块次大陆上一个新物种的一条新记录"。这种田鼠通常出没在中亚西部。

下午，我们到达海拔 3749 米处的椎尔村（Zhuil），也是山谷中最后一个瓦罕村落。在这里，四座石屋留有被冰川侵蚀的痕迹，坐落在石灰岩小山之间。在近处的一座山上，占塔尔冰川（Chiantar Glacier）蜿蜒大约 24 公里，直指兴都拉杰山深处。几名男子来到了我们的营地，其中包括凭借财富和个性闻名当地的米尔扎·拉菲（Meerza Rafi）。他询问了我们的来意，平静却十分有力，浑身散发着野性的吸引力。他对我们无害的兴趣表示满意，让几个男孩给我们送来几碗令人神清气爽的牦牛酸奶。米尔扎·拉菲是一个来自中国新疆的塔吉克人，娶了一位瓦罕女子为妻。1933 年他的叔叔去麦加朝圣时途经此地，爱上了这里的高山峡谷，得到了米塔的许可后，与家人在此定居。1942 年，一群来自阿富汗的吉尔吉斯族武装分子袭击了椎尔，杀害了包括米尔扎·拉菲的父亲和妹妹在内的许多人。他的野生动物知识非常准

---

1 实为松田鼠（*Microtus juldaschi*）的同物异名。——译者注

确，但信息本身却令人失望：北山羊不多，雪豹和棕熊非常罕见，没有马可波罗盘羊。雄伟的马可波罗盘羊只在北方的阿姆河河谷分布。我一直困惑不已，为什么这种羊没有占领雅昆河上游。它们应该会喜欢这种宽广的山谷，何况此地草料充足。事实上，这里的地貌看起来很像帕米尔高原，也正是马可·波罗本人发现这种羊的地方。1273 年他在去忽必烈汗的宫廷的路上，路过那里。他写道：

> 他到达这一高地，发现了两山之间的平原。从平原上的湖泊流出一条很窄的河流。这里是世界上最好的牧场……各种野生动物比比皆是。这里有规模庞大的野生羊群。它们的角可以长到六个手掌那么长。

可能是因为无法很好地应对厚厚的积雪，马可波罗盘羊无法在雅昆河上游冬季的暴风雪中生存下来。

就在太阳落山之前，两名光着脚的女孩赶着牦牛群轰鸣着冲下山坡，进了村庄。几十只毛发蓬松、眼睛凸出的牛犊被拴成一排，等待着母牛。每只牛犊只被允许吸吮三分钟的奶。要是母牛奶水很多，就会有一位妇女将它推到一边去挤奶，只留下一点点给小牛犊们。与其他穆斯林妇女不同，这些瓦罕人允许我们观察她们的日常生活。事实上，因为我们的到来，她们脱下了日常的单调服饰，换上了节日盛装。她们的衣服色彩艳丽，上面缝着银色纽扣；当她们把呆头呆脑的牦牛推到比较舒服的挤奶姿势时，银项链叮当作响；

手指上戴着绿松石戒指。在一种节日的气氛中，她们愉快地完成她们的任务，有点害羞，但对我们的关注感到高兴。

　　黎明时分，我和佩尔韦兹前往占塔尔冰川寻找北山羊。冰川边缘是杂乱的、维持着巧妙平衡的巨石堆，再往外是迷宫般的裂缝。大部分冰缝只是冰面上的裂痕，底下是潺潺而过的溪流，是很容易跨越的小障碍。但也有些冰缝底下是深谷，充满了险恶的黑暗，迫使我们兜很大一个圈子，也教会了我们如履薄冰似的前进。过了一会儿，冰川表面变得不再那么破碎，时不时会露出一些巨石。夹在冰质基座上的那些石头，看起来像是巨大的蘑菇。每隔一段时间，我就会举起望远镜，在山坡上大片岩石中的小块草甸上搜索北山羊。佩尔韦兹远远落在了后面，他的红色毛衣成了一个移动的小圆点。我们俩徒步的节奏配合得不好：我大步流星地前进，他慢慢悠悠地跟着。一个小时后，我已经越过 1.6 公里宽的占塔尔冰川，朝着和贾木许冰川的汇流处前进。爬上一个水平冰碛之后，我再一次踩在坚实的地面上。雪水使得山坡上植被茂盛，郁郁葱葱、繁花似锦。我怀着满心的喜悦走向这座天然花园，走进委陵菜、紫菀、马先蒿、红景天的花丛中；还有橙色的野罂粟和一丛丛勿忘我。这一切都显得那么似曾相识。回忆将我带到阿拉斯加的高山草甸上，我在相似的花丛簇拥中爬上了相似的山坡。我坐在一块被太阳晒得明显发热的巨石上。我听到头上传来了咯咯的声音，一抬头就看到两只雪鸡吃着满地的草尖儿，看起来像大只的灰山鹑。远处山坡柔和的曲线一直延伸到贾木许峰顶的冰壁上。空气中弥漫着薄荷的清香。我用主人的目光四下环顾着荒野中的花园，才意识到花园才是主人，我只是它的附庸。我渴望驻留，祈盼长久地感受这种和平宁静之美，几乎忘却了群峰之中潜伏着的暴力和寒冷。

沿着陡峭的斜坡下山，我继续向着冰川前进。我和佩尔韦兹约好在那儿会合。我们停下来享用了午餐：饼干和奶酪。在营地附近的洼地中，我们发现了一只北山羊的遗骸，也就是一些碎骨头和散乱的羊毛。这些羊毛比最好的绒毛还要软。北山羊的羊毛，又称羊绒，曾经是紧俏的贸易品，以轻盈和温暖著称。现场的狼粪表明了这只动物的死因。被冬雪赶入山谷、远离了安全的悬崖，这只北山羊注定会成为猛兽的美餐。

清晨，我们前往卡兰巴山口方向，带着两头牦牛驮行李。我喜欢牦牛。体型庞大、黝黑、毛发蓬松，牦牛展现出力量的优雅感。它们属于苦难的风暴和贫瘠的高地。在山中，它们作为驮畜，远远优于马匹。后者易激动、任性、笨拙，遇到危险时莽撞，牦牛就完全不同，让人信赖。一名椎尔族男子和一个男孩各自牵着一根绳，绑在牦牛鼻中隔环上。我们沿着 U 形山谷稳步上行，用了不到三个小时就到达了平缓的山沟处。这里海拔 4300 米，是雅昆河的发源地。我将队伍抛在后面，奔向一大片寂静而蔚蓝的湖泊。卡兰巴湖位于伊什古曼山谷（Ishkuman Valley）的源头，山谷向东再向南延伸后，并入吉尔吉特山谷。左侧的山坡极为贫瘠、一片荒凉，右侧的则郁郁葱葱，每个山谷都有自己的冰川。

这里最令人难忘的野生动物是虻，每只都有 2.5 厘米长。成群的虻一拥而上，决心吃一顿血腥的午餐；可一旦落下，它们的反应就会变慢，一巴掌过去伴随着一声令人满足的脆响就可以拍死它们。有一次我空闲时，默默地看一只虻用它的吸器检查我的手背；两只家蝇紧随其后落了下来，忙不迭地围着它们体型巨大的远亲，随时准备捡漏，就如同豺围着狮子的猎物。后来有一次在营地中，我露出胳膊继续观察，发现小苍蝇原来直接从虻的吸器里寻找残留血液。我一抬头，迎面撞见赛义德紧张的目光。赛义德心性单纯，四肢发达但成天傻笑。我抹了一把胳膊上的血，冲他咧了咧嘴，他却仍然保持着令人不安的严肃，似乎不确定我是否神志不清。

我在湖岸的莎草丛中发现了一堆由植物根和草组成的粪便。旁边有三个随意挖开的洞，以及被劫掠和破坏过的田鼠窝。是棕熊，脚印还是几天前的。之后，我一边搜寻棕熊的足迹，一边满怀希望地观察所有山坡上的棕色斑点，希望它们开始移动。但无济于事。棕熊在吉德拉尔已经几乎绝迹。那年夏天有人在东北角看到一只。我发现的那串脚印的主人显然是从卡兰巴山口流浪到吉德拉尔。棕熊作为高地物种，在生态上和森林物种的亚洲黑熊区别开来。曾经有大量棕熊在喜马拉雅山脉一带活动。19世纪80年代，猎人亚历山大·金洛克（Alexander Kinloch）曾经在克什米尔一天之内看到28只棕熊，并射杀了其中7只。现在，棕熊在巴基斯坦受到的威胁比雪豹更严重。牧民猎杀成年的棕熊，同时捕捉幼崽出售给表演马戏的人。每只幼崽售价高达200美元以上，利润相当于当地人一年的工资。棕熊的犬齿被砸平，鼻孔被穿上绳子，在城市灼热的路面上跟着主人缓步前行，远离了高山上凉快的家。花几个硬币，就能让主人吹起长笛，熊跟着立起来，跟着音乐摇摆。这真是对这种伟大生命的亵渎。我在拉合尔、拉瓦尔品第和白沙瓦的街头都看到了熊，却从未在闪闪发光的群峰之中见过自由的熊。

卡兰巴湖东部几公里的地方，越过名为随基（Shuinj）的一丛乱石堆，冰川溢出到山谷，山形收紧，形成峡谷。一道湍流拦住了我们的去路。我们原计划往下去伊什古曼河畔，但米尔扎·拉菲告诉我们，峡谷在9月前都无法通行，直到那时候河流才不再这么湍急。我们便在此宿营，在附近搜索。当天的笔记是一份野生动物的清单，没有什么特别引人注意之处，但却安静得令人愉悦。我看到了旱獭，注意到它们不像吉德拉尔西北部多拉山口的旱獭那样金黄。可能是不同的亚种。我还记录到一只雪鸽、一只在4300米冰碛上的戴胜和一窝羽翼丰满的红腹红尾鸲。还有两种岭雀，但我无法鉴定到种，这个地区没有鸟类的野外手册。我发现了几颗狼粪，揣进兜里，到营地后仔细检查，看看这些狼都吃了什么：有北山羊柔软的深色羊毛，有粗心大意的旱獭那猴子般的爪子，还有粗糙的黑色毛发，大概是椎尔的家山羊。椎尔的居民有大约250只绵羊和山羊，每年大约会被狼吃掉15只。

第二天，我们沿着来时的脚印往回走，在卡兰巴山口附近宿营。我和佩尔韦兹曾从这里爬过山谷北翼，到达阿富汗国境。这片山坡就是一堆松散的巨石，其上是一条黑色的天际线。我们费尽全力才登顶。在北部，冰川陡然向下延伸，穿过瓦罕走廊，连绵不断的、长而流动的山脊退入帕米尔高原。我们沿着一个巨大悬崖的底部爬到冰川的顶端，停在黑色页岩土堆上稍事休息。我的高度计读数 5151 米。在极端的高度上，大气压降低，氧含量减少，肺部能供给血液的氧气减少。氧气不足，使人烦躁、精神萎靡。但在这里，只有 5151 米，"给人留下深刻印象，令人高兴、感动和崇高"，用歌德的话来说，最为合宜。南边是兴都拉杰的阴沉峡谷和起伏山峰。白天第一次出现了云层。山不断地改变容貌，在正午的薄雾中只是半透明的震动，在西下的阳光中清晰而鲜明。当云影在山坡上不停地移动时，尤其如此。云加快了动作，山峰抵抗着，显现出一种光和颜色的碰撞模式。当云和山结合，一方空灵，一方固若金汤，景观达到一个新的层面。我沉迷于虚幻与实际相交融的景色，直到佩尔韦兹叫我。是时候返回了。我们赶到山底下的帐篷处。我们走近营地的时候，从巴罗吉尔堡来的阿夫里迪队长带着情报部门的同伴出现了。后者询问了佩尔韦兹有关我的事情。我们带着被外界狂躁闯入的不安，回到了椎尔。

我们一直徒步了 16 天，按照计划，还有接近一半的旅程摆在面前。我们想越过兴都拉杰到吉尔吉特去，然后继续向南进入斯瓦特。椎尔的村民同意帮我们穿过兴都拉杰冰川。黎明时分，我们收整财物，整齐装包，放到三只牦牛背上。首先，我们得穿过占塔尔冰川。在向导的带领下，牦牛跌跌撞撞通过侧面的冰碛，然后沿着裂缝曲折前进，稍微滑移一点就可能跌到巨大的冰川裂隙中去。我们沿着雅昆谷的边缘走，但很快，一道湍流挡住了我们。向导骑着牦牛越过齐腰深的水，留下我们其他人自食其力。水很浑浊，石头在其中轰隆作响。我面对着水流的上游方向，小心地挪到河对岸。佩尔韦兹很怕水，通常会有人背他过河，但是这一次却没有。由于

山那边

缺乏自信，他很快就被水流冲倒了。不过借着谢尔的帮助，他还是到达了岸边。我们停下来。谢尔泡了茶，佩尔韦兹把湿透的衣服放在太阳下晒，我们的两个向导挤在毯子里分享一管鸦片。然后，我们精神抖擞地沿着辛地坎拉姆谷（Zindikharam Valley）往上，走到兴都拉杰山脚下。我们找到一片柳树林，又停下来收集树枝作为穿过前面冰川所需的燃料。一捆潮湿的杂草柴火给我们的旅程增添了欢快的音符。我们将离开人类世界，前往岩石与冰的异国。

太阳消失了。失去了阳光，山坡显得阴沉，山峰再次隐藏在云雾里。狂风与我们搏斗，雨夹雪鞭打着我们的脸。我们在一座尖峰脚下宿营，生了一丛稀疏的火，热了一些汤喝。接着，我躺在睡袋里，听到大雪落在帐篷上。伴着清晨第一缕光线，我们继续吃力地前行，穿过一片白色的云雾和冰层。向导走在前面，用棍子探着冰裂。一头牦牛突然陷进雪地里，腿悬在裂缝中。我们赶紧卸下它背着的沉重行李，所有人一起又推又拉，它终于挣扎着挪到了更坚实的地面上。接着，它就面无表情地继续旅程。风开始吹散薄雾，一开始是缓慢的，只有一些黑色碎石短暂出现，但最后以一种戏剧性的姿态清扫山峰。昨天群山曾用风暴和阴沉的峭壁威胁我们，而今天，它们同样冷漠地向我们展示自己未被玷污的宏伟之美。中午时分，冰面变得更加平坦，达科特冰川从东部而来。我们在 4694 米的达科特山口。我们的道路接下来是一个急剧的下降，直到 1829 米的亚辛谷脚下。

很久以前，其他旅行者看到这段陡峭的下坡路时都十分沮丧。8 世纪初，吐蕃的影响力扩大到帕米尔高原，与中国的唐朝利益发生冲突。747 年，唐朝将领高仙芝在阿姆河击败了吐蕃军队。同年，他带领 3000 人的部队登上达科特冰川，这是第一次有军队登上这么偏远的高地。穿越达科特山口后，他下到山谷，征服了亚辛村。他沿着下游直到吉尔吉特和亚辛河的汇合处，摧毁了吉尔吉特河上古比斯（Gupis）附近的一座桥梁。这样，吐蕃援军无法增援阿姆河溃败的军队，中国军队也无法进军吉尔吉特。高仙芝随后退回到兴都拉杰山，只在亚辛留下一支驻军。751 年，他被阿拉伯人打败，此后唐朝在中亚的势力开始衰落。直到 755 年，亚辛还在向唐朝进贡，但之后山区默默无闻了，直到 1000 多年后，这一地区才再次出现在历史记录中。

从高处下山来，我们遇到了第一片叶子和第一朵花，斜坡长满了蒿草丛。也许我们从寒冷的上游走到熟悉的土地上的速度过快，我回头看了看那些孤独的山峰，然后再看了看山下的小屋和田地，人们在那里摸索着度过他们的一生，这两者之间的反差令我感到悲伤和焦虑。我在满足和渴望之间徘徊，被两个世界分裂，一个已经拥有我，但我不过是个转瞬即逝的存在，而另一个世界是人类存在的一部分，我努力保持我的双重命运。我停下脚步，牦牛和男人从我身边走过。佩尔韦兹询问是否出了什么事。我回答说一切都好，我只是在欣赏风景。

虽然行程还没有结束，但我也有一种已经实现某种目的的感觉。到目前为止，我们做了不少努力，但所取得的成绩微不足道。我知道，在未来的日子里，我很难在村落之间了解更多有关山区动物的信息。这次野生动物的调查已经失败了。因为徒步了这么多公里，我只看到了4只北山羊。一个时代的终结迅速逼近了。15世纪，欧洲开始发现并征服外界。500年后，随着第二次世界大战的结束，殖民帝国崩溃，新的文明兴起。不过，政治的实现往往掩盖了同一时间发生的更大的世界革命：人口规模爆发性扩张，破坏了有限的资源。现在是人类逼死其他物种的大灭绝时代，至少也是在降低地球的生物多样性。我在这些山区的调查晚了30年，仅仅才30年啊！在这弹指一挥间，在这转瞬即逝的历史时刻，风雪的持续攻击几乎没能影响到峭壁，人类却已经对喜马拉雅地区的野生动物造成了严重的影响。近年来，人类创造了与自然世界共处的设计，现在已有必要的生态准则，需要的只是履行道德义务，只是抛弃与自然为敌的自负。正如庞德所说：

> 蚂蚁，在他有龙的世界里，也是半人马。
> 放下你的虚荣心，那不是人类应该有的，
> 鼓起勇气，发出命令，或仁慈优雅，
> 放下你的虚荣心，我说，放下来。
> 自然的世界，就是那个地方……

我紧跟大篷车匆匆来到乡村，回到我的人类的束缚中。

我们用了两天时间从亚辛谷往下到达古比斯。跟在一群驴的后面，我在村庄间和荒地里跋涉了两天，这群驴集齐了它们这一物种所有的缺点，也有一些它们自己的缺点。在阳光普照的天空中，山峰再次显出了苍白和不近人情。

我们终于抵达了吉尔吉特河畔的古比斯，想等一辆吉普车把我们载去上游 64 公里处。但司机们不喜欢颠簸蜿蜒的路况，没人想去。我们在当地的招待所等着交通工具。像在许多大村庄里一样，招待所是英国人建造提供给旅行官员的。潘纳兄弟回家去了，从申杜尔山口有一条通往默斯杜杰的很好的路线。我们几乎什么都做不了。我们跟电报员一起喝了茶。他的住所看起来像营地，是典型的官员房间——房间里几乎空空如也，墙壁上沾着烟草汁的痕迹，从地震前一年开始裂开。在这个令人沮丧的职位上待了两年后，他感到被世界遗忘了。

据说古比斯的拉贾（Raja）很了解当地野生动物，我把名片传给他，想采访一下。他在自家花园里与我们见面。他是位高大挺拔的老人，从眼睛可以看出有着蒙古人的血统，白胡子修剪整齐，看起来像一个中老年版的约瑟夫·康拉德（Joseph Conrad）。他告诉我们，拉贾·侯赛因·阿里·汗的祖先原本于 1225 年定居在斯卡都（Skardu）。家庭势力持续扩张，17 世纪初，从拉达克（Ladak）扩展到吉德拉尔，但此后，家族的影响力下降。他的祖父有四个儿子，1910 年，克什米尔大君封给每个人一块土地，他的父亲封在古比斯。1972 年，政府取消了拉贾所有的头衔和封建特权。他回到自家的小平房里。由于他在当地是没有关系的外来者，也没人为他打抱不平。他似乎很高兴我们对他的过去感兴趣。

作为在古比斯生活了半个世纪的猎人，拉贾知道这里野生动物丰富，他精确地描述了每个物种的过去和现状。古比斯下游的两个维氏盘羊种群现已灭绝，往下游更是罕见。30 年前，生活在古比斯上下游16公里处悬崖上的捻角山羊非常多，亚辛和伊什古曼山谷往上几公里也是如此。现在，除了少数之外，大部分都被猎杀了。吉尔吉特山谷里没有黑熊幸存，最后的几只已于1910年丧生在嘎库什村（Gakuch）附近沿河的灌木丛中。直到1947年，吉尔吉特河南部的所有沟壑里都还有麝活动。拉贾上一次见到雪豹是在1952年。一些狼还在山谷里狩猎。去年冬天，它们在这里捕猎了一头驴。村民在动物尸体里投毒，毒杀了几只狼，还有狐狸、狗和乌鸦。

"1934年到1954年之间，我猎杀了36只动物——北山羊、捻角山羊、维氏盘羊，就在古比斯到吉尔吉特的路边上。我甚至都不是专门去打猎的。那时候动物那么多呢。"拉贾说话时，带着无限的悲伤。我觉得，他不仅想到了那些消失的动物，也想到了他的过去，那是一种永远不会再出现的生活方式。

等了两天，下午晚些时候，一辆吉普车司机答应带我们往上游去。等到我们出发的时刻，太阳已经抛弃山谷而去。天色渐暗，满月出现，柔和而原始的月光洒满了我们头顶上高耸的峭壁，使人感觉仿佛置身于大海的深处。我们睡在潘德尔的一间歇脚房里。几个世纪前，两次巨大的山体滑坡阻断了山谷，形成了一个深湖。最终，湖水还是找到了出口，奔流而去，但此处仍旧留下了一个小湖泊。在该地受英国管辖的时候，这个湖是有名的猎鸭和钓鳟鱼的地方。第二天早上，我们在潘德尔上游几公里的地方告别了吉普车司机。吉尔吉特河在这里很浅，我们涉水过河进入随基山谷谷口的安德布村，希望能为继续向南旅行找到背夫。到斯瓦特最近的镇需要步行 3~5 天，行程的长短取决于天气好坏和紧急情况。当地人对陪我们去往斯瓦特山区很犹豫，说那儿的居民很危险，不是强盗就是杀人犯，但我们为 3 天的行程开出了 5 天的工资，一些人也就不情不愿地接受了。我们午后出发，黄昏时停在海拔 3400 米处。风暴染黑了天空南部，下起雨来。

黎明目睹了我们帐篷里重复进行的一项仪式：

"佩尔韦兹。嘿，佩尔韦兹！该起床了。"我一边叫他，一边起床穿衣服。

"嗯。"佩尔韦兹嘟囔道，缩进睡袋里，拉下羊毛帽盖住脸。

我去喝杯茶，并看看背夫那边的情况。10 分钟后，我开始收拾背包，再次轻推他：

"我们马上就要出发了，佩尔韦兹。"

没有反应。

我接着卷起床上用品，把我的东西从帐篷里清理出来，然后给了他最后一次警告。

"佩尔韦兹！背夫都已经准备好了。"他坐起来，茫然地盯着膝盖附近，就这么坐着慢慢地开始往空背包里塞东西。同时，背夫已经打好了包，在帐篷附近集合起来。背夫拆了帐篷，佩尔韦兹手脚着地爬着出现了。

山谷越来越窄，越来越荒凉。我们迎着刺骨的寒风，爬上一块废墟。在一片雨夹雪中，我们选了一个小小的高山草甸宿营过夜。第二天早上，我们先向上到达冰碛附近，然后穿过达达瑞里山口的一片小冰川，海拔 4785 米，接近欧洲最高峰勃朗峰的高度。我们在一匹马的骨架旁休息了一会儿，向下走到乌舒山谷。接下来的两个小时，乏味、疲惫不堪地在一片广阔的乱石堆里爬行、跳跃以保持平衡。终于，我们抵达了一片草甸，草甸里火一般开着粉红色的蓼，下面有一个绿松石般的湖。不过这里找不到柴烧，于是我们继续沿着山谷往下走，直到黄昏时才找到一些柳树作为燃料。我们现在在斯瓦特，接壤印度河平原的一个山区。1926 年，英国人将斯瓦特的各个部落统一为一个王权国家，并将他们置于一个统治者——瓦利的统治下，但在 1969 年，这里与国家政府合并。尽管斯瓦特南部已经见证了 35 个世纪的文明，但其高山区域还保留着野性，无论是景观，还是人，都是如此。

上午下了场大雨。这个地区受到了一些夏季季风的影响，季风席卷印度，穿透这里山脉的南部侧翼，使当地的植被颇为茂盛。今天，离开吉德拉尔后的第 72 天，我们按计划抵达马提尔坦（Matiltan），结束长途跋涉。我们沿着山谷徒步。路的一侧或两侧是巨大的花岗岩峭壁，偶尔闪现一小片桦树林或一丛云杉林。我们沿着河走。溪流清澈，沉静地漫过波光粼粼的草地，或翻滚着白色小瀑布，蜿蜒通过长着松树的峡谷两侧。原始的小木屋，牧民的家，散发出落基山的气息。看过山那边的荒凉景色后，树木和草地让人心旷神怡。

在这个美丽的山谷中，牲畜皮毛光滑，环境优良，这里的生活似乎比周围山区的任何地方更容易，可令人奇怪的是，这里的人比巴基斯坦任何地方都更惹人厌。人们拦住我们，强行要钱、香烟或者药物。我们询问野生动物的时候，获得的要么是粗鲁转

　　　　　　　　　　　　　　寂静的石头

身走开前的一脸傲慢，要么就是些弥天大谎。走了40公里后，疲乏的我们终于进入了马提尔坦。男人们蹲在矮石墙根，阴沉着脸看着我们，不理会我们的问候。当一个男孩朝着佩尔韦兹扔石头时，他们就笑了起来。

早上，一辆公交车离开马提尔坦去往平原，我们赶上了。

4

喀喇昆仑

喀喇昆仑,一个坚硬的名字,像岩石和寒冰一样,带着呼啸的风暴和荒凉峡谷的原始光环,正适合用来形容这片地球上最为崎岖的山区。在印度河以北绵延 480 多公里,西起伊什古曼河,东至什约克河(Shyok River)上游,拥有 19 座海拔超过 7500 米的山峰,包括世界第二高峰乔戈里峰,海拔 8611 米。同时,这里还有着极地以外最长的冰川,如 72 公里长的锡亚琴冰川(Siachen Glacier)、58 公里长的巴托罗冰川(Baltoro Glacier)、122 公里长的由希斯帕(Hispar)和比亚福(Biafo)共同组成的冰川。

从斯卡都出发,沿水流湍急的印度河顺流而上,再沿着什约克河行驶,很快就能到达一大片开阔的绿洲,这就是卡帕卢村(Kapalu)。什约克河北面是玛夏布洛姆峰(Masherbrum Peak)雄伟的冰封堡垒,想要渡河,得根据季节选择筏子或是摇晃的圆木。前方一条荒芜的山脊分开了什约克河和萨尔托洛峡谷(Saltoro Valley)。我曾在 5 月的一天爬上这条山脊,那时峡谷中还有残留的积雪,旱獭刚结束冬眠勇敢地出发。我站在山脊顶上,从高山兀鹫的视角俯瞰了周围的地貌:山坡陡峭地下降 1500 米,直至灰色

寂静的石头

缎带似的萨尔托洛河，河流的冲积扇上有一座村庄，像死寂地壳上一丛小小的枯萎绿植。一大片垂直的山峰杂乱地矗立在村庄背后，那是一片原始、庞大、无序的陡峭裸岩。拥挤的顶峰隐没在阴沉的云层中，遁世离俗。相比之下，它们脚下那个极其微小的绿点村庄显得很不协调。人类居然能在此挣扎、胜利，而未被自然力所吞噬。然而正是这样的群山，孕育了北山羊和雪豹，并赋予它们躯体中的能量和眼中的光芒。

我曾三次造访喀喇昆仑山脉，研究当地的野生动物，寻找适合建成国家公园的区域。艰辛和失望是这些旅程的主要特征——它们对我的野生动物知识少有贡献——可如今，我认为它们满足了我对科研和个人的一种需求。1973年夏季，我第一次来到这里，为了尽快熟悉当地和发现问题，我驱车前往了很多地方。当时陪伴我的是管理世界自然基金会（WWF）巴基斯坦分会的阿曼诺拉少校，还有我的两个刚刚十几岁的儿子艾瑞克和马克。这是一次激动人心的新世界探索之旅。然而，山峰不应只从车窗里眺望，不应如此仓促地穿越。有一种满足感，只有努力和坚持才能获得。

山令人着迷。我想要从喀喇昆仑山脉那里得到更多。然而重返已是一年之后了。1974年夏天，我带着家人回到我们在佛蒙特州的农场，潜心写了几个月的报告。我内心一方面满足于这种舒适简单的生活，另一方面却对山充满了渴望，想要有机会再次挑战自己力量和意志的极限。我怀疑很多人都幻想着一个神秘家园，他们为此去沙漠、海洋或山峰中寻找。

想在喀喇昆仑山脉一带工作，政治问题比自然环境问题严重得多：150年来这里一直都动荡不安。1830~1842年，查谟王公古拉卜·辛格（Gulab Singh），将他的势力范围扩展到克什米尔，包括这里东起中国西藏、西至吉德拉尔边境的21万平方公里。1846年，英国吞并了克什米尔，随即又将它以100万英镑的价格卖回给古拉卜·辛格。1859年，英国建立了吉尔吉特特区，成为该地区事实上的统治者，尽管当地王公们还保留着部分封建权力。1947年，印度独立，这块次大陆被重新划分，克什米尔面临一个抉择：加入信奉印度教的印度，还是加入信仰伊斯兰教的巴基斯坦。在过去的100多年里，印度教的王公统治着伊斯兰教的民众，直到"克什米尔人已经开始（拥抱）奴隶制"，正如诗人穆罕默德·伊克巴勒（Muhammad Iqbal）所描述的那样，人们的选择显而易见。但是克什米尔的王公哈瑞·辛格（Hari Singh）打算依附印度。听闻这个消息，巴基斯坦鼓励一支私人军队入侵克什米尔谷地，抢在印度之前占领斯利那加城（Srinagar）和机场。这支军队由西北边疆的阿夫里迪、莫赫曼德和普什图部落人组成。10月的一个晚上，普什图人开着卡车穿越边境以后，距离斯利那加仅有135公里。他们本可以在数小时内攻克城池，却花了整整两天来烧杀抢掠。等他们终于抵达斯利那加市郊时，印度军队已经赶来，击退了他们。精疲力竭的普什图人最终没能为巴基斯坦赢得克什米尔。同年冬天，山区激战陷入僵局，持续了整个冬季，最终以一条将克什米尔一分为二的停火线宣告终结。在此之前，印度曾签署了一项"以全民公决的方式来决定克什米尔人最终命运"的条

　　　　　　　　　　　　　　　　　　寂静的石头

款，但之后又拒不履行，引发的争端在联合国的斡旋下逐渐熄灭。但克什米尔地区的持续纷争还是引起了1965年和1971年的另外两次印巴战争。最终的停火线大致与1947年相同，印度占据拉达克和克什米尔河谷，巴基斯坦占据其他绝大部分地区。

战争改写了这片山区的面貌。出于战略原因修建的公路开始深入偏远的峡谷，凿进曾经只有捻角山羊和北山羊出没的岩石间。在横跨山谷的桥梁上，运送供给的卡车发出轰鸣，与桥下汹涌的波涛声交织在一起，震耳欲聋。20世纪60年代末，印度高速公路宣布竣工，与此同时建成的还有喀喇昆仑公路，从吉尔吉特到中国新疆，途经罕萨。很多路段不对外国人开放。直到1973年，印度公路第一次全程开放。我赶紧抓住这个机会。1974年春天，喀喇昆仑公路曾短暂地允许外国人通行。同年夏季，这两条公路又重新关闭，因为巴基斯坦政府雇用了中国人来拓宽公路。

尽管时局动荡，我还是决心对巴基斯坦的马可波罗盘羊做一个总体情况调查。这种盘羊本身并没有濒临灭绝，它在帕米尔高原和阿富汗的瓦罕走廊都很常见。但是，它在巴基斯坦很稀少。我在东北部的吉德拉尔寻它未果，却听说在北部罕萨毗邻中国新疆的两个小区域有它们的踪迹。此外，马可波罗盘羊激起了我的好奇心：它只是大体型的盘羊的一个亚种，却有着盘羊中最长的角。这些长角从头顶沿弧线向上、再向外、最后向下弯曲，形成开阔优雅的螺旋状。目前有记录的最大的两个头骨，一个宽度略超过190厘米，另一个有184厘米。两个头骨都是在山里找到的，因此有可能是死于狼口。我对它们逃离了猎人的猎枪感到十分欣慰。总有猎人为了追求羊角这种战利品，不辞辛苦地寻遍山里每一个偏远角落，费尽心机猎杀马可波罗盘羊，仅仅是为了得到一对比之前更大一些的羊角。就像鲁德亚德·吉卜林（Rudyard Kipling）所写的：

> 你可知俯在冰冻积雪上的长日静候，
> 只因头颅中的王者尚在射程之外？
> 就是那儿！冰雪覆盖、巨石林立的地方！
> 和我那可靠又敏捷的追踪猎手一起，
> 我曾发誓，要守住这马可波罗盘羊的长角，
> 如今，血红色的神灵在召唤，我必须前往！

马可·波罗并不是第一个写到盘羊的欧洲人。在他于1273年穿越帕米尔高原前的20年左右，一个来自弗兰德斯的修道士威廉·冯·鲁布鲁克（William Von Rubruck），受法国国王路易九世派遣，于1251~1254年出使蒙古帝国。他在途经天山时看到了"一种被叫作盘羊的野生动物，它有着跟绵羊相似的身体，角也像公羊一样弯曲，但是尺寸粗壮许多，我几乎无法单手托起一对角来。当地人用这些角做大杯子"。天山的盘羊与帕米尔高原的盘羊十分相似，甚至有些生物学家认为两者是同一种。如果这个修道士的日志能产生更大的影响，或许我们今天就该称之为"鲁布鲁克盘羊"了。

要探访这些盘羊的家园，最大的障碍是要设法获得进入罕萨

北部的通行证。在与当地政府效率奇低的官僚体制打交道数周未果之后，我有幸在 S. M. H. 里兹维博士和伊姆蒂·阿里（Imtiaz Ali）少将的慷慨帮助下收到了总理直接签发的通行证。我就不再冗述其中的波折了：我们开着路虎 7 个小时，从伊斯兰堡穿越群山到达印度公路上的第一个检查站，却只被一个神情紧张的上尉告知必须出示伊斯兰堡北部边境驻军总部的特别通行证，才能通行；我们只好连夜驱车返回，翌日却在军事总部门口被告知，外国人不论任何目的都不能进入，更别提申请通行证，通行证必须首先由国防部发出，而国防部那边只接见预约访客，此外，负责此事的人出城了，返回日期未知，而且还得先有一份内政部签发的优先通行证。碰到这种情形，要么就一忍到底按部就班地来，要么就让佩尔韦兹去活动他的朋友或是朋友的朋友。佩尔韦兹不负众望，花了一天就弄到了通行证。11 月 9 日，我们终于开始了旅程。

公路延伸出山，进入印度河流域，来到贝萨姆（Besham）附近。这是个典型的路边集市，有几家茶水店，满身疥疮的狗在垃圾堆里嗅来嗅去。这里的加油站是抵达吉尔吉特前的最后一个。一个情报机构的官员在检查站审问了我们，然后给了我们一些关于前方路况的信息，可他说的后来在我们看来全都是错的。我们的道路沿着印度河峡谷向北，时而紧贴河岸边缘，时而攀上峭壁，把翻滚的河水远远甩在下方。天黑后，我们的世界变得非常狭小，只看得见前灯照亮的地方。偶尔一个急转弯，灯光越过道路，射进后面峡谷的幽空中，短暂地照亮河对岸的山体。这条公路陡峭、曲折且狭窄，十分危险，我们平均每小时只能行驶 16~24 公里。紧张的 7 个小时中，只有沿途看到一只豹猫和几只赤狐才能让人稍有放松。之后，我们终于到达了瑟津镇（Sazin），路面也变宽了一些。我们把车停在路边睡觉休息，整夜都有卡车队隆隆经过。

河流从东边而来，在瑟津镇急转。峡谷变得宽阔，布满灰色和赭色的沙质河流阶地，而在遥远的高处，这个季节的初雪染白了山坡。在印度河的这个大拐弯处，坐落着吉拉斯部落的家园。上一年，在吉拉斯的集市和隐秘山谷里的可赫村，我曾见过不少他们部落的人。他们看上去样貌平平，跟其他山区居民少有不同，却倚仗着大山的天然庇护，对外族发动无情的持续侵略。他们有独一无二之处：曾一次次成功击退了那些征服了吉德拉尔、亚辛、罕萨和其他部落的军队。他们四处游荡，发动袭击，杀死男人，抢走女人、庄稼和牛群，以至于阿斯特等河谷人口数量锐减，几乎无人居住。1852 年，一支被派去镇压他们的印度锡克教军队全军覆没。英国人的遭遇也没好到哪里去，就像 A. 内韦（A. Neve）在他的书《克什米尔三十年》（*Thirty Years in Kashmir*）里写道："即使是当时的英国冒险家，如果要在毗邻吉拉斯的峡谷里狩猎捻角山羊，也得采取措施，提防吉拉斯人夜间突袭，比如在天黑之后移动帐篷，避免生火。"至今，我还未曾听说有外国人成功穿越吉拉斯人居住的印度河畔的科伊斯坦。

一座大桥穿过印度河，我们再次占据高地。如果天气晴朗，很值得停下来俯视山谷。谷底是深嵌在地壳中的一条河流，两边是干燥的地貌，颜色被夏季的炙热烤成了温和的色调。这个场景

寂静的石景

看起来颇为凄苦，除了偶尔一簇粗糙的野草或者匍匐的山柑之外，似乎毫无生气，头顶上也许会有一群盘桓的红嘴山鸦。但是，在这些干枯的山坡之上，在连最后的灌木丛也无法生存的地方，在连群山都变得像蚁丘的高处，一座闪耀的冰雪山峰照亮了天际。它仿佛不仅是一座高山，还是整个宇宙的焦点。南迦帕尔巴特峰，或者按古人的称呼，"裸露的山峰"，从印度河之上拔地而起6700米，到达海拔8126米。一句梵文谚语说过："一百个神圣的时代，都无法道尽喜马拉雅的奇观。"仅南迦帕尔巴特峰就足以证明这个描述。

南迦帕尔巴特峰不仅仅有岩石和冰雪，就像多数高山一样，它只对深入山谷的攀登者展示它最为隐秘的一面。1973年夏天，我雇了两头驮行李的驴子，带着我的两个儿子艾瑞克和马克，漫步穿越了这里的高山森林。那里凉爽得让人感到安宁抚慰，空气中弥漫着松树和冷杉的芳香；远处有杜鹃在鸣叫，让我想起在德国度过的童年。遥远的高处，针叶林的尽头之上，只有弯曲的桦树在寒风中发抖。我们到达了罗摩湖（Rama Lake），并在一片开花的草地上扎下了帐篷。这片草地和周围的树林看起来就像文明世界中的公园，只有山谷尽头隐约的冰壁有所不同。

在吉尔吉特河与印度河的交汇处，公路向北转向了吉尔吉特，我和佩尔韦兹在从瑟津出发，平稳行驶了9个小时，终于到达。吉尔吉特坐落于海拔1460米处，冬季气候温和，11月中旬，这里的梧桐和桑树还满是黄叶，气温也有10℃以上。这里的市集是北方群山中最大的一个，店里满是各种商品——杏干、狐皮、毛毡和其他当地农产品，平原地区来的布匹，还有进口的中国红茶茶砖，阿富汗走私来的德国煤油灯。面容机敏的普什图人、戴着尖顶帽子的巴尔蒂人、蒙古族样貌的牧民，在街道上游荡。

在某一瞬间，现实仿佛消失了，吉尔吉特又成了连接这片次大陆与中亚丝绸之路上的著名贸易中心。公元前 120 年前后，汉武帝派出的特使第一次开通了丝绸之路，之后他们在此巡逻，保护它不受强盗侵袭，使运送丝绸等奢侈品去往西方的商队得以通行。按照 3 世纪中国旅行家法显的话来说，这条路艰难凶险，满是"黑暗阴郁的群山"。但这条路仍在。2000 年来，商队们来往中国新疆，翻越罕萨险峻的明铁盖山口（Mintaka Pass）。直到 1949 年，中国关闭了边境，结束了一个时代，吉尔吉特从一个国际贸易中心降级成了一个当地集市。今天，士兵和政府官员混杂在古老部落的民众间。这里记载着不同的人类时代，就像地质岩层一样。

吉尔吉特办事处的常驻官员伊杰拉勒·侯赛因（Ijlal Hussain）住在一所能够俯瞰全镇的大平房里。他是北部地区的最高官员。想去罕萨，必须获得他的许可。我上一年曾经遇到过他，当时他曾允许我测量他家里摆设的马可波罗盘羊、北山羊和其他陈旧的战利品。前人的美德在当今可能成为缺点，猎取羊头做战利品的狩猎活动就是如此。今天，许多物种刚刚能勉强地活在它们从前栖息地的遗迹上，只为一点战利品就猎杀它们是很不合时宜的。过去时代的猎人，生活在与今天伦理不同的环境中，他们曾数月勇敢地面对偏远地带和危险的陌生部落，似乎比当今仅为娱乐的猎人更为英勇。

这位官员友善地接待了我们，并指派了一个35岁左右的男人古拉姆·穆罕默德·贝格作为我们的联络官。贝格长着瘦长严峻的脸庞，站姿笔挺，还习惯性地戴着卡拉库尔绵羊毛制成的真纳帽，有学校校长的风度。他来自一个有着千年历史的古老罕萨家族，因此对这片山谷极其熟悉，还曾作为委员会的成员，参与解决目前与中国的边界问题。

罕萨峡谷从北到南形成了一条巨大的狭长地带，绵延129公里穿过喀喇昆仑山脉。罕萨人和那加人被这些令人生畏的峡谷和高耸的山口保护着——前者生活在罕萨河西岸，后者生活在东岸——肆无忌惮地从他们的天然堡垒突袭周围地区。他们不断抢劫，足迹远至距离山谷320公里之处。从莎车翻过喀喇昆仑山口去往印度的商队是他们喜欢的目标，其中一次突袭就收获了50匹满载的骆驼和50匹小马。近至1888年，87个罕萨人在那个山口附近袭击了一队商旅，此外还带走了一些吉尔吉斯牧民做奴隶。虽然罕萨每年向克什米尔的统治者进献贡品——0.6公斤黄金、两匹马和两只猎犬——但这并不妨碍他们的掠夺行为。吉尔吉特十分畏惧这些持续的攻击，要报复也极其困难。1848年，吉尔吉特的总督及其军队被屠，1866年，克什米尔军队的大君也被击退。这些人要是不攻击邻居，就内部互相争斗。1886年，萨夫达尔·阿里·汗（Safdar Ali Khan）谋杀了自己的父亲——而死者也曾谋杀他自己的父亲——并篡夺了王位，他还处死了自己的两个兄弟。附近那加的法定继承人也不甘示弱，杀死了自己的两个弟弟。1973

年，罕萨的米尔[1]终于不再有这种担忧了：他的儿子是拉合尔一个摇滚乐队的鼓手。

作为喜欢秩序的人，英国人无法容忍自己名义上统治的人们有这种骚乱行为。罕萨首领也曾向当时正在探索边境地区的俄国统治者提出过抗议。在 1889 年的一项协议中，罕萨人和那加人同意停止劫掠行为，但两年后他们就打破了这项协议。英国人以此为由从吉尔吉特派出了军队。几次激烈但没有结果的冲突之后，一场决定性的战役在尼尔特村的要塞发生了。拥有 3000 名士兵的英国军队派了 100 个廓尔喀人猛攻要塞外大门。他们用锋利的反曲刀把外大门砍成了碎片。接着，用炸药粉碎了主门：

> 三位英国军官，带着六名后援，爬过这个突破口，进入了尼尔特要塞之中。他们的战友们在浓重的烟尘笼罩下从铁丝网中穿行，却没能找到这个突破口……占据了要塞里的这个位置之后，他们毅然坚守，但很快，其中两人就被杀死，其他人大多数负伤了。

但是接下来：

> 廓尔喀人涌入要塞的窄巷，尽他们所能拼杀起来。坎巨提人起初像狂热的苦行僧一样防守抵抗，但很快在最猛烈的进

---

1 "米尔"原文 Mir，跟"米塔"（Methar）类似，是对某地统治者的称谓。——译者注

攻前丧失了信心。

以上是这场战斗的参与者 E. 奈特（E. Knight）在他的书《三个帝国相遇之处》（*Where Three Empires Meet*）中写到的。那加首领被杀死，要塞高塔被炸毁，但战斗仍在 12 月里持续了 18 天，直到所有的抵抗者都被制服。罕萨首领逃往中国。1892 年 3 月，英国人将他的顺从的异母兄弟纳泽姆·汗（Nazim Khan）任命为新的统治者。

80 多年后的 1973 年，我在罕萨的首府巴勒提特（Baltit），遇到了居住于此的米尔——穆罕默德·贾迈勒·汗（Muhammad Jamal Khan）——他是纳泽姆·汗的孙子。阿曼诺拉少校、我和我的两个儿子曾请求与他会谈，询问当地野生动物的情况。他是一位长者，白发剪得很短，面部轮廓分明，满是皱纹，从眼睛看有些许蒙古族血统。他端出茶和樱桃来招待我们。他告诉我们，极少有野生动物在罕萨的主峡谷存活下来。拉达克盘羊已经消失，但是还有几只北山羊，在察尔特下游有些捻角山羊；雪豹很少，但最近有人在红其拉甫山谷（Khunjerab Valley）里打到了一只。我问起他家墙上的 3 个马可波罗盘羊头骨。这些优美的头骨围着闪亮的白色领毛，优雅的羊角向外螺旋延展至 127 厘米。马可波罗盘羊近年来损失严重，这位米尔继续用疲惫的声音说。1959 年，一个美国猎人埃尔金·盖茨（Elgin Gates）曾在红其拉甫山口遇到一大群马可波罗盘羊。"那个人完全失去了理智，"米尔叹着气说，"他不停地猎杀，无法阻止。我的猎人说他至少打死了 7 只，还有

喀喇昆仑

很多受了伤。"阿尤布·汗总统的儿子曾乘直升机飞来，并猎取了5只；一个德国工业家和他的两个儿子打了9只。接着来修建喀喇昆仑公路的军队工程师猎杀了许多：1968年据说一个军官杀死了50只来给他的部下加餐。这位米尔的悲伤话语不仅是对他人恶行的追诉，也是在默然坦白他作为一个统治者的软弱，他不愿或无力执行自己国家的法律。

在他祖父的时代，直到20世纪30年代末期，这种盘羊都是受到严格保护的。动物们成群地来到罕萨这个安全港，因为在毗邻的中国新疆，吉尔吉斯部落的人用狗把它们赶进狭窄的山谷，藏着的猎人开枪射杀它们。后来情况发生了改变，中国政府试图保护他们的野生动物，而罕萨现任领导人却忽视了这一点。马可波罗盘羊战利品成为中产家庭的地位标志，并在吉尔吉特的市场出售。1976年，在政府开始统辖他的领地两年后，这位米尔去世。

尽管这位米尔对野生动物的情况给出了非常悲观的评估，我还是继续进行考察。我和佩尔韦兹、贝格花了一整天才从吉尔吉特开车100公里进入罕萨峡谷，因为途中有几千名中国工人在拓宽道路。每隔几公里，就会有人向我们招手示意停车，并喊着："炸弹——嘭！"几分钟之内，群山颤动，雷鸣般的巨响隆隆滚下峡谷。爆破掀起的尘土向下面的河流沉降。我们只能安顿下来，开始漫长的等待。几十个穿着蓝色工装的工人在爆破地点周围穿梭。他们通常没有推土机或其他土方设备，而用铁锹和镐来对付成堆的碎石。他们工作得极有耐心，有耐心到简直让我们难以忍受，以至于有时我们也会帮他们一起清理道路。在一个爆破点上，所有工人离开了 3 个小时去吃午饭，我们只能一直等待。我们的路虎车门上有世界自然基金会的熊猫标志，工人们对这种他们认识的动物标志很感兴趣。他们十分好奇，尝试向我们探询来此的原因。然而我们没法和他们交流这些深奥的事情，况且他们对我们的手表更感兴趣。那些有手表的工人——其中一名工人有只瑞士产的手表——急切地向我们展示，并打着手势要看我们的表。佩尔韦兹和贝格的手表足够精美，获得了尊重赞许的点头，而我却戴着这条路上最差的廉价怀表，于是在这场"国际比赛"中完全落败。

当我们接近察尔特时已是黄昏。公路急转弯离开阴暗的峡谷，忽然之间海拔 7788 米的拉卡波希峰填满了山谷和天空。公路又一次转弯后，峡谷变宽阔了，挤满村庄和梯田，在冬季的夜晚中显出荒凉的棕色。我们又被一个爆破点挡住了去路。贝格安排我们在附近的一户人家过夜。贝格的家族传统是总有一名家族成员担任米尔的议会大臣，他自己又是伊斯梅利委员会（Ismaili council）的一员——罕萨的多数人都很尊敬阿迦汗——贝格到处都能受到款待。通常罕萨人会面无表情地掩饰他们对陌生人的怀疑，因此贝格在场是我们总能受到款待的唯一原因。

早晨，我们的路虎车无法发动。我们尝试推了一阵，一位吉普车主也徒劳无功地摆弄了引擎两个小时，但最后还算幸运，附近一个公路营地的两位部队机械师让引擎重新工作。他们说是配电器触点出了问题。我们还没驶出两公里，就因爆破停了两个半小时。等我们越过这个障碍时，已经是傍晚时分，贝格又为我们找到了一户人家过夜，住在海德拉巴村（Hyderabad）。我走出房子，走

喀喇昆仑

进光秃秃的杏树花园。下游，闪耀而巨大的拉卡波希峰占据了峡谷，似乎阻断了通往外界的一切道路。在我身后遥远的高处，藏着罕萨首领的要塞。它俯瞰着下面杂乱单调的小屋和田地。这是个典型的藏族要塞，高墙和窄窗透着莫名的不祥之感；它的上方高耸着原始阴暗的悬崖。只有沿着灌溉水渠的一排排杨树，为这里荒凉的景致增添了一抹柔和的雅致。我发现很容易理解为什么西方游客觉得这种峡谷氛围浪漫：对一处风景宜人的地方注入他们对香格里拉的幻想，在那里每个人都掌握着健康和心灵宁静的秘诀，都能活到极高的寿命。然而，罕萨的人们与其他山谷中的居民几乎没有什么不同，既没有更幸福或更悲伤，也没有更健康或更富裕。男人和女人在多石的田地里艰苦劳作，勉强靠死面饼、土豆和果干等稀少的食物维持生活。而外国游客通常住在较富裕的家庭里，主人们会为他们提供肉类和酸奶等美食。这些食物很少出现在当地人的日常餐桌上。极端的贫困迫使很多人冬天离家，希望能在外面的世界里挣些钱。呼吸道疾病十分常见。也许确实百岁老人高出常见比例，但当我问起贝格时，他对此表示了嘲讽。无论如何，关于此事，既没有准确的记录，也没有其他山谷的足够普查来进行对比。

早晨我们向北进发，很快又进入了山谷。前一年我从中巴友谊大桥跨过了罕萨河，但几个月后，几千吨泥土和岩石忽然从旁边一条峡谷里倾泻而下，形成了河上的一座天然水坝。现在山谷被 2.4 公里长的湖面填满，浅蓝色的水中几乎看不见被淹没的大桥。我们从临时的浮桥过了河。这里少有村庄，因为几条布满碎石的冰川——吉尔密特（Gulmit）、古尔金（Ghulkin）和帕苏（Pasu）——从荒凉的顶峰延伸下来，一直到公路旁边。接近中午的时候，我们到达了帕苏，这是一个我过去一年都没能通过的军事检查站。我满怀渴望地从这里开启新的未知领域的探索。前方是崎岖山峰，东面新沙勒峡谷（Shimshal Canyon）张开了参差不齐的巨颚。难以置信的是，从这里直到中国新疆都铺好了路。我们平滑地驶过山巅、断裂的峭壁、被侵蚀的广阔山坡，这些山坡看起来就像被一只恐怖的大猫愤怒地挠过似的。公路的每一个转弯都逐渐展现出更加荒凉的远景，阴沉的云层拍打着山坡。我们在索斯特村（Sost）停了下来。从这儿开始，我们得放弃汽车，步行前往基里克山口（Kilik Pass）。贝格为我们找到了住处——一户低矮的平顶房，主人是一个从西部移民过来的瓦罕人。跟所有瓦罕住宅一样，有一间很大的主厅，房中间是一个开放式的土制火炉，沿着墙壁筑有宽阔的木板睡台，上面堆着厚厚的被褥，还有一些木箱用于存储谷物、衣物和其他物品。

刚过索斯特村，公路就向东转入红其拉甫山谷，旁边一条小路转向西通往 8 公里之外的米斯嘎村（Misgar）。米斯嘎村位于海拔 3048 米处，是古代丝绸之路到达中国之前的最后一个村庄。这是一个挺大的村子，有大约 80 座小屋，即使按当地标准，这里的居民也是好辩又狡猾的。我们今晚的主人是一个身材强壮的地主、商人古尔邦·阿里·汗（Kourban Ali Khan）。跟许多罕萨人一样，他见多识广，曾在中亚四处游历，会说好几种语言，包括布鲁夏斯基语、瓦罕语、突厥语和乌尔都语。我们围着噼啪作响的柏树火堆，一边啜着茶，吃着小块的烤牦牛肉，一边漫谈着当地的许多话题。跟许多其他地方一样，这里的税收也让人们担忧。由于罕萨刚从一个王国降级成一个地区，这里的米尔不再能像以往那样征收山羊、黄油和一定比例的谷物作为税收。未来会带来什么呢？新的政府还没有开始征税。我照常向主人问起野生动物和当地历史，试图理解一些过去和现在，以获得关于未来的一些暗示。古尔邦·汗告诉我，每个夏季，米斯嘎人带着大约 4000 只绵羊和山羊去基里克山口的高原牧场。那里是边境，他们还与中国新疆、阿富汗的牧民进行一些贸易。然而，与其他部落的接触也并不总是这么友好。很久以前的一次，米斯嘎人向北方突袭抢掠，山口的一场战斗中死了 50 个人。从那时起，这场战斗发生的地点就被称作基里克，词尾的"里克"在突厥语中的意思是 50。运气好的话，我们可能在山口看到马可波罗盘羊。但是由于它们经常被杀死作为食物，大多数现在留在了中国新疆。那边还有一些北山羊，尽管在 1972~1973 年的冬天，附近一个哨所的吉尔吉特侦察兵们捕杀了至少 60 只来补充口粮。

"你知道吗，"我问古尔邦·汗，"阿富汗和蒙古国对外国猎人收取多少费用，才能获得捕杀一只当地大型盘羊的许可证？至少 50000 卢比或 5000 美元。在你们的山谷，外人却白白进来猎杀北山羊和盘羊。你们自己也只为一点羊肉就猎杀母羊和小羊。这些动物很快就会消失，你们将失去一种宝贵的资源。"

靠着贝格和佩尔韦兹做翻译，我建议米斯嘎人应该保护他们山谷里的野生动物，至少几年不猎杀，直到动物的数量增加一些。

寂静的石头

然后，他们可以收取适当的费用，允许外人偶尔猎取战利品。在一个月薪 30 美元的地区，仅仅一只马可波罗盘羊带来的收入，就能对这个村庄的经济产生可观的影响。在北山羊再次大量繁殖之后，可以每年按一定比例猎杀，来为米斯嘎人的家庭提供肉源。

"是啊，"古尔邦·汗表示赞同，"这倒是可行的。村委会会配合。但是政府能同意吗？"

一旦涉及开展狩猎旅游和提供许可证等事项，政府一定要牵涉其中。村子能分到许可证的收入吗？军队会遵守这些规则吗？我们的对话在这些无法预测的问题上陷入了困境。

我们徒步的小路被灰色的山坡包围，蜿蜒而上。向导库尔班·沙阿（Qurban Shah）在前面领路，他为这次翻越基里克山口穿得很暖和：粗羊毛裤、厚实长衫、莫卡辛皮鞋。两个小时之后，我们经过了一个吉尔吉特侦察兵哨所，又过了 4 个小时，到达了穆克塔什（Murktush），山谷一分为二，一条通往明铁盖山口，另一条通往基里克山口。我们走进一个废弃的牧羊人棚屋。

山谷中夜幕还在逗留，我伸手摸到了睡袋附近的温度计。现在是 -12℃。我推了推佩尔韦兹叫他起床。他像一头冬眠中的熊似的咕哝了几声，但并没有起来。于是我和库尔班把他留下来，与贝格一起等待太阳升起。我们弓身迎着冰冷的风，艰难地在山谷中向上跋涉，偶尔停下来用望远镜眺望山坡，搜寻北山羊。库尔班很快就能发现岩石和积雪上挪动的小斑点，而我每次都得支起三脚架、调整望远镜，用冻僵的手指潦草写下关于羊群组成和活动的简短笔记：08:15，5 公 3 小 1 母，海拔 4358 米，西坡，雪崩路径上觅食，碎石堆上缘。

上午 11 点后不久，我们到了哈克（Haq），这是哈普昌峡谷（Harpuchang）和基里克峡谷交界处的一块平地。我们钻进一个石头小屋，草皮屋顶低得我站都站不直；屋内就像动物巢穴一样简洁实用，但却不怎么舒适。在哈克这里，地形发生了变化，深入地壳的峡谷和锯齿状的山峰让位于平缓的山包，只有少数最高处变为岩石壁垒和冰川。在等佩尔韦兹的时候，我对周围的环境独自探索了几个小时，查看了无雪地块上的植被。除了小块的莎草草甸之外，还有蒿草丛、麻黄、虎耳草等所有能够抵御干旱和严寒的植物。它们都被牲畜严重啃食。我注意到了一些旱獭的洞穴，更高的山坡上还有一群觅食的北山羊留下的雪坑，但是并没有马可波罗盘羊的迹象。不过，我的这一天还是很成功的——两只棕灰色的狼正沿着北山羊的足迹稳步奔跑。

棚屋中的这个夜晚有些阴沉凄凉。牦牛粪慢慢地燃烧，屋里弥漫着一层刺鼻的、低低的烟尘，我们不得不蜷缩起来，或者躺平来呼吸。这个火堆提供了热量。在这个冰棺似的小屋里，热量就是生命。

我们出发去基里克山口时，温度是 -18℃，但很快阳光就从山上滑下来。它的到来使我们对登山多了一份信心。从山口往下有一只雪豹的足印，还有另一只雪豹加入这条路的痕迹，它随着这条痕迹走下一条平缓的沟壑，然后独自离开。我很高兴获知它们在这群山里的某个地方。我们稳步攀登，翻过了最后一片陡峭的岩石堆，到达了一片平地。地中间立着一根水泥柱，上面刻有"巴基斯坦 1964"的字样。在这海拔 4754 米的高处，在广阔的天地间，在荒凉的群山里，四个国家相遇了。我一只脚站在巴基斯坦境内，另一只脚却在中国。一条向西的山脊属于阿富汗，而越过一条峡谷，远处那些无雪的山坡则在苏联（今塔吉克斯坦）。唯一的生命迹象就是一只狐狸的足迹。

第二天早晨，我和库尔班登上了哈普昌山谷，为寻找马可波罗盘羊做最后的努力。朝北的山坡深埋在雪中，朝南向阳的山坡则基本是裸露的岩石。库尔班在南坡发现了一群 17 只北山羊。我们在基里克地区发现的北山羊总数达到了 60 只。晚些时候，我们发现了雪中探出的一副马可波罗盘羊角。这具头骨相当不错，长达 130.8 厘米，角轮显示这只动物死去时 7 岁。我为没能找到活着的马可波罗盘羊感到失望，发现这个羊角让我感觉更糟了。

25 头家牦牛生活在这偏远的峡谷中，可能就像它们的野生祖先一样。从形态学来看，有些动物学家提出牦牛可能不只是一种野生的牛属动物，而是牛属与美洲野牛属之间的过渡。动物行为能帮我们澄清这个问题吗？我在一个小土丘上安顿下来，观察了一会儿这些动物，等待事情发生。多数牦牛都在安静地吃草，除了三头各在不同的土坑里休息。偶尔会有一只背朝下翻个身，用腿掀起一团尘土。接着，一头巨大的公牛孤身沿溪岸走来。他的头低垂着，向两边摆动，拂尘似的尾巴高高翘起。看到他不祥地接近，土坑中的牦牛们漫步离开了。那头公牛嘶哑地咕哝着，显示出他的学名名副其实：*Bos grunniens*，意即咕哝的牛。他先两次在堤岸上蹭了蹭脸，然后边磨牙边大步迈向空出来的土坑。他反复把一只角挖进土里，在尘土中翻了两次身，好像要把这个地方灌满自己的气味，以此宣布他对此的所有权。接着他用角掘进第二个土坑，然后站在里面，笔直地扬着头，展示他雄壮的体格。即使是这样一件事，也让我学到了有关这个物种的一些信息：几种挑衅的姿态，比如大声咕哝和用角挑物体，在牦牛的近亲其他牛中也很普遍，但磨牙似乎是一项独有特征。它在土坑中打滚的习惯尤其有意思，因为牛属的其他成员——比如家牛和印度野牛——并不这样做，与此形成对比的是，美洲野牛属则有这个习惯。因此在行为上，牦牛与牛属和美洲野牛属都有联系。这趟辛苦的行程至今收获甚微，因此任何新发现都使我高兴。

三天后我们回到了索斯特，准备驾车前往红其拉甫山口。红其拉甫是一个瓦罕语词汇，意思是血流之谷，这个命名是因为它对动物和人造成的可怕伤亡。1892 年之前没有西方人探访过这个山谷，直到乔治·科克里尔（George Cockerill）爵士完成此行。现在，山里有一条超过 64 公里的柏油路，沿山谷蜿蜒而上，山谷两边是毫无特征的岩石骨架和无尽的页岩山坡。曾经有些四散的桦树林和柳树林，让人感到亲切，但是最近一个军事承包商砍掉了大多数树木。这个行为简直是对生命的否定。虽然这条路是两年前才建成的，却由于缺乏养护已经开始破碎。这条建在不稳山坡下的曲折道路，不仅被山体滑坡和滚落的巨石损伤，还被河流侵蚀。

我们经过了军事检查站，继续行驶。现在的海拔已经让车很吃力了。前方山谷又有了分岔，我们的道路在往山上爬升时形成了一串之字形，直到峡谷被远远地留在低处，起伏的高原在前方延伸。在海拔4267米处，路虎车慢得需要我们下来推车。我们从索斯特带了三个人同行，一个熟悉红其拉甫的猎人、一个宿营助手、一个司机。司机需要把车开回低海拔地区，以防止它冻住。忽然，引擎停下了，离我们的目的地还有4.8公里：原来是司机关掉了引擎，因为他想上厕所。有时候咒骂是肢体攻击的有效替代。理所当然地，车无法发动了。我们不得不卸下了装备，让车和司机沿原路滑下去，并告诉他一周后返回。现在已是黄昏，半个月亮苍白的光线照得地貌看起来更加严酷。风吹起的雪花割着我们的脸，我们背着寝具以及一点食物和柴火走向一个路边营地的荒废小屋。我们的两个助手可以明天取回其他行李，再帮我们搬到附近一个更舒适点儿的牧民小屋去。

第二天早晨天刚刚亮，我就独自艰难地爬上营地附近的一处陡坡，急切地四处张望，寻找马可波罗盘羊或它们的足迹。两小时后，我爬到了海拔5181米的山顶，冰冷的寒风抽打着积雪飞过高原表面，云层在山顶周围不安地移动。除了风以外，这里没有声音，没有生命，只有虚空。通常，我会有一种由于攀登带来的满足感和看到前方又一片山坡的喜悦，但那天，我只有马可波罗盘羊这一个目标。我沿着一片冰川颤巍巍地向东走去，朝着中国新疆的边境，那边低处有些山脊基本没有积雪。我在一个高高的山丘上，躲到一处突出岩石的避风处，架设起了望远镜。我缓慢地搜寻着地面，每一条溪谷、每一片岩地，然后我又看了一遍，接着又看了一遍。峡谷变窄，转向北方，然后朝塔克敦巴什帕米尔敞开。我在那儿看到了中国的界碑。我看着一队深蓝色的中国军用卡车爬过山口，进入巴基斯坦，上面满载的是中国的大白菜和胡萝卜，是给修路工人的补给。我继续搜索，但还是没有马可波罗盘羊的踪迹。村民们曾向我保证，11月是在这儿遇到这种动物最合适的时间。1959年一个美国猎人曾看到一群65只羊。我感到极其沮丧，这是我此行的最低谷。我往下走到公路上，回到海拔4755米的山口，红色的路标写着：巴基斯坦左行，中国右行。两个路标都是用英文写的。

　　我和向导第二天早晨离开时，温度是−19℃。我不再期待遇到盘羊，可以享受山中行走的乐趣了。我们在一片片没有雪的地面漫步，感受着遇到的任何东西。一头棕熊为了寻找旱獭翻开了有很多石块的土地；一只赤狐从石头后面跑了出来；布满苔藓的一块石板上，一堆狼粪里有马可波罗盘羊的白色粗毛。我们零星找到一些羊角，有时是一个单独的空心羊角，有时是一个完整的头骨。我测量了每个羊角，发现这种羊角生长得非常快。一岁半的小公羊就可能有38厘米长的角，在接下来的两年里，每年有可能生长22~25厘米。从此以后，角每年长得越来越少，不过，一只公羊在8岁以前还是可能达到165厘米的角长。这些角虽然很长，却并不重，一只成年公羊的头骨可能只有11公斤左右。这种动物的寿命短得让人吃惊，很少能达到10岁以上，美洲的盘羊在野外往往能存活15年以上。

　　贝格的一个在索斯特的朋友阿弗雷德·汗（Aferd Khan）那天下午乘一辆中国卡车过来了。由于我们的路虎车还没有返回，他有些焦虑，就去寻找，结果发现它熄火停在了一个边防营高斯基尔（Ghoskil）。我和佩尔韦兹让其他人留下来照看行李，步行去18公里外的高斯基尔。这是一个可怕的地方。它位于3900米的峡谷底部，每天只有一个小时阳光。当地一位少校邀请我们去他的住处，那是一间水泥房屋，墙上被油烟熏黑，散发着寒冷的气息。我们挤在一个很小的煤油炉周围，讨论如何把其他人带下山口。少校说他没有能用的交通工具，只有一辆传动带坏了的旧卡车。由于没有无线电话，要及时获得一条新传动带的唯一办法，就是找过路的中国卡车要一条。而中国卡车只要能不停车，就绝不停。好在他知道一个迫使他们停车的有效方法：他让部下把旧卡车推过去堵住了公路。才几小时，一条新传送带就安装好了，傍晚之前我们的队伍就重聚了。现在，只要有卡车助动，就能启动我们的路虎车了。当地工程师还在引擎下生了一堆火来预热。这辆卡车推了路虎车3公里，却毫不奏效。卡车司机告诉我们，他的汽油只够返回高斯基尔了。再推一下吧，我们恳求道，于是就真的再推了一下。他后退了45米，全速冲过来，砰的一声撞上我们的车，把后门撞得凹陷进去，还撞碎了窗户。接受了这个告别礼物之后，我们就得自力更生了。现在又黑又冷。我们获得帮助的最大希望是下坡19公里处的吉尔吉特侦察哨所。大冬天的晚上，在喀喇昆仑山里，徒手推一辆满载的路虎车19公里，实在不怎么理想。幸运的是，沿途不是平路就是下坡，5个小时后我们就到了。我们喝上了急需的热茶。指挥官解释说，他也没有交通工具，最近的维修师在巴勒提特，但至少他可以用无线电联系米斯嘎，帮我们找辆私家吉普车。

要描述我们沿罕萨峡谷的狼狈撤退，会比较枯燥无味。只说说我们没找到一个愿意修复路虎车的维修师；军用卡车在冰面上打滑，佩尔韦兹险些滚进峡谷；我们租来的吉普刚翻过一处特别危险的路段，就断了一根轮轴。我们的磨难在吉尔吉特还在继续。没有维修师愿意冒险爬到这个海拔上来，因此路虎车得在这里待到春天了。接下来两周，所有从吉尔吉特出发的航班都订满了。还好副局长慷慨地给了我们优先票。飞机到达了机场，第二天却几乎空着离开了，把我们和其他几十个旅客滞留在机场，因为军队抢占了这趟航班，去向一个伊朗将军快速展示一下吉尔吉特的军事实力。然后，云朵在山谷中聚集起来。连续三天，天气都没有好转的迹象，我们决定走陆路离开。许多卡车空车返回拉瓦尔品第，司机们只收一点费用就愿意载客。我们很快找到了车。卡车的木板车体上画着鲜艳的狮子和阿尔卑斯景色，这是南亚风俗，就像一个人对他永远不会见到的动物和地方会产生有形的幻想。本来，这段路昼夜不停需花费两天时间，但在帕坦村附近，一个中国施工队的爆破工作阻塞了公路。我们被告知得等一天。一个晚上过去了，第二天也快过完了，工人们缓慢而从容地清理着公路，似乎完全无视这场百辆左右卡车的交通堵塞。两个方向都挤满了卡车，司机们越来越不耐烦。下午晚些时候，工人们准备回营地休息了，我也只好准备再等一天一夜了。结果，一位官员到了这儿需要通过，一个半小时道路就畅通了。整个旅程中，命运似乎都在跟我们作对。磨难几乎夺走了旅行的快乐。然而，我们是幸运的，因为当月晚些时候，一场印度河沿岸的地震造成了几千人的死亡，摧毁了许多村

寂静的石头

庄，包括我们等待清路的帕坦村。

罕萨北部的行程几乎没有使我增加什么科学知识；但我们获得了一些更重要的东西，远比搜集关于一种野生物种的一点冷僻事实更重要。要明确这次调查之旅的重要性，我们必须先把喜马拉雅山作为一个整体来考虑。对我来说，最令我震惊的发现是人类破坏山峦的程度。森林变成木材和柴火，山坡变成田地，野草被牲畜吃光，而野生动物成为猎人果腹之物。有些动植物的未来现在已经处于危险之中。然而，地球又有着不凡的坚韧和弹性，只要物种没有灭绝，它们的栖息地就可以恢复。总有一天，人类会想要重建他挥霍掉的一切，为此需要保护和拯救所有物种，需要保持已有的基因样本库。这个目标最可能通过自然保护区实现，保留在那里的动植物种群可以在少受或不受人类干扰的情况下繁衍生息。在不远的将来，也许这个世界上大多数生物都只能在保护区中、在被生物资源匮乏的环境包围着的岛屿栖息地中找到。然而，物种不可能永远留在保护区中：已有研究表明，小块孤立栖息地中的自然灭绝率非常高。像诺亚方舟那样，每个物种仅仅保留一对动物是不可能的，因为仅仅是各种偶然因素，就能消灭其中一些动物。我们需要大面积的保护区，尤其是捻角山羊等季节性迁徙的动物，还有雪豹这样需要到处漫游捕食的动物。

也许有人会认为，巴基斯坦北部大片山区中的很多地区能成为合适的保护区。然而，保护区并不仅仅是岩石和积雪这些无论人类如何对待都会残留下来的东西，而是桦树、勿忘我、牛虻、旱獭和维护整个和谐生态系统所需的所有组成部分。人们已经深入到大多偏远的峡谷，无论是为了长生不老，还是不过想在夏季放牧。任何新的保护区自然会与当地人的利益发生冲突，我们只能希望找到冲突最少的地方。因此，必须考虑当地人的传统和权利。我们不能驱逐村民，而需要给他们提供新的谋生方式。

我认为罕萨东北部可以成为一个完美的国家公园。在地图上，我画了一条线，从中国新疆边境往南穿过红其拉甫，越过古其拉甫山谷（Ghujerab Valley）的山口，然后向东绕过新沙勒（Shimshal）村，接着再向南直到新沙勒排水区的尽头，最终往东到中国新疆边境。这块面积2271平方公里的高山区域，景色壮美，生物多样复杂，还生活有一些珍稀野生动物。除了雪豹、棕熊和马可波罗盘羊，它还庇护着这个国家唯一的岩羊种群，藏野驴也有光顾。尽管喀喇昆仑公路提供了进山的道路，但这片区域里没有永久村庄。事实上，每年夏季来自几个社区的人们会在红其拉甫、新沙勒和其他高原草地放牧3个月，这带来了一些问题，因为按照国家公园的定义，应该免受这种打扰。然而，我认为这种细节可以以后解决。比如鼓励牧群主人减少或卖掉他们的牧群，来换取与维护国家公园相关的工作。最重要的一点是，必须现在就开始保护这个地区，因为仅仅在过去的5年里，大多数马可波罗盘羊都被猎杀，多数树木也遭砍伐。再过5年会怎样呢？

有一种趋势认为生态问题是科学和技术问题，而实际上大多是社会文化问题。村民们以后会接受国家公园吗？在红其拉甫河边，我曾攀上一个长着柳树和柏树的宜人山谷，这些树木没有被砍伐是因为它们归米尔所有。有一个小屋，周围堆满北山羊的骨

　　　　　　　　　　　　　寂静的石头

头，主人正带着他刚打到的一只赤狐回家。他会遵守国家公园禁止狩猎的规定吗？我跟阿弗雷德·汗、古尔邦·阿里·汗和其他人谈起这个问题。这些人在各自的社区里都地位显赫，他们的帮助将会对环境保护的成功起到至关重要的作用。我们都赞成说当地人必须以某种形式从国家公园获得经济利益，尤其是向导和护林员等稳定的工作职位，因为没有人能完全依靠同情保护一个区域。伦理这个概念——一个人关于善与恶的观念——需要基于一个大前提，即每个人必须和谐生活在自然群落中。但是这个观点对只关心生存的人毫无作用，很难对村民们解释说他们正在耗尽他们自己和后代赖以生存的资源。

我返回后，向巴基斯坦政府写了一份报告，提议建立红其拉甫国家公园。开始时曾帮我获得去罕萨北部通行证的里兹维博士，把我的报告送达总理佐勒菲卡尔·阿里·布托（Zulfikar Ali Bhutto）。总理读了我的报告，同意了这个概念和提议的边界，下令建设国家公园。它在 1975 年 4 月 29 日成为现实，虽然目前还只停留在纸上，但它确实已经存在。我们罕萨之行的艰难被这个迟来的喜讯完全弥补了。

任何人只要有意识地观察过对野生环境的指数性破坏，几乎就会自然而然地成为一个自然世界的拥护者。想要保留自然界残存的美好，会成为一种信念，使人完全入迷，直到变成一种信仰：只有信仰者，才能理解对自然的亵渎。我投身于这个信仰已经很多年，但有时在深夜里，在睡袋里深深的寂静中，黑暗的想法在意识中潜行，我怀疑自己投身于这项事业，仅仅是因为我认同梭罗的格言"荒野是对这个世界的保护",还是因为我热爱这种我必需的户外生活。

我曾幼稚地冒险进入群山,以为我是在深入最后的一片荒野。但看到即使在这种地方,人类也成了土地上一种毁灭性的寄生虫,我变得像关心野生动物研究一样关心自然保护。因为与开展科学研究比起来,保护性措施更为迫在眉睫。按正常计划进行的研究,经常变成官员推迟决策的借口。在很多方面,我们对生态还一无所知。然而,我们已经有了足够的知识治愈几乎所有生态疾病,现在只需要应用这些知识。第一步就是列出清单,明确现存的和潜在的问题。这便是我在1975年4月和5月第三次探访喀喇昆仑、来到乔戈里峰地区背后的逻辑。

尼泊尔被来自日本、韩国、法国、奥地利、美国和其他国家的登山探险队淹没,喀喇昆仑山则由于政治原因,从1961年至1974年中期,大部分地区仍不对外国人开放。然而,1975年,19支探险队获得了去挑战各个顶峰的通行证,其中很多活动集中在巴托罗冰川和乔戈里峰。我担心人类的涌入可能会影响当地的动植物,如果还有动植物存活下来的话。林业部门估计这个地区有4500只北山羊和2500只拉达克盘羊,但因为并没有官员实地考察过,我不完全相信这些数字。因此,我和佩尔韦兹决定这个季节早期就去巴托罗地区,赶在各种探险队扰乱它之前。当然,有机会亲眼见到地理上最难到达的地球奇观乔戈里峰,本身就是一种诱惑。乔戈里峰偏远得在任何有人居住的地方都看不到,所以这个山峰没有当地名字。T. G. 蒙哥马利(T. G. Montgomerie)上尉在1856

年的三角勘测中首次确定它为世界第二高峰，他在笔记本里简单地把它记为乔戈里峰（K$_2$）——喀喇昆仑 2 号——这个名字沿用至今。

从拉瓦尔品第到斯卡都的航程是乔戈里峰之旅开始的地方。这比进入吉德拉尔的飞行更为壮观，因为飞机必须飞越南迦帕尔巴特峰，而当地糟糕的天气很有名。我和佩尔韦兹在拉瓦尔品第等候了多日，经历了不断重复托运行李、在预定出发时得知航班取消的乏味体验。同样被坏天气延误的还有美国的乔戈里峰探险队，由珠峰攀登者吉姆·惠特克（Jim Whittaker）领队，此前曾租用一艘巴基斯坦空军的 C-130 运输机把 11 个成员和几吨器材运到斯卡都。我们都住在殖民时期留下来的弗拉斯曼旅馆。探险队的联络官曼苏尔·侯赛因（Manzoor Hussain）上尉，是前一年曾在罕萨帮助过我们的几位军官之一，我、佩尔韦兹和他曾一起聊天看电影消磨过很多日子。如果不是因为接到了一个从美国打来寻找夏勒博士的电话——与我同姓的探险队队医罗伯特·夏勒（Robert Schaller）——我也许永远不会见到探险队的其他成员。（姓夏勒的人似乎对高山情有独钟。1931 年，曾有一位赫尔曼·夏勒在干城章嘉峰上去世。）在寻找与我同姓的夏勒医生时，我遇到了盖伦·罗厄尔（Galen Rowell），他是个优秀的户外作家、摄影师和登山家。这几个都是我感兴趣的主题。一天半夜我们收到了来自盖伦的一张字条："我们探险队可以在去斯卡都的飞机上为你提供一个位置。如果有意请联系曼苏尔上校，并在早晨 5 点他出发去机场的时候跟他碰头。"我们欣然接受了探险队慷慨的邀请。

我们的飞机嗡嗡飞离卡根山谷，越过南迦帕尔巴特峰巨大壮丽的西坡，飞向前方白色的、在暴风雪中飘摇的喀喇昆仑各山峰。在降落斯卡都之前，探险队获准从空中勘察乔戈里峰。当我们接近它时，我自己认出了几座山峰——勒格博希、哈拉莫什、玛夏布洛姆——但舷窗的视野窄小，我难以确定方向，因此飞过了很多还没来得及认出名字的冰峰。然而，乔戈里峰是无可混淆的。它独自矗立着，使周围的冰川和其他山峰都相形见绌，这是一座原始的岩石金字塔，陡峭得连冰雪都无处立足。附近崎岖庞大的布洛阿特峰，是海拔 8051 米的世界第十二高峰，连它都无法削弱乔戈里峰那孤独的力量感。意大利登山家福斯科·马莱尼（Fosco Maraini）曾在他的书《喀喇昆仑：攀登迦舒布鲁木 IV 峰》（*Karakoram: The Ascent of Gasherbrum* IV）里精确地评价："乔戈里峰是建筑学。布洛阿特峰只是地质学。"

飞机在山峰上空盘旋。大部分探险队成员都挤进了驾驶舱，以便更好地观察他们计划的路线。我看不见他们的反应。他们是惊愕、十分兴奋，还是专注于评估技术难度呢？他们计划攀登的西面山脊，让我的心里充满惶恐，尽管我绝不会攀登那里。探险队的摄像史蒂夫·马兹（Steve Martz）用胶片记录了几位登山者的第一反应：

> 你知道，它看起来不像照片里那样破碎。它只是一直向上、向上，再向上。太不可思议了！所有的侧面都是！它就是特别陡峭。

寂静的石头

我觉得会超级困难。我们有的忙了，天哪！

你注意到了吗，可以从北坡绕过那些麻烦地儿？

难以置信的困难，我们将……如果我们遇到麻烦，我不会惊讶。[1]

这些话半是希望，半是预言。但是，一旦他们看到这条可怕的路线后，他们内心的黑暗深处会受到怎样的恐惧冲击啊？主要的几座山峰都发生过为人熟知的惨剧，乔戈里峰也不例外。1939年，弗里茨·维斯纳（Fritz Wiessner）带领的美国登山队，4 名登山者，其中包括 3 名夏尔巴人（Sherpa），消失在了海拔 7620 米附近，他们的命运成了一个永远的谜。1953 年另一支美国探险队，队长查尔斯·休斯敦（Charles Houston）曾在 1938 年冲顶但未成功，在返回途中遭遇了持续 5 天的猛烈暴风雪，队伍被迫停留在了7772 米处。一名登山者阿尔特·吉尔基（Art Gilkey）因为静脉炎、腿部和肺部血栓倒下了。要挽救他的生命，必须立即撤离。肯尼斯·梅森（Kenneth Mason）在《雪的住所》（*Abode of Snow*）里简要地描述了这次努力：

他们沿着垂直的峭壁，把吉尔基降下去一小段。克雷格守着绳索，舍宁拉着保护绳。贝尔双脚冻伤，受了妨碍所以滑倒了，拖着斯特里瑟往下滑。他们滑坠时，绳索缠住了舍宁和吉

---

1 引自盖伦·罗厄尔《在山神的王座室中》，旧金山：高山协会出版社，1977 年。

尔基之间的绳索，这才阻止了坠落。然后休斯敦和贝兹之间的第三根绳索也缠了进来，几个人都落下山坡。五名登山队员坠落——休斯敦、贝兹、莫勒纳尔、斯特里瑟和贝尔。但他们奇迹般地被舍宁坚韧的保护绳牢牢地拖住了。"尼龙绳就像橡皮筋似的拉长了，"休斯敦后来写道，"但是没有断裂。"……休斯敦因为脑震荡昏迷不醒，贝兹头朝下挂在他的绳索上，莫勒纳尔和斯特里瑟不顾自己的流血和擦伤，帮助贝兹下降到了休斯敦身边。

他们稳稳固定住吉尔基，给他扎起了帐篷。但当他们一小时后返回时，吉尔基已经被一场雪崩带离人世。风暴停歇了一天之后继续肆虐，似乎决意要把他们扫下高山。他们最终艰难地回到了大本营，在这段从 7772 米到 5582 米的下山路上花费了整整 7 天时间。

1954 年地质学家阿尔迪托·德西奥（Ardito Desio）带领的意大利探险队第一次登顶了乔戈里峰。[1]现在这支美国登山队计划重新登上这座山峰，但是走了一条新的路线，比之前挫败过那么多登山者的旧路线更加艰险。为什么呢？为什么要寻求一条更加艰难危险的路线？虽然我并不具备挑战乔戈里峰这种高峰的热情或技术能力，但我能感受到吸引着这些攀登者的质朴渴求。偶尔

---

1 1977 年，一支日本登山队沿同一条路线第二次登顶。吉姆·惠特克带领的美国队于 1978 年返回，这次成功登顶。

我也会实现一下攀登山峰的疯狂梦想，当然是较小的山峰，如奥里萨巴、乞力马扎罗或亚拉拉特。在登山的日子里，生活的复杂性消失了，我的全部生命都专注于一个未完成的挑战，目标极其明确，成败只取决于我自己，取决于我的力量和能力的极限，尤其是意志力。这时，心灵和肌肉完美地结合在一起。有人形容得很恰当：登山是将一个人的存在统一起来的生动象征。最纯粹的登山只为了登山本身，并不期望什么回报。但是当然有回报：那些强烈的快乐瞬间，那种拓展体验极限的满足感，还有成为自然界的一部分、死亡变得随机而毫无意义的感觉。然而，人的努力并非只是基于这些纯粹的动机。否则，登山者就不会感觉到比其他任何冒险活动更强烈的证明自己的需要。攀登顶峰有种独特的自我意识。登顶者并不匿名；成功并非只是个人的快乐。少有登山者遵循爱默生的个人口述："我生命的目的就是它本身，而非为了表演。"多年前我登顶了阿拉斯加的庄姆山，这只是一座小山，仅有 3658 米高，但只要它还留存在地球表面，我们的成绩就无法被超越。我十分珍视我赢得的高度。同时我怀疑其他人也追求完成一项独特的行动，使他们的心灵可以在此安歇。但是为什么要把登山的复杂性降低为一种单一的意义呢？登山是一种难以捉摸的追求，它的原因就像所有神秘事物一样存在于每个登山者的内心。

有些登山者是寻找白鲸莫比·迪克（Moby Dicks）的亚哈（Ahabs）船长，按照我们的社会标准来看，他们是有些缺点的悲剧英雄，偏执狂热地追求一座冰峰，就像它是白鲸一样。但是大多数攀登者更像是以赛玛利人。他们参与这种追求，但并不需要把自己的全部都献给那些高海拔的不毛之地。我偶然相遇的这个美国登山队里，哪些人是亚哈船长，哪些人是以赛玛利人呢？直到两年后，我才知道，盖伦·罗厄尔出版了他的杰作《在山神的王座室中》(*In the Throne Room of the Mountain Gods*)，描述了这次没能成功的探险，书中深刻地描绘了登山队员们在登山途中各自的心魔。

印度河在斯卡都变得宽阔。沿河有大片的淤泥沙洲，就像雪地一样闪着光。下午风在峡谷中通过，尘雾笼罩了河流。在斯卡都以东几公里的机场附近，有着与雪山背景形成怪异对比的庞大沙丘。虽然只是一个杂乱绵延的村庄，斯卡都其实是巴尔蒂斯坦的首府。曾有一位大君统治这个区域，但是1846年，在山丘上俯瞰河流的要塞也向克什米尔的大君投降之后，先前这位的王朝就终结了。跟吉尔吉特殖民政府的其他地区一样，巴尔蒂斯坦是荒凉的，几个数据可以表明这点：面积——25900平方公里；人口——约30万人；被森林覆盖的面积——93平方公里；耕作面积——518平方公里。

到达斯卡都后，佩尔韦兹和我先拜访了当地官员，以解释我们来访的目的。但接待我们的人却只表现出谨慎的热情，预计不会提供什么帮助。幸运的是，当地的开发专员谢尔·乌拉·贝格（Sher Ullah Beg）第二天就到了。他是个充满活力的前陆军准将，负责巴基斯坦北部的所有开发项目。他要求见我。而且在大多数斯卡都官员都在场时，他开门见山地迎接了我："夏勒，你可给我添了不少麻烦啊。"我还没来得及担心，他就拍着我的肩膀，解释说总理的办公室已经多次向他询问建立红其拉甫国家公园的事，并且在法律层面上已经完成。这位专员本人的姿态相当于批准了我的到访。当地林业官员穆罕默德·阿夫扎尔（Muhammad Afzal）对我们尤其有帮助。他向我们展示了一些杨树和柳树的种植园，用于解决木材的短缺问题。这个问题严重到有些村民甚至砍伐果树当燃料。他还带着我们去钓鳟鱼。（早在 1919 年，英国人就开始通过吉尔吉特政府储备河鳟。）最重要的，他提出用吉普车把我们送上希格尔山谷（Shigar Valley），到达去往乔戈里峰的徒步路线开始处。穆罕默德·阿夫扎尔其实还在学习开车，我前一天发现了这一点：当时在一条狭窄的山间公路上，他胡乱转向，换挡时机不对，让我的胃颠簸翻滚，直到我坚持说天气很好适合步行。我犹豫着是否要接受他的提议，害怕让自己又经历一次这种危险。然而他却向我保证说，这次会由他的专职司机开车。

希格尔河在斯卡都附近汇入印度河，河口山谷宽阔，东岸住了很多人口。河口以北 64 公里，希格尔河分为两支，一支是为乔戈里峰地区排水的布拉尔多河（Braldo River）。从这条河河口到布拉尔多山谷里的最后一个村子阿希赫尔（Ashkole），有 43 公里远。我们雇了 4 个背夫来搬运我们的器材和一个月的食物去那儿。布拉尔多山谷十分狭窄，一条小路交替在积满淤泥的河床上和裸露轮廓的山坡上蜿蜒。从高处随机滚落的石块，提醒我们人生和山峰的无常。我们不时经过一些村庄，身材矮小的男人们留着凌乱的胡子，布满皱纹的脸就像脱水的萝卜，他们看着我们经过，而女人们则一见到我们就跑开了，棕色和黑色的破旧衣裳就像巨大的乌鸦翅膀似的拍打着。这些村庄只给我留下了几点印象：比安科（Biano）是"杏花村"，我走过了一块掉落的花瓣铺成的地毯；琼戈（Chongo）是"克汀病村"，孤立社群中的有害近亲生育超乎寻常地明显；阿希赫尔是"跳蚤村"。

我们在阿希赫尔为去派峪（Paiyu）的行程雇了新的背夫。派峪是河上游 37 公里处接近巴托罗冰川的一个营地。阿希赫尔位于海拔 3000 米，春天还未来临；背夫们停在村庄边缘用诵经来安抚命运的力量时，这里正在下雪。自从去年秋天以来，还没有人越过阿希赫尔很远，所以我希望能看到一些野生动物。下午我们穿过乱石覆盖的比亚福冰川末端，就在不远处巨石的阴影下宿营过夜。早晨，背夫们并不急于出发，因为他们说到下一个常用营地只有 9 公里。我让佩尔韦兹跟背夫们留在一起，自己漫步向前寻找河滩上的足迹。两头狼曾并肩跳跃着跑过，在更远些的地方，我找到了一只雪豹模糊的脚印；还有些精致的蹄印，形状就像漏了气的心形，这是拉达克盘羊。之后，在河的上游，我忽然看到许多黄褐色的身体跑上山坡：一群 23 只盘羊，有 9 只母羊、6 只羊羔、7 只公羊，还有一只我没来得及确定性别，因为它们很快消失在了山脊之后。由于这是我第一次看到拉达克盘羊，因此我爬上一片高高的尖坡，希望能够从容地观察它们。但它们又逃跑了，显然非常害怕被猎杀。拉达克盘羊在印度河及其支流山谷中曾非常常见，那里地形起伏但并不陡峭。1841 年，动物学家爱德华·布莱斯（Edward Blyth）曾写道："这个物种的大量个体冬季被降雪赶到海拔较低的印度河各支流，在阿斯特附近……"现在人类及其牲畜已经侵占了大多数盘羊的栖息地，而且尽管这种动物受法律保护，它们还是一样在被射杀。只有不到1000只还存活在巴基斯坦。我曾遇到过一位政府工程师侯赛因·阿里（Hussain Ali），他在斯卡都附近公然地在吉普车里带着一把来复枪，广有传言说他前一年非法射杀了8只盘羊和9只北山羊。当我向一位官员询问为什么这个人没有被拘捕时，他耸耸肩说："怎么办呢？他有些很有权势的朋友，还给他们分羊肉。"

下午3点前，一阵猛烈的强风刮上峡谷。背夫们躲在岩石下，用树枝生了堆火，给我们烤了托克饼：烧热一块拳头大小的光滑石块，包进没发酵的面团里，放到余烬里烤，很快就变得光滑坚硬，像具化石头骨。砸开外壳之后，石头滚了出来，我们就可以吃厚重滚烫的面饼了。跟茶一起，这就成了一道很饱腹的晚餐。

背夫们行进缓慢，我有足够的时间来继续搜寻野生动物及其足迹。第二天早晨，我看到的第一个动物痕迹是坚定地走下峡谷的新鲜的棕熊足印，它在晚上某个时候经过了我们的帐篷。沿途的岩石上常有赤狐粪便，我收集了一整袋，因为其中的每一缕灰色毛发和羽毛都包含着一个故事：半数这种粪便里有细小弯曲的门齿和微小的骨头，是粗心的啮齿类动物和鼠兔；还有野兔的残骸、雪鸡的羽毛和蛋壳。狐狸是在鸟窝里抓到这些机警的鸟儿的吗？有些粪便里有盘羊和北山羊的毛发。我能生动地想象，一只狐狸发现了雪崩的牺牲品，欢喜地饱餐一顿，或者它幸运地嗅到了狼和雪豹丢弃的猎物。有一次5只公盘羊排成一行，小步走上一片灌丛山坡，他们灰棕色的领毛完美地融入周围的地形。队列最后是一只健美的公羊，棱纹显著的羊角从头上陡然升起，然后向后弯曲。虽然盘羊一般生活在低海拔地区，但在布拉尔多山谷这里，我却在海拔高达3657米的地方看到过它们。

我们走的小路穿过一片沟壑纵横的石滩，前方的山谷被巴托罗冰川的黑色冰舌填满。我们很快到达派峪的营地，一条小溪潺潺流下溪谷，一座牧民的小屋为我们提供了庇护。桦树和柳树簇拥在流水边缘，这是山谷里几公里来第一丛树木。三个背夫返回阿希赫尔，而第四个留下来为我们当厨师。我们用了两天时间来探索派峪周围的峡谷，但是我们对野生动物的认知几乎没有增加。天气还是不稳定，山峰很少清晰地映衬在天空中，有时候雪花会把它们完全掩盖。每个下午都会刮风，卷起沙子抽打我们，在深夜里也似乎带着愤怒和决心拍打着我们的帐篷。

我需要对巴托罗冰川沿途的高山进行野生动物调查，但由于天气这么恶劣，佩尔韦兹并不想陪我。我独自继续。在派峪之后，徒步小路通往冰川的北部边缘，我从过去的探险记录中得知，一般营地都扎在南侧，因为比起北侧的峭壁、尖顶和多处悬冰来说，这边的山坡看起来更吸引人。我用4个小时，辗转翻过巴托罗冰川。我从未看见过一条如此庞大而丑陋的冰川。沿着它柔和的曲线，我目力所及之处都是灰色的卵石和石块覆盖着冰川表面，扭曲变形的冰雪形成了一个由冰脊和峡谷构成的迷宫，卷着淤泥的激流冲出隐蔽的河道又再次消失。这些石头似乎是有生命的，不断有微小的雪崩发出沙沙的响声。随着气温的上升，冰壁上的石头松动，咯啦落入深处。在这里的每一步都伴着石块的倾斜或脚下岩屑的

寂静的石头

滑动，都是一次冒险。

我终于到达了里里瓦（Liliwa），这是挤在冰川和山坡之间的一块平坦沙地。冬季的某个时候，一场雪崩忽然降临，带下来两只雄性北山羊。它们的骨头和羊角还在，在退却的雪线边缘，已经被食腐动物和自然力量啄食干净。我在高一点的地方看到了存活下来的一群19只北山羊，其中有5只大型公羊。它们待在巨大石板间的开阔地带，难以靠近，但是我沿着山脊避风处，逆风往上爬300米，就能很好地观察它们。一只公羊斜靠在一块平坦的巨石上，弯曲的羊角在沉闷的天空下呈现出清晰的剪影；另一只公羊睡着了，因为羊角的重量，头部慢慢垂下，直到鼻子碰到雪面，就猛地抬起头来，然后又一次垂下头来。一只体型较大的小羊正在母羊身边反刍。这个画面的亲密感为群山注入了一种独特的美感。在这些广阔的山野之中，在人类能够偶尔到达但无法久居的生存极地，生命有了一种新的重要性。风向变了，带来了新雪。羊群感觉到了危险，列队走向山脊，一只只停在天际线上回望。

一条古老的小径沿着山谷的边缘延伸，有时沿着冰川，有时沿着山脚。全程都缓慢而乏味，满是沙子、岩石碎片和踩烂的积雪。山峰被云层掩盖着，狂风冲击着我。我感觉到了背包的沉重。时不时地我会遇到北山羊角，大多死于雪崩。这让我有机会以测量为借口来休息一下。我翻过了一个冰川填满的侧谷口部。现在是下午4点半。在不远的前方某处，是乌都喀斯（Urdukas）的营地。从派峪到乌都喀斯大约23公里，但是我感觉似乎走过了两倍的距离。前进并不是一个决定，而仅仅是接受，因为没有其他选择。我沉重地走着，身体和心灵已经分离，前者专注于挪动双腿，后者关注着双脚附近的地面。我看到陈旧的棕熊粪便，包含着草、根和北山羊毛发；我留意冰川侵蚀的卵石的颜色，有些是苔藓绿带着白色斑点，有些是黑色有着深红色大理石纹。我听到了一只雪鸡声音渐强的咯咯叫声，还有渡鸦的咕咕叫，但是我累得无力抬眼寻找它们。又是一条带冰川的侧谷，而营地还不见踪影。这种艰苦的徒步毫无浪漫可言。我到达乌都喀斯已是傍晚6点。一座高山下垂到此处形成了一处巨大的突出，每块巨石都有几栋房子大。而巨石的斜面形成了天然的庇护所，我疲惫地在其中一处支起了帐篷。在温暖的睡袋里，我咀嚼着小块的硬硬的托克饼，然后带着对一天艰难行程的满意，舒展身体睡去。

春天还未降临乌都喀斯。这里海拔4084米，只有草丛的顶端探出了积雪。在大片的白色中，没有北山羊的足迹；我怀疑巴托罗冰川高处的多数北山羊早已经搬到山谷下方过冬，现在正跟着后退的雪线慢慢返回。我在乌都喀斯看到的唯一冬季"居民"是一只黄鼬，毛皮颜色就像赤狐。短暂地探查山坡之后，我继续徒步走上冰川。我的头顶上，天空晴朗，一片蔚蓝，但所有山峰仍深藏在云层中。很快我右侧的山脊戛然而止，蒙迪冰川（Mundi Glacier）与巴托罗冰川汇合了。我继续行进了一个小时，现在已经是在冰上行走，然后停了下来。忽然，玛夏布洛姆峰从云层的牢笼中逃出，展示出它庞大的岩石峰面。一缕白云正从山顶飘出。这座山峰一次又一次地击退了来自南方的更多乌云的不断进攻，但最后还是不可避免地向它们屈服了。接着，在巴托罗冰川的头部，另一座山峰加舒尔布鲁木IV峰，逃出了云层的纠缠，变成了一座巨大的光明金字塔、一座对称和优雅的美妙山峰，高达7932米。就像诗人济慈说过的那样，有些瞬间恢宏得宛如多年。但是现在，我第一次感到了不安。这座裸露的山峰暴露了我可怕的孤独和我的渺小。山峰们并没有骑士精神，人类往往忘记了它们的残暴。它们用大雪、岩石、狂风和严寒，无情地鞭挞那些冒险进入的人。

人们常常为了与事物建立联系而给它们命名，来达到某种程度的共情。这里最显眼的顶峰和冰川很早以前就被命名了，除此之外，另一些尚未命名的山峰遍布这个地区。曾经只有神灵居住于群山之中，而现在凡人也到达了高峰。有时这些记忆会让我感到不那么孤独。1887年弗朗西斯·扬哈斯本（Francis Younghusband）曾向北进入云端翻越慕士塔格山口（Muztagh Pass），1958年伟大的意大利登山家沃尔特·博纳蒂（Walter Ronatti）曾第一次登顶加舒尔布鲁木IV峰，德国登山家赫尔曼·布尔（Herman Buhl）曾获得登顶南迦帕尔巴特峰与布洛阿特峰的荣耀，直到乔戈里萨峰（Chogolisa）永远地夺走了他……

我得做个决定，是继续往前走，到山谷前面一个叫作康考迪亚（Concordia）的地方，那里是戈德温奥斯丁冰川（Godwin Austen）和巴托罗冰川的交汇处，还是返回派峪。徒步前往康考迪亚需要一整天时间，而那里是我能看到乔戈里峰全貌的唯一地点。我想要遇到这座山峰。但一场逼近的暴风雪使我看到任何山峰的机会都变得很渺茫。谨慎战胜了激情，我选择了返回。接下来的一瞬间我不再是孤身一人了。两只鹤在我的上方高高飞翔，身体是白色和黑色的，就像周围的峭壁和积雪。一对罕见的黑颈鹤？我无法确定。它们从云层中来，很快又消失到云层中去，只留给我一点难以记忆的模糊印象。在返回乌都喀斯的一路上和在冰川下游，我的思绪还停留在这对鹤身上，它们在我的梦中继续飞翔。

接下来的两天里，我悠闲地沿冰川徒步寻找北山羊，找到了49只。整个布拉尔多的上游区，至少1295平方公里的区域里，这个季节也许只有不超过100只北山羊。我想知道这种动物为什么那么稀少。无疑猎人们射杀了一些，食肉动物们捕捉了一些，雪崩也造成了巨大伤亡。但平均来说，这个山谷的北山羊还是格外长寿：我找到了大约12只自然死亡的公羊羊角，其中8只活到8~10岁。北山羊如此稀少的答案在于它们的栖息地。这个冰河时代的避难所，环境严酷，栖息地简单而破碎：小块的草地散布在荒芜的旷野里。简单来说，这些高山无法养活很多北山羊，因此也就无法养活很多雪豹。派峪下游有更多的北山羊和一些盘羊，但显然还是远没有林业部推测的几千只那么多。

考虑到这些生态条件，我一直在思考如何最好地保护这个区域。这里风景壮丽，而且在未来的很多个世纪里还会是这样。从生物学角度讲，它算得上有趣，但不如我已经去过的其他几个区域。要在乔戈里峰周围建立一个国家公园会比较容易，因为还没有人宣布拥有这些荒凉的高地。但是，政府应该把有限的时间和经费用在建立一个主要是岩石和冰块的保护区上吗？尤其是当周围的其他区域需要更紧迫的关注时。通往乔戈里峰的道路十分艰险，而且常常单调，来回需要约20天。巴尔蒂的背夫贪婪好辩又不可

　　　　　　　　　　　　寂静的石头

靠，是巴基斯坦北部最糟糕的背夫，同时他们的收入也是最高的。因而这段旅程费用昂贵，而且有时很不愉快。当然，可以修建一条通往阿希赫尔的公路，以缩短旅途，或者在派峪附近建条飞机跑道。即使这样，也很可能只有少数坚忍的徒步者和登山者会来这个地区。我想，在这里建立一个国家公园，可能收获甚微。然而，有两个问题还需要官方的注意。首先，禁止狩猎的法律需要执行，否则拉达克盘羊最后的种群之一肯定会从巴基斯坦消失。另一个问题则影响到所有荒野区域：我在派峪花了一个小时来掩埋之前旅客留下的旧罐头和瓶子，不难想象，美国探险队和他们的背夫在此宿营之后，这里会变成什么样，接下来还有法国人、日本人、波兰人，等等。几年之内，最后的桦树和柳树都会被砍伐殆尽，营地会变成一个垃圾场。没有大型探险队能安静而不留痕迹地路过一个区域。这个脆弱山谷的命运显而易见。限制探险队的数量，阻止砍伐树木，带走罐头和瓶子，在大本营空降补给以省去大队的背夫——我可以给出各种解决方案，但我也知道政府不会严格执行这些管理措施。

到了我返回派峪的时间了。但当我离开里里瓦，最后一次穿过冰川时，我的心里并无喜悦。在这里我孤身一人，可以自由地做自己，不受社会的各种束缚。我的情绪和行为中有些无政府主义。我在这里无拘无束。但是我也知道，我不可能超越人类社会，这里的自由仅仅是我日常体验中一个提神的中场休息。文化战胜自然。一个人的感受很快会褪色为有缺陷的记忆和自我欺骗。回想起来，我其实不知道自己到底能忍受多久这种完全只有自己的状态。

喀喇昆仑

我回到了派峪。现在是 5 月 13 日，在我离开的期间，春天来了。柳絮飘飞，树雀在小屋周围吵闹，河流浅水中站着一只苍鹭。第二天早晨我们向阿希赫尔出发，沉云还包围着山的顶峰。离开派峪后不到两个小时，我们看到了一列不规则的背夫蜿蜒爬上峡谷。美国探险队因背夫问题拖延多日，现在终于到达了。我简短地跟盖伦·罗厄尔和莱夫·帕特森（Leif Patterson）聊了聊，然后就与佩尔韦兹和背夫们一起继续赶路了。我感觉这个山谷不再属于我。我想要离开。快到傍晚时开始下雨，我们 4 天后到达布拉尔多山口，还在下雨。我遗憾地发现我之前关于探险队影响山谷的担忧得到了证实：营地散发出臭味，垃圾标识出缺乏纪律的人群走过的地方。盖伦·罗厄尔敏锐地在一篇发表于《高山协会公报》（*the Sierra Club Bulletin*）的文章中谈到这个问题：

由 600 人组成的 19 支队伍，远远超过了低山谷贫瘠资源的接纳能力。与其他野生动物不同，这些原始动物在他们的社会机制中有个明显的缺陷：他们只要集中于某处，就很快剥光那里的植被，降低了自己栖息地的承载能力。我跟随最大的一支队伍，看到过我们在一个地点滞留三天的结果：当地的土地、水和空气都被超过 1000 堆新鲜的排泄物污染！人群像龙卷风似的路过，这个荒凉的、褐色的战场，只能可怜地随之摇摆。巴基斯坦政府禁止空投或空运，因此人类的大规模影响将会继续恶化。为了去乔戈里峰大本营的这段路，背夫们必须从最高的村庄搬运他们自己 10 天的食物。根据政府规定，他们

寂静的石头

可以配给一天 0.9 公斤食物和最多 25 公斤的行李。在最完美的天气条件下，也假定没有背夫罢工（我们还真遇到了），以及返途只给一半的食物配额，背食物所需雇用的背夫数量会超过背探险队行李的背夫数量。

要保护有人生活的野外环境，这个问题极其复杂。它们不能用常规的国家公园概念来解决……有一件事似乎是确定的：偏远的路途本身已经无法完成这个任务。处于危急关头的，不只是又一处边境荒地，而是我们星球最后的要塞之一。

5

荒漠中的群山

　　我离开小屋开始探险的时候，信德的山丘还遮着炎热的面纱。午后的山里，景色看起来十分严峻，山地干涸，阳光暴晒，天空苍白，什么生物也没有。附近，一处 300 米高的悬崖，被太阳晒得几乎起泡，如同一面冷酷无情的高墙。气温计的读数攀升到 40℃，我疲倦地扛起帆布背包，拿起望远镜，穿过一片平坦的石子地，沿着干涸的河床向悬崖上爬。不久，我就走到了科娅（Kira）的影子里——它是一大块风蚀而成的厚板状的灰色岩石。然后，我沿着一条蜿蜒上升的小径，爬上山沟。峡谷直直地挺着，充满了压抑感。每一块石子都在散发热量。石块在脚下发出枯燥的哗啦声。甚至连好不容易找到了荫庇生长出来的金合欢树，也跟脱水了似的。汗水是我身上唯一潮湿的地方。不过，等我接近锋芒毕露的山顶时，终于有一阵微风从漏斗状的裂口处涌了下来。我恢复了一点精力，抢着走完了最后几米，到达了卡查特山（Karchat Hills）的山顶。

　　我伫立着，部分隐藏在一块突出的岩石后面，凝视着这片隆起的高原，还有深深侵蚀、解剖着它的沟壑。我仔细观察了下方平原上的每个悬崖和陡坡，在阴暗的角落里搜索着生命的迹象。我是来寻找野山羊的，但它们踪迹全无。我等待着。随着平原上悬崖影子的拉长，这片土地显得似乎没有那么残酷、荒凉，在柔和的光线里，它变得几乎可以称得上是温柔和宁静。山峰、高原和平原一直延伸到天边，不像北部山脉那么拥挤，相互之间留出长长的供人展望的空间。一只林雕掠过科娅的山尖。没有野山羊露面，我离开了这个观察点。我脚踩的这片土地非常古老，很久以前，它曾与如今的荒芜山景完全不同。我在地面上散落的石灰岩碎片中，发现了一些化石：海百合的茎一簇簇印在木头上；贝壳的扇状脉络留在石头上；小蜗牛壳挤在鹅卵石上，精致、完美，仿佛只是暂时休息；偶尔，很稀罕地有一枚海胆，闪闪发光如同大理石。我刚刚收集了一小把宝物，风就开始推搡我。不一会儿，狂风从峭壁和沟壑之间呼啸而过，卷着沙石，刺痛了我的脸。这样的风得持续一整夜，到第二天早上才会消停。

　　我找了几块巨石的背风处，清理了一下地面上的小石子，展开一块薄薄的泡沫橡胶垫，铺上床单。这就是我今晚睡觉的床了。吃了一个橘子和几块饼干后，我把自己的双筒望远镜和单筒望远镜塞进背包，以防沙尘，然后躺下来，面对夜空中初升的星辰。我聚精会神地听着，但耳边只有风声呼啸。远处，风在岩石上和山沟里回荡，激起涟漪，克制却又决绝，等逐渐膨大，便嚎叫着越过一切障碍，疯狂地朝我袭来。我挺直了身体，来抵挡猛撞在身上的狂风。风尽管被巨石分成了几缕，还是摇动着我，用沙石鞭打着我。为了支撑住自己，我用手揽着地面，却只摸到石灰岩鹅卵石和自己之前整整齐齐堆在身旁的化石堆。风像大海的波浪一样朝着我怒吼，呼号而过，我紧紧地抓住那些化石，一瞬间仿佛回到了过去的时空中。海百合的茎随波摇曳，海水将我拽入海底，从海床上卷起细沙缓缓将我覆盖，慢慢地形成了明天的化石。大地强大的自然力量就在我的身边。然后是一片寂静，直到风再次从远方开始狂暴之旅。

一亿多年前的早白垩纪，现在叫作喜马拉雅的这片土地，还被古地中海的汪洋覆盖着。海洋将欧亚大陆和南部的冈瓦纳大陆分隔开来。当时，南亚次大陆和冈瓦纳大陆连在一起，但后来断裂，开始漂向北方。在白垩纪晚期，两块大陆相遇了，地球开始了有史以来最壮观的造山运动。印度的北部边缘弯曲并滑入欧亚大陆的下方，形成一个巨大的洼地，经亿万年后被沉积物填满，形成了今天的印度河－恒河平原。山地隆起，水平方向的推力缓缓举起了古地中海的地底，形成了青藏高原。两旁的大陆继续互相摩擦，把沉积平原和岩石挤皱、折叠。喜马拉雅因此在三次剧烈的抬升中成形，分别是在始新世、中新世中期、上新世晚期和更新世，直到现在，喜马拉雅山地依然在升高。古地中海的沉积物不仅塑造了北方的高山，也在周围的地区形成了山脉，其中包括盐岭、苏莱曼、巴基斯坦西部的吉尔特尔山脉。我现在躺着的这座卡查特山，曾经一度是古地中海的海底。

这一系列沧海桑田的变化，为动植物开辟了崭新的栖息地。地质构造剧烈活动的时期，演化进行得最快，因为在这样的时代，生命遇到了新的机遇和需求。盘羊和山羊所属的羊亚科，就在中新世出现，那正是山峰出现、古地中海最后撤退的时期。等地球再次剧烈运动，上新世后期和更新世的气候变冷，盘羊和山羊才形成了今天的样貌。盘羊和山羊在欧亚大陆广泛分布。一般来说它们的生存环境较为单一，如植物稀疏的荒漠和冰缘地带。这很好理解：当体型同样大小、亲缘关系又接近的两个物种栖息在同一地区时，往往会争夺相同的资源，只有当它们在生态位上区分开来，例如生存习性和食物偏好有所不同时，才能共同生存。那么，盘羊和山羊如何在生存习性上拉开差距的呢？山羊依赖悬崖峭壁及其附近，包括野山羊、捻角山羊、北山羊等，不同地区物种不同，而盘羊则占领悬崖上方的高原和高原上起伏不平的小山丘。美洲盘羊是个例外，它们通常活动在悬崖附近长满青草的山坡上，这种栖息地在欧亚大陆上一般由山羊占据。但是，真正的山羊从未到达北美大陆，也就从未跟美洲盘羊展开过竞争。

　　乍一看，盘羊和山羊似乎是两种相当不同的动物。然而，它们的骨头十分相似，很难归入正确的属，而且，这两种动物的基因很相似，偶尔能够产生杂交后代。它们的差异十分细微。例如，盘羊的内眼角处有眶前腺，腹股沟有腹股沟腺，蹄之间有足腺，相反地，很多情况下山羊都没有足腺，要有也就只在前蹄。山羊有肛门腺、胡须和强烈的体味，尾巴又平又长，露出臀部，而盘羊的尾巴则是圆圆的，跟老鼠一样。

　　多年来，我一直对欧亚大陆上盘羊和山羊在生态、行为上可能存在的相同和不同深感兴趣。我一直想知道，例如，悬崖上的生活方式如何影响了山羊的社会组织结构，而这跟盘羊又有什么不同。想要获得这些问题的答案，我迈出的第一步，就是现在在卡查特山研究野山羊。卡查特山由小山丘组成，总共大约 21 公里长、6.5 公里宽，在吉尔特尔山脉南端和印度河平原西部边缘交界的地方。从卡拉奇到这里的山区，要开车往北向海德拉巴的方向行驶大约 72 公里，然后转到一条通往桑诺·布拉·汗（Thano Bula Khan）附近村庄的路上。这个地方看起来很荒蛮，完全屈服于炎热的太阳。孤零零的骆驼游荡在泥屋之间的砂石路上，原住民们在街巷中穿行，像沙漠中畏光的啮齿动物一样，从一个洞穴跑到下一个洞穴。一条糟糕的小路绵延 56 公里，在广阔的湿地、石滩和沙漠之间交替穿插。要是一个地方久旱，人们往往就会默认凄凉的景象不可避免，而这里一年的降水量大约只有 178 毫米。随后，你就会对这样的景观有更深刻的理解。到处都是发育不良的金合欢幼树，枝条被砍下来晒干，等着用卡车运往卡拉奇当作柴火卖掉。一些荒弃的沙滩上，居民趁风还没把土都吹走之前，种上一两丛庄稼。一群瘦骨嶙峋的黑山羊，风卷残云般地掠过土地，就只留下多刺和难吃的植物在身后。假如千百万年来，人类不曾滥用这片土地，那么我现在就会是驾车驶过丛林之间，野驴站在金合欢巨大树冠投下的树荫中，猎豹躲在黄色的草丛里跟踪着毫不知情的贝氏羚。也许一群狮子刚经过了一夜的追捕，正在河边休息。而如今，森林早已消失，河流在雨季来临前都一直干涸，狮子、猎豹和野驴都已死去。只有少数的贝氏羚存活下来。难怪这片土地如此寂寞，当人们驱车驶向远处的山丘时，拖着一团被太阳晒得炙热的红尘。

　　　　　　　　　　　　　　　　寂静的石头

20 世纪初，英国曾将卡查特山附近划作狩猎用的保护区。据 C. H. 斯托克利（C. H. Stockley）记载，1929 年附近大约有 400~500 只野山羊，80~100 只盘羊。但到了 1931 年，保护区解散，"地方士绅们蜂拥而来，大肆宰杀动物"，只剩下不到 200 只山羊和 30 只盘羊。1956 年，政府的林业部门重建了保护区，并从 1967 年开始禁止狩猎。

猎取羊肉或羊角的狩猎活动，近年来已让信德山区的野山羊数量大规模下降。卡查特山附近的种群数量可能是本省内最多的。在猎杀野山羊方面，恐怕很少有人比里兹维博士更努力，他是卡拉奇一位知名的眼科医生。但从 1969 年开始，他成为一名环境保护主义者。他的奉献精神使相机取代了来复枪。他向野生动植物和林业部门呼吁保护这些动物，并用个人资金为动物们修建蓄水池。在他的努力下，林业部部长 W. A. 凯尔曼尼在 1973 年将卡查特山划入国家公园的规划中。里兹维最初邀请我来卡查特山研究野山羊的时候，在科娅悬崖的底部附近造了三座草棚，后来又用泥土和岩石改建成永久住所。林业部搭建的小屋被风吹塌了，里兹维慷慨地允许我使用这三间小屋。我第一次在 1972 年 9 月抵达该地区，和安德鲁·劳里一起，后来又来了一个剑桥大学研究野山羊的学生。1973 年和 1974 年，我又回去了四次。

早晨，我在高原上寻找野山羊，阳光晒得特别厉害。天空被沙子染成灰黄色，狂风一阵阵尖锐地敲打着我的身体。终于，我注意到远处有一个白点正在向悬崖高处移动。然后，透过单筒望远镜，我看到悬崖上移动着数十只野山羊，几十只银色的公羊、灰褐色的母羊，还有一些幼崽，从一个峡谷里鱼贯而出，正在觅食。我数了一下，有68只。母羊长得和幼年的公羊很相似，我离得太远，无法分辨每只羊的年龄和性别。由于野山羊十分害怕被猎杀，因此接近它们的时候一定要非常谨慎。我拐进一个峡谷。悬崖底部的石灰岩已被山洪冲刷得很光滑，石头上坑坑洼洼的。这里生长着灌木和矮小的树木，一只白颊鸫在啼叫。我爬出峡谷，在一个低矮的山脊的保护下，沿着高原走，直到我觉得离山羊应该很近了。它们还在前面的悬崖下边，大约有150米远。我俯卧在地上，用背包支撑着单筒望远镜，来观察它们。

大多数在觅食，咬着土壤裂缝里长出来的一些草，嗑着夹竹桃光秃秃的树枝和山柑的肉质叶子。5只公羊，皮毛光滑有光泽，聚成一个光棍俱乐部，在羊群边缘踏着庄严的步伐四处走动，像是想要给对方和附近的母羊留下深刻的印象。现在是9月初，快要接近发情季了，他们褪掉了单调的夏季皮毛，披上闪亮的"婚纱外套"。脖子和后背是闪闪发亮的银灰色，脸上和胸部都是黑色，脖鬃包围着肩头，黑色的鬃毛一波一波沿着脊背垂下。优雅的羊角像弯刀似的上下扫动，都超过了100厘米。看到这样雄伟的野兽，很难想起来它们竟然可能就是我们家养山羊的祖先。雄性野山羊有着明显的大角、引人注目的皮毛，从演化上来说，就是设计来打动母羊的。它们就是流动的地位象征。任何羊群成员一眼看过去，就都知道这是一只领头动物，力量强大，生理和心理上都很成熟。仅仅是生存下来，就证明了自己是个绩优股的雄性。即使是岩架道上谁先走这种小问题，都没几个敢挑战领头公羊。成年公羊之间等级森严，按照犄角的大小排列。羊角每年长一点儿，反映着年龄，含蓄地暗示着实力。公羊之间一般以羊角的大小决定优劣，以避免没必要的争斗。当然，野山羊偶尔也打架。像捻角山羊一样，它们有时争斗起来，角抵着角，或者可以立起来，然后俯冲下来猛砸对手的角。但是今天上午，我整整观察了一个小时，都没看到打架。冲突在发情期最常见，我怀疑现在还没有开始。

太阳逐渐晒热我的背部，漂白天空和丘陵，山羊变得昏昏欲睡。有的斜倚着，有的朝着峡谷的方向漂移过去。它们一个接一个走到看不见的地方，在树下、浅洞里或其他阴影里度过一天。到下午晚些时候，它们可能会重新出现。我沿着峡谷的齿缘和沟壑的底部，漫步溜达回到营地。我探索了一些只有豪猪知道的秘密山裂，寻找豹子的踪迹。卡查特山这个区域内，活动着不超过两只豹子。野生和家养的山羊是它们的主要食物，辅以任何能抓到的动物——豪猪、野兔、贝氏羚、条纹鬣狗，等等。我虽然偶尔发现石头小径上有豹的刨痕和白色的粪便，但从来没有看到过它本身。在这些沙漠山脉中，生命稀疏，分外谨慎。我偷偷窥视着大戟灌丛，许多夜行性动物寻求植物带刺武器的庇护，例如灰獴和大耳猬。合欢苗在刚发芽最脆弱的最初几年里，也在这里寻找庇护，但后来便会恩将仇报，通过遮阴杀死寄主。

漫步的时候，我很少看到任何人。从 1972 年，高原放牧就已经被禁止了。我在那里期间，除了牧民和偷猎者，很少有人会冒险进入该地区。偶尔，不法分子会在当地游荡，以猎杀野山羊为食，有时会像一群狼一样扫过全区，盗窃牲畜。有两次，村民们告诫我们，有一群人向我们前进，我们就放弃了露营，直到最后我们和不法分子也从未有过直接接触。几年前，野山羊也是牛黄的来源之一。这种光滑、绿色的小结石，长得像洋葱，一般出现在一些动物的胃里。直到18世纪，英格兰还高度重视这种结石，用作解毒剂和其他药物，价格约为1盎司5英镑。1694年，印度出口55.6公斤牛黄到英国。幸运的是，野山羊的牛黄质地特殊，不受欢迎。

到了中午，我通过鞋底感受到了从岩石传来的热量。峡谷变成烤炉。我就像是太阳炽热的聚焦点，慢慢地被吸干水分。岩石上蹲着一只无翅蝗虫，身体是石灰岩的颜色，完美地适应了这种大风和灰色的石漠。我们是唯一勇于面对太阳的生物。理智的动物早已藏到阴影中去了。现在，我也得赶紧回家了，都晒得半蒙了，周围的石头和天空都在震动。小屋里有一个储存着苦咸水的坛子，我一口气喝了5杯、6杯、8杯水，直到感觉得到了部分补充。不久，毛希丁（Mohidin）带来了一壶茶，也被我一饮而尽。毛希丁是里兹维博士的厨师。在我逗留期间，博士好心地让他给我帮忙。他脸色苍白，说起话来表达简洁，虽然很少有人愿意来这儿做仆人，但他毫无怨言地接受了我们的孤漠冒险。酷热使人筋疲力尽，除了晚上的凉意，我的心中别无他求。我在吊床上打了一两个小时的瞌睡，然后起来做些琐碎的事情。我做了几个野山羊食物的植物标本，有牙刷树橡胶质的树叶以及野黍那毛茸茸的顶部。有时候，我把装着必需品的盒子换来换去，看看是否有不受欢迎的入侵者又钻进了我的房间。我在盒子下面发现了一只黄绿色为主的蝎子，高高举起它用作防御的毒尾巴尖儿。我用鞋子打死了它。有一次，

　　　　　　　　　　　　　　寂静的石头

我打死了一只老鼠。它长得像北美鹿鼠，但身体是灰色的，臀部的硬毛简直就像一只刺猬的刺。我杀死了这样一个无害的寄宿者，很为此生自己的气。后来，它被鉴定为开罗刺鼠，是整个巴基斯坦境内记录在案的第二只标本。不过，我还是得忏悔赎罪。

我很喜欢 9 月和我待在一起的安德鲁·劳里。他观察力很强，也是个令人愉快的伙伴。他观察营地附近的野山羊时，我有时就去调查我们研究范围里的其他部分。到新地方旅行，我最喜欢的当地向导是巴查尔（Bachhal）。他是个矮个子、弯腿的信德人，来自附近的一个村庄。他脸上长着麻子，留着黑胡子，用凌乱的格子头巾裹住头，穿着宽松的衬衫、裤子和磨破的凉鞋。他看起来貌不惊人，丑陋简直是他的装饰品。我们到达后没多久，我决定检查一下高原上另一侧的悬崖。巴查尔领路，而另一个本地人——林业部门雇用的狩猎场护林员走在后边。我只记得他的脸，不记得他的名字。他身材瘦削，沉默寡言，眼睛瞪得像上了膛的手枪，金耳环闪闪发光。像往常一样，我们越过平原向悬崖走去。一条锯鳞蝰俯卧在科娅阴影里的巨石旁，苍白如沙漠岩。日出的第一缕阳光穿透峡谷之前，它总在那儿，我总是找着它看一眼——在这鬼地方，有个熟人很不容易。我和向导们爬向高原上的山峰。一如往常，风与我们同在，时而柔和，时而疯狂，遇到峡谷和山脊的迷宫时喘息着。巴查尔借用我的望远镜搜寻野山羊，他蹲下的小小身子像是块岩石岬角。然后我也跟着找。没有生命的迹象，只有灰斑鸠在附近山沟里凄凉地咕咕叫。我们继续走。炎热使我们倦怠，我们很快停下来，找个浅浅的洞穴躲进去。我吃了一个橘子。几分钟之内，果皮就干瘪坚硬了。巴查尔就着水吃了点儿山羊皮，这东西闻起来有烟熏气味，吃起来一股恶臭。许多小蜜蜂被湿气吸引，涌入我们的洞穴，聚集在山羊皮上，紧贴着我们的脸和手臂。但太阳太毒了，我们实在不想回到开阔的旷野上晒着。于是我们都蜷缩起来，每个人都安静地、麻木地趴着，努力无视干渴、炎热和蜜蜂。

下午4点，我们继续探索。山沟深处有一摊泥泞的绿水，死蜂在水面上浮动。据巴查尔说，整个卡查特山的南半部，只有两个这样的小水池，而且今年春天很短暂，水池很快就会干涸。荒漠动物必须能在没有水的情况下生存，确实，野山羊每年几个月都要靠从食物里获得水分，无论它们能找到什么吃的。跟干旱的土地一样，许多动物尽量保存它们的体液。尽量浓缩尿液，排便时几乎不浪费任何水，只排出干燥、易碎的硬颗粒。像某些羚羊一样，它们也可具有灵活的温度调节机制，并不通过排汗消除多余的热量，而是允许体温升高几度，从而节约了水，直到晚上体温降回正常。我们走到山脉的另一侧时，几乎已经是黄昏时候了。这两个信德向导生起了火，煮了一壶浓浓的苦茶。再加上一点儿干的印度薄饼，就是我们的晚餐。这种东西吃了好几天之后，我偶尔会思念美味的食物。然而，有一次，美国驻卡拉奇领事馆的几个人来拜访我的帐篷营地，带来了冰镇夏布利（一种葡萄酒）、烟熏牡蛎和鱼子酱。在荒漠大陆上吃上这么奢侈的一餐，又觉得很不协调。随着最后一缕光线消失，两个向导对着麦加的方向跪下，吟诵自己的祈祷词。我打开睡垫开始休息。沙漠是寂静的，这一次连风都精疲力竭了。远处传来驼铃声，提醒我孤独和沉默永不缺席。

第二天早上，我们继续搜寻野山羊，然后向北绕过高原回家。根据这趟和其他行程，我估计在卡查特山区的山羊种群在四五百只左右，大多是 20 只或更小的群体，偶尔也会有多达 100 只的短期搭伴儿的群体。

1972 年，野山羊的发情期开始得比较慢。我和安德鲁在清晨和黄昏各找几个有利的位置观察山羊。与捻角山羊一样，公羊把尾巴夹在臀部之间，走来走去，会从尾巴腺体里飘出诱人的体味，还偶尔喷出尿液洒在脸和胸部。他不安地徘徊，偶尔停下来闻一闻蹭一蹭在一起的母羊的臀部，检查她有没有可能快要发情了。更多的时候，母羊会小跑到一旁，避免粗鲁的序曲。然后，公羊会坚持引诱她，做几个求偶动作：低着头颈向前，几乎是蹲伏着接近母羊，有时如果离得太近，就把头扭过去，以免羊角抵到她面前。有时，他扬起前腿，似乎要踢出去一样。这整个期间，他都轻弹着舌头，偶尔低语。这种求偶行为可能会引起她的兴趣，或者至少能让她不那么厌恶。有时她停下来排尿，但一旦他凑上去闻这些尿液，她就慌忙逃跑。看上去，她排尿好像就是为了转移他的注意力。

我们记录了不同年龄的公羊有多少个体展示了求偶行为，随着时间推移，安德鲁和我意识到，发情期的节奏在 9 月 18 日、19 日戏剧性地加快了。以前公羊只是粗略地扭个头或随便踢一下，现在则一次次地展示，执意获得母羊的关注。成熟公羊最为活跃。这并不是说年轻公羊缺乏兴趣，而是每当他在母羊附近逗留的时候，都会被赶走。一只强大的成年公羊只要出现，就足以让年轻公羊撤退。如果他还不走，成年公羊就会用羊角或弓步威胁他，迫使他逃离。动物可以通过两种方式表现自己的攻击性。一种是直接的方法，公开威胁对方或真的攻击对方。另一种是间接的方法，不涉及任何体力上的考验，而通过展示力量的手段，来恐吓对方，获得主导地位。我们注意到，野山羊几乎不在间接方法上浪费任何时间，他们通常直接攻击。虽然比赛可能看起来激烈，实战却十分罕见，因为公羊们之间有确定的等级排序，而且他们通常坚持这种次序。比赛遵循一定的规则。例如，有一次，一只四岁半、中等体型的公羊，扭了扭头部，在母羊的身后高踢起来。另一只同龄但个头略大的公羊，急忙冲了过来，插到前面那只公羊的身前，接近母羊。但前面那只公羊并没有挑战他。又一只成年公羊随后赶到，冲着第二只公羊就扑了过来。他扑过来得如此突然，第二只公羊都还没来得及转身，也就没能用角顶住这无害的一扑。用角互相顶了一下，角比较小的两只就撤退了。但胜者还没来得及宣布对母羊的所有权，更大的一只成年公羊就过来了。显然他对自己的羊角充满了信心，逼退了刚刚的胜者，就开始跟着母羊跑。因此，通过最小的纷争，野山羊群中体型最大的公羊占有了发情母羊。有时偶尔也会发生，两只或三只母羊同时发情，羊群中的两只或三只个头最大的公羊就会各占其一。

当公羊在羊群中找到一只母羊，他就会一直紧紧地跟着她。鼻子几乎碰到她的臀部。她走他就走，她停他也停。如果她逃跑，他就紧跟着追求，两羊赛跑，进出沟壑，沿着壁架，上下悬崖。她可能会突然停下来，撞向热情的求婚者的脖子，但他并不报复。最

　　　　　　　　　　　　　　　　　　寂静的石头

后，她接受了他的提议。她慢慢地走着。他在她身后高踢前腿，把头扭向一边。他轻轻地舔舔她的脖子，轻轻地跨上她的后背。然后，她会用脸去蹭他。他跨上来一次，再一次。年轻男性有时跟在情侣的背后，保持一段安全距离。

野山羊的发情期在 10 月初达到了顶峰。经过约 165 天的妊娠期，大多数幼崽会在 3 月出生。第二年春天的 3 月，我又回到了卡查特。这时比秋季凉爽，更为干燥。草还只是硬茬，大部分树木落了叶，还没发芽。普什图语中有句描述荒漠旱季的谚语：春拥挤，夏闷热，秋苍白，冬贫困。在我那缺乏洞察力的眼睛看来，这片憔悴的土地每个季节看起来都挺贫困的。只有在罕见的一阵夏雨后，山丘才会露出短暂的青翠。不过还是有几棵树非要选择在恶劣的春天开花。比如黄钟花硕大的橙色花朵，在一片压抑的景观中显出奇怪的华丽。山柑的粉色花朵坠下来，吸引着彩虹色的紫花蜜鸟。

野山羊都还在上一年冬天同样的悬崖上待着，许多公羊和母羊还在一起，一些母羊还挺着大肚子。有些母羊躲在人迹罕至的悬崖峭壁中，不愿离开，很显然，新生的羔羊就藏在附近哪个地方。最后，经过几天的搜索，我看到一只小羊羔跟着母羊走了出来。它就像只灰色的小兔子。我很惊讶，它那摇摇欲坠的腿竟然可以安全地帮助它在这种锯齿状地形上活动。然而，出生后最初的三到四天，幼崽们几乎不走动，大部分时间都藏起来，直到步态走稳为止。从母羊松弛的腹部和增大的乳房来看，大多数母羊都在 3 月中旬产下幼崽，但只有最多不超过三分之一的母羊带着幼崽。我继续等待。当然，更多母羊把幼崽们藏在某些地方。最后，我还是得出一个不情愿的严峻结论：大约有一半的幼崽在出生时或出生后几天内死亡。在随后的几个月里，幸存者中有一半也将死去。到秋天结束的时候，只有五分之一的母羊脚边还有羔羊跟随。问题出在哪儿呢？

意外事故、被捕食、疾病、饥饿，很多因素挑战着一个新生儿从出生到断奶期间的生存，相比之下，能活下来，才让人惊叹不已。不过，母羊和幼崽的营养是决定繁殖季成败的关键因素。家绵羊的研究表明，营养差，母羊排卵率降低，卵子减少。这也许可以解释为什么一些母野山羊显然没有生产，以及为什么几乎没有双胞胎。它们在发情期间的营养情况肯定一直不佳。干旱已经笼罩了卡查特好几年，1972年夏天尤为严重。季风云聚集起来，然后消散，最终只洒了两三场雨落到地面上来。相比之下，1973年的夏天雨水更多，几场骤雨绿化了土地，1974年春天，两倍之多的羊崽出现了，依然很少有双胞胎。家绵羊的另一项研究表明，如果母羊在怀孕的后半期营养不良，许多幼崽会在出生后4天内死亡。营养不良的母羊不仅没有兴趣照顾羊羔，也常常奶水不足。但是，如果营养充足，胎儿就能积累脂肪，增加以后的生存机会，母羊也能分泌更多的羊乳。瓦列里乌斯·盖斯特（Valerius Geist）曾指出，羔羊吸奶的时间长度，是母羊乳汁供应情况的一个指标。母野山羊平均只给幼崽14秒的喂奶时间，然后就突然走开。显然，它们没什么奶水。因此，幼崽们似乎不仅生来孱弱，而且之后也吃不到什么奶水。

也不是每年对羊羔来说都特别困难。1975年的情况就还尚好，如汤姆·罗伯茨给我的信中指出：

> 我几乎都认不出这儿了，风景变化太大了，去年夏天和这个冬天下了几场好雨。绿色的草地和植被无处不在，这个地方看起来不再像是荒漠，而像是大草原了……我们意外地看到了两只野山羊往幼崽藏身的地方去。真令人高兴，这两只母羊产的都是双胞胎。

荒漠中的生命是多么脆弱。一场不错的夏季降雨，就可以决定次年春天一个年轻的生命能否生存下去。

在观察了一个发情期和一个出生季后，我认为野山羊在卡查特每年的繁殖周期已经被准确地描绘了。1974 年 3 月 20 日，我满怀信心地回来观测生育季。上一年，这个时候一些母羊仍然还怀着孕，结果发现这一年的出生季早就结束了。1974 年 10 月 9 日，我前来观测发情期。1972 年这时候正值交配高峰期，结果我又发现它完全结束了。很明显，每年的发情期和随后的出生季的时间，不是固定的。我早就该想到的，汤姆·罗伯茨曾写过一个简短的报告，说"从 1 月中旬到 2 月初"观察到幼崽，因此，一些年份的发情期可能在 8 月中旬达到顶峰，比 1972 年至少提前一个半月。对圈养母羊来说，营养充足能让它们提前 20 天发情。野山羊生活在一个不可预知的环境中，它们的草料供应依赖于不稳定的阵雨。通过保持交配季节灵活，它们就可以更好地利用突然的阵雨和随之而来的营养食物。吃得饱，大多数母羊才会怀孕，如果环境依然有利，很多母羊都会有双胞胎，大多数幼崽才能生存下来。但在干旱时期，大多数幼崽会死亡。两种极端的情况导致了不稳定的平衡。北部山区的情况就有所不同，那里季节性的水草丰茂和稀缺情况或多或少都可预测。捻角山羊和北山羊每年的发情期都大致相同。正如100多年前查尔斯·达尔文曾指出过的，当我们将生物视为演化产物时，"更有趣的是……研究自然演化的历史是如何发生的"。

俾路支高原从印度河平原急速上升到海拔300多米之上，向西延伸到伊朗。这是一块颇为荒凉的巨大平原和孤立山脉，瘦削，锯齿状。一些山脉，如吉尔特尔和苏莱曼，向南北延伸，其他山脉则以一系列折叠弧形向伊朗展开。该地区阴森灰暗，土壤赭灰色，通常灰尘满天。卡查特只代表这片广袤的高原中很小的一个片段。野山羊在大部分的俾路支山区都有，在任何能够提供与世隔绝的良好栖息地的偏远悬崖出没。它们的分布范围向西穿过伊朗，进入土耳其，一直往西分布到希腊海岸的一些岛屿。到19世纪90年代，野山羊扩张到保加利亚，却在欧洲大陆灭绝了。野山羊在巴基斯坦分布的北界位于奎塔镇附近。奎塔以北和以东，像是在塔卡图和扎各乎姆这样的地方，就是直角捻角山羊分布的南限。从那里开始，捻角山羊向北越过开伯尔山口（Khyber Pass），向东越过斯瓦特南部直到印度河。直角捻角山羊的大概分布范围是已知的，但近年来没有人在巴基斯坦观测过这种动物的生存状态。巴基斯坦尽管是这种动物分布最多的区域，现在却被怀疑剩下的已经不多。我想要去了解一下捻角山羊的当前状态，而且如果可能的话，比较一下俾路支和吉德拉尔的捻角山羊的行为异同，于是就和马霍尔·阿曼诺拉（Major Amanullah）从整个分布范围的一头到另一头做了几次调查。捻角山羊的分布范围有很大一块属于普什图族的部落领地，调查难度很大。普什图族人抵制英国统治几百年。英国人和他们发生了无数次的小规模冲突，都无法制服他们。即使是现在，巴基斯坦政府也只在大的山区有着名义上的控制权。普什图族的主要生计是走私物品进出阿富汗，最主要的家庭制造业是生产枪支，娱乐的主要形式则是不停地争抢妇女与土地。村庄藏在高高的土墙和防御塔后面。男人们瘦削，坚忍，黑胡子。步枪、手枪和子弹带是他们日常服装的一部分。由于大多数部落地区对外国人关闭，我和马霍尔只能绕着走，或勉强进入一些区域，像是马拉根德、帕拉奇纳尔（Parachinar）、开伯尔，等等，简单地调查了一下苏莱曼、托巴－卡卡尔和其他一些山脉。我们更多的信息来自采访村民。经常会听到说，捻角山羊目前很稀有，或者完全没有。只有老羊角装饰的清真寺和墓碑证明了这种动物曾经存在。甚至，40 年前 C. H. 斯托克利就曾指出：

> 虽然克什米尔的捻角山羊多多少少受到一些保护，但它们生活的西北边境省很不安宁，群山不幸在一年中任何时间都受到各种各样的骚扰。而且当地居民装备精良，近年来政治上的稳定和平只给当地的部落民族带来了更多的打猎休闲时光。难怪捻角山羊数量在当地下降到几乎灭绝，并且很有可能会进一步下降，除非有人对它们采取保护措施。在这个国家里，我最近

的四趟行程都得带40把步枪护航，更别提这些保护措施根本就难以实行。但至少，当地政府能在他们可控的范围内做出一些努力。

在兴都巴格（Hindubagh），我向镇长助理请求进入托巴-卡卡尔山（Tobar-Kakar）的许可，听说那里过去10年间都能见到50只一群的捻角山羊羊群。他问我们有没有步枪。"不！不！"我回答说，"我们只是想观察捻角山羊的行为。"接着他补充说："欢迎你来狩猎。我可以给你许可。也许你在山上想吃肉呢？"第二天，向导阿利夫·汗（Alif Khan）带着我们在舍格浑德彻底绕了一圈。这个小山丘曾以捻角山羊多而闻名。那是一个令人愉快的3月的一天。虽然从远处看起来，灰色的锯齿状山脉似乎过于严厉，但熟悉它的人会发现，它温柔美丽，山脉锈红色，干燥的地面上槐属灌木开着黄色花。我们只发现一只捻角山羊的孤独足迹。

马霍尔在这些调查里起到的作用是无价的。他爱干净，穿着整洁，能用和蔼可亲的个性和讲各种语言的能力消除村民对外人的怀疑。他对狩猎和枪械颇有兴趣、知识渊博，使他很快就能与当地男人熟络起来。喝了许多杯茶之后，闲聊中总有些有用的信息，甚至偶尔还能让当地人拿一个落满灰尘的羊角给我们量量长度。他以前是军人，在这里处处有熟人。一些荒凉的前哨哨所的指挥官，很可能是他的一个老朋友。多次爽朗的拥抱之后，接下来就是相互打听共同的熟人："巴巴尔现在在哪儿呢？你后来还有马哈茂德的消息吗？"再接下来，就讲过去一起的恶作剧和打山

　　　　　　　　　　　　　　寂静的石头

鹑的故事。对话混杂着英语和乌尔都语，这是巴基斯坦教育的典型结果。

虽然我们的调查主要坐车，但还是很累，又很乏味。在颠簸的道路上连着几小时行驶，穿过炎热和沙尘，三餐吃沙米烤肉、辣味汉堡包，或在破旧的餐馆里找到的类似饭菜，晚上住在阴沉的房子里，这些房子还是新的时候就看起来像废弃的。这一切都容易使人神经紧张。即使在这种情况下，我一直很惊讶我和马霍尔一起走了几天、几周，都从未发生口角，特别是我们的性格又很不同。我坚持着德国人般的准时，而即使以亚洲人的标准看，他对时间也毫不在意；早晨，我一跃下床，10 分钟内就能洗漱、打包，做好一切准备，只等出发，而他，以前是位官员，会先坚持在床上悠闲地喝一杯茶，再有条不紊地沉迷在按部就班的如厕活动里；我觉得消耗体力带来满足感，快乐地漫山遍野跑，而他更喜欢待在山底沉思。如果我不耐烦，马霍尔一般只用他迷人的方式咧嘴笑笑，就化解了紧张的气氛。我们很好地适应了对方的脾气，一路上都相处得十分愉快。

我们的调查结果表明，直角型捻角山羊现在正面临灭绝的威胁。幸存的总数也许没有超过 2000 只，种群还相当分散，每群羊的数量很少。

让我感兴趣的是，野山羊和直角型捻角山羊各自占据俾路支高原的一部分，尽管它们在生态上极其相似，但这两个物种仍然是独立的。物种形成是怎么发生的呢？我怀疑，这两个物种的共同祖先在不同的山地被各自孤立，或许是因为森林的密集增长阻止了它们的相互接触，因此各自发展出一个新身份。当生态屏障终于消失时，生殖障碍已经出现：两个山羊群体的成员很少交配，因为它们看起来、闻起来不同，杂交成功的可能产生了基因较差的后代。我的猜测似乎逻辑完整，除了一个令人稍有怀疑的事实。奎塔镇附近有一片区域，属于吉坦山，面积约 260 平方公里。1882 年，当地猎人送给陆军上校 H. 阿普尔顿（H. Appleton）一套羊角。这套羊角最终被捐赠给大英博物馆。当时杰出的动物学家理查德·莱德克（Richard Lydekker）观察了角的简单螺旋，并于 1913 年做出鉴定，这个动物代表着捻角山羊的一个新亚种。然而，也有人认为，吉坦范围的山羊是野山羊和捻角山羊的杂交种。这个猜想很合理，因为吉坦山在两个物种的栖息地之间架起了一座桥梁。这是一个需要科学调查工作的谜，一个探索未知并发现新事物的挑战。

外国人可以在奎塔及其周围自由出入。在广阔的尘土飞扬的平原上，镇子给人一种杂草丛生的客栈印象。它保留了一些异国情调，摇摇欲坠的集市上和小巷里都挤满了双轮马车、小贩、自行车、穿着罩袍的妇女，以及具有波斯、阿拉伯、土耳其甚至蒙古特征的部落族人。镇子南边是高高升起的吉坦山，锯齿状的山崖，不生草木，海拔约 3000 米。我在 1970 年 11 月第一次进山，跟扎希德和米尔扎一起。山脚下阴暗的泥屋群是吉坦阿纳瑞村（Chiltan Anari）。我们来这儿找一位名叫穆罕默德·汗（Khan Muhammad）的著名猎人和向导。所有的牲畜都被带到低海拔的地方。冬季在那边放牧更好，而且人们也可以找到一些工作，例如修路。于是，村子看上去就很荒芜。村里没有水。每天早晨，人们牵着骆驼去数公里外的井里打水，回来时骆驼背着灌满水的山羊皮袋子。然而，75 年前，柏树森林还覆盖着裸露的山坡，井水满溢，田野郁郁葱葱。但随着砍伐树木用作燃料和建筑木材，雨水不再渗透到土壤中，而是奔流而过。然后，过度放牧造成了进一步的水土流失。沙漠入侵，无处不在。这不是因为气候变化，而是因为人类的目光短浅。我们和穆罕默德·汗的两个朋友坐在他的客房里，我表达了我对生态环境的忧虑。他默默地听着，抽着烟，在脚之间吐痰，最后回了一句令人郁闷的话："真主阿拉。这是神的旨意。"

穆罕默德·汗给我看了一组"吉坦捻角山羊"的羊角。我饶有兴趣地观察着。这当然是某种野山羊的角，但并不是捻角山羊，只有每个角的角尖部分螺旋内拧与捻角山羊很像。每个角的前面和横截面上各有一个尖锐的龙骨凸起，这是野山羊的典型特征，捻角山羊的这个凸起是在背面。我很迷惑，十分期望能看到活的动物。

穆罕默德·汗个头高大，骨瘦如柴，他上山轻松得跟山羊似的，总在前面一座巨大山崖的崖脚下等着我们。等我们辛辛苦苦抵达的时候，他已经发现了好几只山羊。俯卧在悬崖边上的是一只公羊，前腿悬空在深渊上，胡须迎风飘扬。背部银色，肩部黑色，颈部没有鬃毛。不是捻角山羊，是只野山羊，我对自己说。之前他们认错了。我对自己解决了一个生物学上的问题而感到十分满意。然而，当时我也不能保证我们就是在观察一种长着奇怪角的野山羊，而不是捻角山羊。经过四天的工作，我们已经记录了107只山羊，所有公羊长得都与前面写到的第一只差不多。整个山脉范围内，我估算种群大约有200只。但在确定之前，我还想调查一下吉坦南部的几条山脉。两年多过去了，我重返该地区，这一次由里兹维医生的亲戚侯赛因·迈赫迪·卡兹米（Hussain Mehdi Kazmi）陪同。我们走访了几个俾路支村庄，在克希－伊－玛然（Koh-i-Maran）、克希－伊－西亚（Koh-i-Siah）和迪尔邦德－摩洛（Dilband-Moro）附近。当地人告诉我们，现在山羊特别少见，但确实有公羊长着之前我们看到的弯刀形或者角尖内拧的角，都在同一个羊群里。他们还拿出了这两种羊角给我看，强调他们说的是真的。甚至每种羊角都各有一个。然后我们接着去往吉希克（Gishk），这是克希－伊－玛然南部的一座山丘，崖壁陡峭。那儿住着两个护林员，都是俾路支部落里的人，就像游牧民族，住在黑色的拱形帐篷里。其中一个护林员做了我们的向导。我们爬上山沟，跨越悬崖，很快到达高原。在山里一切都很可爱，干涸的河道在平原上分支，灰白色，仿佛一株巨大柏树的骨架。向导偎在长筒杰撒伊火枪上，枪托诡异地弯曲着。他跟我们谈起他的生活。他的脸很窄，留着黑胡须，眼中含有一种平静的绝望，看上去十分脆弱。这是一双一直受到世界冷漠打击的眼睛。他告诉我们说，他养不活家人，靠政府付给他每月100卢比是不可能的。为了生存，他不得不砍树出售木材。他本来的职责是要保护树木，但如今他不得不为非法狩猎者充当向导来挣钱。反正，谁在乎呢？从来没有政府官员拜访过他那人迹罕至的孤独营地。他为我们的关注感到高兴，努力向我们展示了几只长着典型羊角的野山羊和一群阿富汗盘羊。晚上在营地的时候，向导想杀一只鸡来招待我们。他一共才有3只。我们拒绝了他的盛情款待，邀请他分享我们自己不怎么丰盛的晚餐。他是个很好的向导，也是个诚实的人，但命运悲惨。

当地政府对它的民众所显示出的不作为，始终让我感到惊讶。每个部落的特点不同，要想执行些什么，必须意识到下面这一点：如果你想让普什图人做什么事情，必须赢得每个人或至少几个最有能力的人的支持；信德人历来顺从，可以直接命令他们；俾路支人只对他们自己的首领绝对服从。以野生动物为例，在俾路支的统治范围内，只要他们首领相信这是为了部落的利益，就很容易执行以食肉和狩猎为目的的管理。

去了吉希克之后，我有了足够的证据来支持我的猜想：吉坦山羊既不是捻角山羊，也不是杂交种，只是野山羊而已。也许吉坦山的山羊已被隔离了一段时间，在这段时间里，它们的角在形状上发生了微小的变化，在接触到克希-伊-玛然和其他山脉的山羊之后，这种基因向外传播。有趣的是，在俾路支有两条小山脉——穆达尔（Murdar）和格德巴尔格尔（Ghadebar Gar），既有捻角山羊也有野山羊，却显然没有杂交。

在野山羊和捻角山羊分布的范围内，也有盘羊活动。分布在印度河西岸的一般称为阿富汗盘羊，是拉达克盘羊的一个亚种，跟我在喀喇昆仑看到的不一样。然而，在许多地区，阿富汗盘羊早已元气大伤，我只偶尔看到一只或一小群。例如，3月的一天，我和一个向导在克希-伊-玛然的雪坡上爬山。从一个峡谷的边缘探出头去观察了一番后，向导突然把步枪上了膛。我紧跟在他身后，看见了两只怀孕的阿富汗盘羊正在我们的下边。我赶紧伸出手来，拉住他的胳膊，阻止他瞄准。他很不高兴。我大喊，盘羊狂奔而去。

我一直没有找到合适的阿富汗盘羊研究点，但对另一个盘羊亚种旁遮普盘羊，我倒是有一个不错的研究地点。这种盘羊跟巴基斯坦其他盘羊的主要区别是：它镰刀形的弯角直接弯下来，指着颈部，而不是螺旋状拧着指向前边或后边。旁遮普盘羊生活在印度河平原上很小的一个区域——杰赫勒姆河和印度河两河之间的卡拉吉塔（Kala Chitta）和盐岭地区，不仅分布区域非常狭窄，而且数量稀少，也许不超过2000只。其中，大约四五百只盘羊生活在盐岭西端的卡拉巴格野生动物保护区（Kalabagh Wildlife Reserve）。该保护区隶属于卡拉巴格的纳瓦布。几个世纪前，这个家族就定居在该地区。由于土地过于干燥，石头又太多，除了放牧什么也不能做，纳瓦布在1930年决定设立一个野生动物保护区，以保证自己和朋友们能有个不错的狩猎场。他的儿子是现任的纳瓦布，名叫马利克·穆扎法尔·汗，继续保护着盘羊和羚羊，于是这里便有了更多的野生动物。在这儿步行一天能看到的动物，比巴基斯坦任何其他地方都多。

1970~1975年，我在卡拉巴格总共待了3个月左右。经过数周在其他地方徒劳地寻找野生动物后，参观保护区总是令人振奋。我陶醉于在经历了漫长的低谷期后，可以轻松地收集数据。我喜欢这种四下无人的地方，没人盯着我的一举一动，可以毫无目的地在保护区闲逛。我们见面的时候，他说："真主祝福你，平安与你同在。"然后就走了。每次到访，我都受到了马利克·穆扎法尔和他的兄弟阿萨德（Asad）的热情招待。他们慷慨好客，甚至还安排了一名警卫来保护我，以免遇上以盐岭为基地活动的不法分子。我得承认，有人在我身后一刻不停地拨弄着步枪枪栓的时候，实在不太容易集中注意力去观察羊。然而，纳瓦布对我安全的担忧并不是多余的。这里索要赎金的绑架并不少见。纳瓦布自己也随身携带一把手枪，在领地里巡回的时候，也总是带着持步枪的警卫。

旁遮普盘羊的发情期为10中旬到11月中旬，发情高峰则在这之间，每年不同。这个季节气温适中，很少高于35℃。公羊正在最美的时期：脖子上的鬃毛乌黑发亮，胸口的白色毛发闪闪发光，全身的皮毛红得如光亮的铜片。与往常一样，我的营地在贾巴村山沟边的一个茅草平房。黎明远未到来，驴子嘶叫，骆驼呻吟，我知道是时候起床了。一位村民给我带来了茶、手抓饼和油炸薄饼。天还是黑的，警卫随我启程。我们沿着牲畜踏出来的小径前行，山丘远去，高原露出一角，石灰岩的山脊高高耸起。许多沟壑把丘陵剖成一条一条。我登上丘陵，爬上倾斜的高原，用刺槐树枝造了一个简陋的隐蔽棚。我找了个舒服的姿势，在这黑暗和黎明之间稍纵即逝的瞬间，化身成了风景的一部分。夜晚尚在山凹之中，灰山鹑发出了它的第一声刺耳啼叫。这正是盘羊最活跃的时刻：母羊和羔羊寻找散落在草茬间的青草叶片，公羊为排名次序争斗，山谷中回响着羊角互相撞击的响亮声响。不久，红色的太阳从远处山丘上升起来，渐渐变得炙热。直到中午，我都藏在自己的隐蔽棚里倾听、观察和记录，羊都躲到阴凉处，等待晚上的凉意。

现在，大部分的成年公羊都聚在一起，组成单身羊群，冷落附近的母羊。但等到了 10 月，他们就变得不安起来。之前的大羊群可能多达 30 个成员，现在会分散成小群，公羊们三三两两，或者独自在山上徘徊。他们的步伐坚定，他们的身体绷紧。他们在山峰上停下来一动不动，他们扫视着山坡，尖耳朵竖起来，一直勃起，以展示自己的美丽。要是发现了母羊，他们就急忙赶过去，在母羊之间转悠，寻找发情的母羊。公羊低着头接近母羊，用鼻子摩擦她的肛门区域。母羊经常会毫不理睬他的求爱序曲，要是这样，他有可能会坚持，扭曲和抽动头部，对着她僵硬地挥舞一只前蹄，甚至在她身侧或大腿上重击一下，希望能引起她的注意。如果还没有引起任何反应，他一般就去另一只母羊那儿碰碰运气，然后是下一只。如果没有任何母羊接受，成年公羊很少长期在羊群里徘徊。他可等不起。由于发情期十分短暂，他必须很快与许多母羊交配，才可能履行自己的生物学义务。他再一次漫游，再一次搜索。矛盾的是，交配最多的成年公羊与母羊相处的时间最少。有些羊角猎人，甚至有些生物学家都说，种群中个头最大、最强壮的公羊们总是聚成一个单身羊群，是因为他们已经过了繁殖年龄，或者被其他更强壮的公羊打败了。他们把这作为狩猎这些公羊的理由。但事实并不是这样，真正的原因是他们正在寻找发情的母羊。公盘羊一刻不停地从一个羊群游荡到另一个羊群。相比之下，野山羊和捻角山羊的公羊则倾向于留在母羊周围。这种行为差异可能与社会结构甚至是栖息地的选择有关。盘羊羊群总是尽量分布在任何有草料的地方，很难预知，因此公羊必须寻找母羊。山羊生活在凝聚力相对较强的羊群，活动围绕着特定的悬崖，公羊不需要四处游荡。

如果一只公羊发现有母羊发情，或是快要发情，他就和她待在一起，跟着她移动和休息，待在近处，但又不能太靠近，注意不要吓着她。她可能会突然逃跑，之后他就去追，侧身扭动他的头部，一直叫，直到她突然又停下来悠闲地吃草，跟逃跑时一样突然。有时公羊骑到母羊背上，但这种突然的接触往往使她再一次逃跑。不过，公羊坚持不懈，不停试着骑到母羊背上，直到成功的那一次。然后，他的漫游癖就又犯了，他又开始四处游走。在家养绵羊中，一只公羊可能在四天内让30只母羊受精，完美地展现了他在求偶这件事情上的多变天性。

常有公羊试图插足交配的伴侣。年轻公羊会被公羊和母羊的追逐行为吸引，聚在附近，直到占主导地位的那只公羊猛地向他们冲过来才退却。不过也有时，体型更大的公羊出现。他只需走到前面那只公羊面前，挡在他和母羊之间，就能宣布自己的体型特权。这种情况下，很少会有实际战斗发生，因为大多数盘羊了解并尊重对方的地位。所有的社会，无论是动物的还是人类的，都会建立行为规则。正是这种规则，带来了成员们之间互动行为的可预见性。减少冲突，也就维护了动物们的健康，因为相对地，它们就不需要为不必要的战斗浪费能量。

解开动物社会的复杂性这一谜题，是令人兴奋的工作。我最初只注意到盘羊行为的一个大概，例如成年公羊往往独自漫游，公羊的白色阴囊格外显眼，从远处看像一个日光反射器在闪动，母羊往往平静温和，很少与羊群中的其他成员直接互动。每次观察都能引发更多的问题，而这些问题只能通过精确记录谁对谁做了什么以及它们的每一次互动来解答。我很快发现，盘羊社会中最普遍的情况是维持一种微妙的秩序，而其中不那么微妙的，就是公羊们争夺主导权。因此，我潜心钻研公羊，不是因为沙文主义，而是由于母羊的社交行为十分内敛。

　　颈部有鬃毛，体型大，羊角大，还有其他一些物理属性，都可以作为公盘羊的身份象征，这跟山羊是一样的。不过，我很快注意到两个属之间的显著差异。山羊通常直接冲过去威胁对方，如果对手不服，它们就会用羊角互撞。山羊很少尝试间接恐吓对方。相比之下，盘羊常常只是恐吓对方，踢对方，或以其他的间接手段威胁对方。可以推测，因为山羊生活在更有凝聚力的羊群中，大多数个体互相认识，并会记住以往交锋的结果，公山羊不需要浪费时间在测试已知战斗力的另一只羊上。而盘羊生活在一个高度流动的社会里，陌生者之间的相遇十分常见。公盘羊需要通过恐吓来打探对方的情况，又不引发真的报复，而不是攻击一个未知的对手，让自己暴露在受伤害的可能中。不管如何解释，公盘羊都要花费很多的时间轻戳、推搡、威吓对方，使用各种令人印象深刻的姿势，包括扭动头部、踢前腿和相当张扬地骑到对方背上去。有趣的是，盘羊不仅能在求爱期间使用这些扭头和踢腿的姿势，在公盘羊之间起冲突时也会使用，而山羊就只在求偶中使用。公盘羊倾向于与体型接近的个体互动，这并不奇怪，浪费体力威胁一只比自己小很多的对手没什么意义，双方都非常了解彼此的相对实力。此外，未成年公盘羊一般避免与成年公羊产生任何冲突。有时候，两只互相挑衅的公盘羊都不接受从属地位，它们可能只是互相无害地踢踢前腿，在空中挥舞，很少实际接触。然而，还是有一些摩擦很难温和地解决，那么它们就需要用羊角碰撞决出胜负高下。波浪状的大卷角正是盘羊的独特之处。几百万年的演化使动物们变得完美，公盘羊自动地就会用羊角互相撞击，来逼迫对手就范。不只是羊角，整个头部都是给予和接受钝器打击的部位，正如瓦列里乌斯·盖斯特在他的《加拿大盘羊》（*Mountain Sheep*）里所强调的。为了避免大脑受损，鼻窦夹在两块厚达 5~8 厘米的保护骨板之间。额前的毛发长得茂密又蓬松，正像一块软垫。头骨和脊椎骨连接在一起，这种连接方式使整个颈部都有利于打击力的吸收。受到撞击的时候，头部容易向下栽，但连接头部和脊椎的纤维组织隆起有助于抵消这个力道。因此，公盘羊就是为了这种战斗而设计的。两只公盘羊会退开 9 米左右，双脚分开，左右抢起来，简单地交流眼神，然后朝对方冲过去。它们全速朝对方冲过去，然后就在自己的下巴快要撞到膝盖之前，把头部微微扭开，并靠着这一扭的力量，轻轻一跃，迎面撞个大响。这一撞的力量能把两只羊都反弹回来数米。这种战斗令人惊叹，在力量上，在这种仪式化的暴力上，每只羊都能娴熟地用角挡住对手的一击。精度至关重要，因为在这种攻击的速度下，任何一个小小的计算错误都可能造成伤害。我曾经在山坡上见到过一只公盘羊奔向另一只没有准备好的公盘羊。由于角没有正确对齐，后面那只羊随便一扬，前面那只就被从身上掀了过去，摔到了山坡下边。在这个暴力的瞬间，公盘羊将演化赋予它们的属性运用到了极致。

一只公盘羊能用十几种姿势来表示自己占优势，能非常细致地传达情绪。一只公盘羊的胜利也就意味着另一只公盘羊的屈服。与此相对，公盘羊认输的姿势只有寥寥几个，例如避开头部，或假装专注地吃草，都是为了保持低调。一个低级别的公盘羊也可以通过用脸摩擦对方头部和另一只角来示弱，这也同样表示友好。一场激战之后，屈服的那只经常使用这个姿势来重申自己认输，以期和平相处。

根深蒂固的地位争斗需要一个无害的出口释放紧张感，盘羊也有一种姿势，来非正式地表达没有报复的意思。一些公盘羊可能朝内围成一个圈，像足球队员那样，几乎是随意地碰碰角、踢踢腿、哼一哼、蹭蹭脸。这是名副其实的社交高峰。

盘羊偶尔表现出一些奇怪的行为，我一开始很迷惑这些行为是为了什么。紧紧挤在一起的羊群有时突然横穿一个山坡，好像十分慌乱，最后在一堆草中突然停下来。有的低垂着头，有的畏畏缩缩，还有的仿佛被幽灵追赶再次急忙跑开。我后来推测，骚乱可能是由牛皮蝇造成的，它们嗡嗡嗡乱叫，试图在这些羊的鼻孔里产卵。

这些朴实的例子无法表达我第一次观察到盘羊时的兴奋，那是1970年，我和扎希德·贝格·米尔扎一起在卡拉巴格度过了一个月。当时还没有人描述过盘羊的行为，相对地，瓦列里乌斯·盖斯特已经详细地研究过加拿大盘羊。美国的加拿大盘羊体型壮硕，偏爱在悬崖附近生活，在许多方面跟山羊很像。而我也对这两类羊的行为有何不同十分感兴趣。简而言之，两者的基本行为相当类似，只有一些细节不同，例如，在发生角撞角的冲突之前，盘羊四腿着地奔向对方，而山羊经常后腿立起来，保持这个不平衡的姿势，互相比赛，直到落下来撞上对方。

与观察大部分的动物一样，观察盘羊一早上，乏味多于激动。很长时间内可能连一只动物都看不到，因此动物们挤来挤去、发生冲突等这些充满活力的行动是唯一值得纪念的亮点。当太阳爬得更高，朝霞消失，石质山坡开始在灿烂的阳光下颤抖，偶尔刮过一阵从平原向上吹来的风。盘羊昏昏欲睡，从上午10点开始寻找遮阴的山沟和树荫。此后不久，我离开隐蔽棚，沿着早上的脚印往回走。山谷里仍有一阵阵凉爽的空气，倾斜的树木形成了阴凉的凉亭。我静静地走在沙地上，希望能遇到愿意在这儿遮阴的任何野生动物。在这个保护区，豹已经灭绝，不过很偶尔地，我还是能遇到一只亚洲胡狼或赤狐。盘羊踩着石子咔嗒嗒地跑开，在峡谷的边缘停下来回头看，它们黑色的鼻子微微颤动。一离开隐蔽处，我就被平原上的白色强光晒得心烦意乱。在这种强光之中，连牙刷树和枣树的叶子都跟被漂白了似的，显得一片苍白。我注意到旁边的灌木丛后边一声轻微的响动：一只公贝氏羚，正机警地看着我。我一停下来，它就跑开了，它轻盈的身体与它的家园荒原同色。我经常在这片灌木丛附近看到它，大概是在等可能路过它领地的雌性。更远一些的砾石山丘上，两只肉垂麦鸡飞了出来，绕着我转圈，尖叫声打破了中午的沉寂。

秋天的炎热还能忍受，春天的炎热就很可怕。气温通常超过38℃。1973年6月的一天，卡拉巴格的米安瓦利附近是50℃，拉合尔是47℃。这种热天很少持续，几天之内，拉合尔报纸上大标题写着"气温降到43.6℃"。然而，春天在这里仍然是万物复苏的时节，在卡查特也是一样。有时冬雨会润绿大地：黄色的花朵像成群的毛毛虫一样挤满了合欢树的树枝，天空中回荡着灰斑鸠求爱的咕咕声，盘羊产下小羊羔。

4月，我带着作为向导兼助理的乌斯曼·汗（Usman Khan），走遍山丘去看新生羔羊。通常，母羊在幼崽出生前一天或几天离开羊群，隔离自己，一般躲到峡谷的上游，小羊就出生在那些昏暗的裂缝中。在最初的几天里，羊羔俯卧在隐蔽处，脆弱无助，母亲在附近吃草。我们就想找这样的羊羔来观察。头顶的太阳火热，脚下破碎的岩石仿佛在燃烧。越过这条峡谷铁锈色的山壁，远处已经没有山道了。热量辐射如此强烈，我的嘴唇都开裂了。有几个地方有水，但从气味来判断，水里肯定含有硫。我浸湿了手帕，把它搭在我头上，但5分钟内，手帕就被晒干了。尽管阳光强烈，我脸上却连一滴汗也没有，只留下了瞬间蒸发后的盐粒。

我们瞥见一只孤独的母羊，腹部不像怀孕时那么紧绷着，便在附近寻找它的羊羔。乌斯曼善于察觉神秘的灰色物体，尽管它们一动不动，夹着腿，头搁在地上。它们多么憔悴，简直只是一捆脆弱的骨骼和皮肤。我把它们捡起来的时候，有些幼崽保持沉默，用湿润光泽的眼睛默默地注视着我们，也有些咩咩叫着，踢着腿挣扎，笨拙地试图逃跑。乌斯曼抓住它们，抱在怀里。乌斯曼身材高挑瘦削，搭配灰色八字胡，举止凶猛。可是他把羊羔们放进一只布袋让我称重时，对着这些"俘虏"低声哼唱，整个人似乎都柔和了，"啦啦啦、啦啦啦""乖乖、乖乖"。大部分羊羔看起来都挺健康，平均大约 2.3 公斤重，也有一些仅仅 1.6 公斤，还有一只可怜的小家伙只有 0.9 公斤。羊羔们被放出来之后，通常都蹲下来，说明它们跟着什么东西的本能十分强大，随便跟着谁，因此它们现在试图和我们待在一起。要是谁突然跑开，我们轻而易举就能抓住。刚出生的羊羔慢慢才能学会认识母亲，而母亲认识它们只需要几分钟，气味显然是这一社会联系的重要基础。出生一周后，羊羔就会紧跟母亲跑，已经十分敏捷迅速，很难被人追上。然后，母亲和后代一直待在一起，一起觅食，并排休息。与大多数有蹄类动物一样，除了寻求保护之外，它们极少公开接触其他成员，似乎总是单独在一起。然后，这种羁绊将继续下去，直到次年春天，母羊再次生产。

　　尽管盘羊是一个以多胞胎著名的物种，但在卡拉巴格双胞胎很罕见，在出生的羊羔中，只占不到 10%。大约三分之一的幼崽在出生后的几周内死去。跟卡查特山区一样，营养不良似乎是最有可能的解释。尽管乍看之下这里似乎有充足的青草。高草连着岩石斜坡，即使在看起来最贫瘠的山坡上，也零星分布着一些草地。然而，这些草主要是盘羊等偶蹄类动物不喜欢吃的香茅草。更受欢迎的草种已经被盘羊和纳瓦布的家畜啃到只剩地皮了。1966 年，盖尔·蒙特福特（Guy Mountfort）到访卡拉巴格，在他的《消失的丛林》（*The Vanishing Jungle*）一书中指出，这片保护区里大约有 500 只盘羊。十年后，动物的数量几乎相同，这表明在当时的气候条件下，动物种群数量还比较稳定，而且也意味着，动物们即便无法充分发挥自己的繁殖能力，却也维持了平衡。1973~1974 年，纳瓦布砍掉了保护区里的大部分树木卖作木柴，夷平了山坡，并使沟壑暴露在强光之下，总的来说，就是把宜人的森林变成了荒地。然而，未来的半个世纪，新森林将会生长，盘羊也将依然存在，当然，是在它们依然受到保护，能免于被保护区外偷猎者觊觎的前提下。盘羊，还有野山羊，都是适应性很强的陆地羊类，只要有一点点草料和水就能生存。即使是在已经退化的土地上，这些物种仍能生存，也许不能很好地生存，但至少它们仍能活着，直到有一天，人类有了智慧，能向它们许诺一个美好的未来。认为任何物种都能有未来，可能源于某种理想主义，但说到底，没有其他什么值得为之而战。

在研究盘羊、野山羊和其他种群的过程中，我的脑海里越来越多地浮现出如何保护它们的办法，例如改善栖息地、提高出生率、降低死亡率，我收集的知识可能最终有助于实现这一目的。我常常需要提醒自己，我的研究也需要回答一些基础但却深奥的问题。幸运的是，在试图理解动物微妙地适应所处环境的过程中，所有的知识都能串联起来。对动物保护有用的事实，同时也有助于对动物社会的理解。不管出于什么目的，"重要的是不要停止提出问题"，阿尔伯特·爱因斯坦指出，"好奇心的存在都是有意义的"。

寂静的石头

盘羊和山羊之间，确切地说，盘羊属和山羊属之间的差异非常微小，正如我在《山中君王》里解释的那样：

　　　　山羊喜欢待在悬崖上，这种栖息地的选择反映在了动物矮胖的身材和行为的某些方面。它们常选择孤立的峭壁，羊群往往比盘羊更有凝聚力。哪怕交配季节以外，公羊也花很多时间与母羊相处，在交配季节更是很少闲逛。公羊可能相互熟悉，无须通过间接手段来测试对手的实力，很少威胁，而是在必要的时候公然挑衅。随着悬崖上的食物、休息场所和其他资源的归属明确，母羊可能不会容忍侵入它们个人空间的行为，会在同种之间欣然捍卫自己的幼崽。由于山羊种群趋向于保持局部活动，强大的领袖－随从关系并不必需……相比之下，欧亚大陆的盘羊是更易变的动物，适应于平坦或起伏的地形。由于它们的栖息地广泛，食物资源比较分散，羊群往往是流动性的。这种动物需要追随领袖。在交配季节以外，公盘羊很少跟母盘羊待在一起，在交配季节中，也都逛来逛去。母盘羊相当被动。找公盘羊打架的往往是陌生者，以间接形式进行侵略，尽管角的大小使个体具有固定的等级。

　　谈到特殊的行为上，起冲突的山羊用后腿站立起来，而盘羊要么冲着对方冲过去，要么抬起前腿不太平衡地站立起来，这些姿势都更适合斜坡而不是悬崖。盘羊会非正式地挤成一团，山羊就不会。等级比较低的盘羊会用脸摩擦主导者，作为一种友好表示，而山羊则不会。这种友好的姿态在山羊的社会中可能没有必要。因为山羊社会成员缺乏社交技巧：还是离远点儿更安全。山羊会把尿喷在自己身上，会口交，而这些行为在盘羊中并不典型。两者的求爱行为大同小异，不同的是山羊会用肛门腺的气味作为交配信号，而盘羊较少这样。

可能是在上新世早期，盘羊和山羊从一个共同的祖先分化出来，然后走上了不同的演化路径。前者选择了平缓的地势，而后者成为悬崖上生活的专家。盘羊和山羊的大多数的行为差异，例如社会组织、战斗风格、友好往来，等等，都能追溯到栖息地的差异。我早就知道动物社会在演化的过程中具有可塑性，很容易适应所处环境的制约，但直到遇到卡查特的野山羊和卡拉巴格的盘羊，我才充分认识到，栖息地的简单差别如何能从根本上改变一个动物群体。

6

云中的山羊

生物学家喜欢把所有物种整齐地分类，并基于关系远近将它们排列成离散的类别。大自然并不服从这种严格的分类法。因此让分类学家十分懊恼的是，有许多种类并不能被整齐地塞进分拣箱中。羊亚科里就包含几种让人烦恼的动物，包括岩羊和鬣羊。它们介于盘羊和山羊之间，每一种都必须归入自己的一个属。还有一种奇特的山羊，叫塔尔羊，有几个特点，比如它的角尺寸小，表明它应该是原始的羊亚科种类和真正的山羊之间的进化环节。由于不是真正的山羊，分类学家给塔尔羊单独起了一个属——塔尔羊属（*Hemitragus*）。塔尔羊在更新世曾从欧洲分布到印度，但现在保存下来的只有三个广泛分布的区域：阿拉伯塔尔羊分布在阿曼的荒漠山区，喜马拉雅塔尔羊分布在克什米尔到不丹的喜马拉雅林地，巨角塔尔羊则分布在印度最南部的高地。我想研究这些动物，希望能揭开它们过去的秘密，除非从整个亚科的进化史背景来看，否则很难理解它们的行为。

在大约 2000 万到 1500 万年前的中新世时期，东南亚的热带雨林里生活着一种矮小的普通原始羊类，它们个头很敦实，长着比首似的羊角。这就是今天的盘羊和山羊的祖先。像大部分森林居民一样，它们的生活一定相当孤独。它们不合群的性格，有着很好的生态学解释：小体型的反刍动物有较高的代谢率，跟大体型动物相比，每单位体重需要摄入更多的卡路里。想要满足这种巨大的能量需求，就得一直稳定地获得高度易消化且富有营养的食物供应，如发芽的叶子。在森林深处，这种食物往往分散生长，这里一个芽，那里一片展开的叶子。食物供应情况使得动物们不得不分散行动，于是也就变得孤独。

研究这种原始生物的行为十分有趣，毕竟它们与今天的盘羊和山羊如此不同。幸运的是热带雨林在食物和温度方面的季节性变化很小，也就为动物提供了一个稳定的家园。它们甚至不怎么需要去适应新的环境，因此几千年过去了，很多森林物种的外观和行为都保守地留在了原来的样子。对这种原始羊类来说，也是一样。其中的两个物种——斑羚和鬣羚——很可能像它们中新世的祖先一样，色彩暗淡，毛发粗糙，长有短角。研究它们的行为习惯，可以有效地重构它们祖先的行为模式。

不幸的是，斑羚和鬣羚很少被研究，想要了解原始羊类的行为，只能参考其他两个较为特殊的物种——北美洲的石山羊和欧洲的岩羚。这两种和其他一些原始羊类长着短短的、尖尖的羊角，多少决定了它们的战斗风格。头对头的接触是盘羊和山羊的典型特征，但长着这样的短角，这种接触方式就太危险了，因此它们使用其他的形式。例如，根据瓦列里乌斯·盖斯特的记录，石山羊试图恐吓对手的时候，会把头埋得很低，把背弓起来。要不就是两只羊并排站着，头尾相对，同时用角冲着对方的腿和腹部大力猛刺。这种作战方式一般被认为比较原始，我也好奇塔尔羊是不是也这么使用它们的短角，还是像典型的山羊那样互相撞头。

从独自生活的种类，如斑羚，到喜欢聚集的塔尔羊，物种的演化转变还需要从机会主义的角度来思考。喜马拉雅密集的造山运动也创造了新的栖息地，一些原始羊类及时地抓住了这一生态机遇。但开拓者总会遇到开拓者的问题：它们将面临新的选择压力。从复杂的森林系统来到简单的荒山系统生活的冒险者，离开了自己原有的稳定、高能的食物来源。取而代之的是草和其他植物，尽管丰富，但营养水平却存在季节性的波动。在这种情况下，能量需求较低的大体型生物在演化上更占优势，相应地，开拓者的体型就变大了。生活在食物集中的旷野中，动物个体之间有了频繁的接触，最终导致了社群的存在。但是，食物来源仅仅是对社群结构产生影响的几个重要因素之一。即使在旷野环境下，动物仍可以独自觅食。但是，每只动物不仅要吃，而且还得避免被吃掉。一只独行动物的最佳防御方法是隐蔽起来，蹲伏或潜行，而聚集成群生活则更有利于在旷野中躲避敌害。多几双眼睛、几对耳朵和几只灵敏的鼻子，都比单独一个更善于注意到危险。受到攻击的时候，群成员们可以聚集在一起，捕食者就很难挑出一只来追捕。在山区的一些原始羊类已经形成了社群，而在外观和行为上还较为保守，这就是后来石山羊和岩羚的祖先。一些物种演化出新的战斗形式，例如头对头的碰撞，摆出各种姿势作为身份象征，并在此过程中，在体型和外形上形成了巨大的两性差异。这些动物最终成为盘羊和山羊，还有亲缘关系密切的塔尔羊。

我在 1969 年 10 月和 11 月研究过巨角塔尔羊。我的印度南部之旅不仅是一个追寻深奥事实的短期项目，也是一趟回乡之旅。我再次回到了花鹿、水鹿、印度野牛和老虎之中，1963~1965 年，我曾在印度中部的坎哈（Kanha）国家公园研究过这些物种。印度的保护问题再一次成了我关注的焦点。虽然我是去寻找塔尔羊，但我也听到了自己过去的回声。

尼尔吉里山从平原上突兀崛起，位于卡纳塔克（Karnataka）、泰米尔纳德（Tamil Nadu）和喀拉拉（Kerala）的三邦交界处。花岗岩峭壁高高耸立在常绿林带之上，海拔 2000 米以上则是连绵起伏的高地。发育不良的森林覆盖着高地，直到托达斯（Todas）的乡村。托达斯是古代达罗毗荼的一个部落，在山上定居。水牛是这个部落生活中极为重要的一部分，因此需要周边的牧场。他们每年在旱季最干燥的 1 月和 2 月放火烧山，把林线逐渐后推。当第一批英国人进入这一区域时，只有小片的林子依然存在。1812年，一位名叫威廉·凯斯（William Keys）的调查人员抵达尼尔吉里。1818 年，一些狩猎爱好者开始去那儿打猎。高地气候凉爽的消息很快就在欧洲社会炎热潮湿的平原上传播开来，几年之内，像托达斯和乌塔卡蒙德（Ootacamund）这样的村庄都成了欧洲人的避暑胜地。

英国外派人员的一大兴趣就是狩猎。弗莱彻（Fletcher）的《尼尔吉里和瓦亚纳德的运动》（*Sport on the Nilgiris and in Wynaad*）和汉密尔顿（Hamilton）的《南印度运动记录》（*Sport in Southern India*）几乎教会了英国人这么打招呼："天哪，今天天气多好啊！我们出门打点儿什么吧。"在尼尔吉里和其他南部孤山生活的动植物特别脆弱，因为它们生活在孤立的栖息地中，自从在更新世更凉爽潮湿的气候条件下抵达印度南部之后，它们就孤独地演化着。因此，山中存活着许多特有物种。这其中有野外仅存 500 只的狮尾猴，以及巨角塔尔羊。塔尔羊曾遭到狩猎运动的严重猎杀，1880 年，一位作家曾写道："它们离灭绝的日子不远了。"1877 年，尼尔吉里野生动物协会成立，规范了狩猎行为，只有少数塔尔羊在尼尔吉里偏远的西部边缘幸存下来。在过去的100 年中，这个协会一直密切关注着塔尔羊的情况。当然，其中一些成员更关心收集羊角，而不是保护一个物种。但无论如何，正是该协会使塔尔羊在尼尔吉里幸存了下来。法律上，每年只允许猎杀少数公羊——1912~1938 年平均每年 4.6 只，1940~1966 年平均每年 2.3 只，每年损失的这一点点，跟反盗猎行动保护下来的相比微不足道。我曾读过 E. R. C. 戴维达尔 1963 年发表在《孟买博物协会期刊》（*Journal of the Bombay Natural History Society*）上的一篇文章，他记录了一次塔尔羊的数量普查："实际观察到的和记录到的塔尔羊共计 292 只。"带着这些和其他背景资料，有一天我来到了雷吉·戴维达尔位于乌塔卡蒙德附近古努尔的家门口。

雷吉是很少见的那种激情洋溢的人，他对野生动物的热情更让他显得与众不同，毕竟在这个国家里，关注自然遗产的人实在太少了。雷吉长得有点儿圆嘟嘟的，头发梳得油光锃亮，圆脸上长着一撮整齐的小胡子，看上去像是个和蔼可亲的律师——他确实是。他特别致力于巨角塔尔羊的动物福利保护。现在，他慷慨地帮我做一些访问塔尔羊栖息地的准备工作。首先，他建议我应该研究一下穆克蒂峰四周的动物，然后再沿着一排悬崖往南大约32公里，去一个叫作邦格塔帕尔（Bangitappal）的山系。我和一名向导搭出租车向西行驶48公里，沿途是长满草的山坡、种植着异国情调的桉树和金合欢树的众多种植园，直到我们到达一个水库。安排出租车司机一个星期后来接我们后，我和向导温克达查兰姆（Venkedachallam）背着极少的行李，在细雨蒙蒙的天空下继续步行。温克达查兰姆是个瘦瘦的、长着罗圈腿的家伙，长头发用披肩裹起来，胡须下垂。水库的一头有一小片草地，我们过去休息。温克达查兰姆用烂树枝生了一堆火，火堆咝咝地冒出烟来，却一点儿也不热。晚餐是一碗糯米饭。温克达查兰姆忘记了带毯子。那天晚上，我们躺在草床上，温度大约是7℃。他一直发抖、咳嗽。我跟他共用了我的毯子，也共享了他的跳蚤。

天亮了，我们爬上草坡，向绝壁的边缘走去。一路上，我们绕过挡住我们的树林或小灌丛，在山沟里挤来挤去。这是我第一次有机会接触这种特殊的小灌丛，但树林并没有向外来者发出亲切的邀请：杜鹃、桃金娘、月桂，还有一些其他树，挤在一丛丛竹子后面，试图维护自己的世界，昏暗、潮湿，苔藓覆盖着树干，蚂蟥隐藏在凋零的树叶间。小灌丛的周围是一片生物荒漠：裸露的丘陵和异域树木种植园。这种小灌丛的未来早已被决定：它自己都肯定能感觉到，自己不过是火和斧子的最后一道防线。一只当地特有的灰颈噪鹛从灰暗的树叶间掠过。

半小时后，我们到达了山顶。在我们的脚下，陡峭的悬崖延伸到森林覆盖的山坡上。右侧则是穆克蒂峰的峰顶，海拔2554米，高耸入云。对托达斯人来说，这座山峰是通往天堂的大门，他们在这儿杀死不想要的女婴。左侧的远处，越过岩石的尖顶，我看到9只巨角塔尔羊在悬崖边上游荡。我俯卧在湿漉漉的草地上，观察了它们一个小时。它们吃草，然后缓步踱到悬崖的边缘上休息，这种地方不怕天敌。我们继续沿着山的边缘向南走，又遇到了一群6只羊。我示意温克达查兰姆等着，自己慢慢地靠近它们，先爬过一个山坳，然后躲在小灌丛的阴影里缓缓接近，直到我离它们只有90米以内。我躲在一丛枝枝蔓蔓的杜鹃后，可以观察到，这群羊里有两只公羊，英俊，身材粗壮，重约90公斤，它们银灰色的后背与黑褐色的皮毛形成鲜明的对比，很容易辨认，当地猎人称之为羊鞍。一起的有两只年轻的公羊，一岁半到两岁半左右，毛发还是灰褐色，然后还有两只母羊。我观察了它们5个小时，看它们散漫地睡觉或吃草，享受着终于划破薄雾的太阳。但云层很快返回天空，像滔天巨浪一般，从平原滚滚而来，到了悬崖上。云层翻过山顶，吞没我们，浓雾弥漫，感觉扑在我脸上的都是水。水汽带来了下面森林苔藓和腐殖质的气味，丰富而潮湿，某处有瀑布飞溅。温克达查兰姆朝我爬过来。他又累又饿，哀怨地说，我们又走了那么远，他想回家。收到抗议之后，我跟着他回到了我们的栖身之所。

随后的几天里，我把向导温克达查兰姆留在营地，独自上悬崖漫步，一遍又一遍地检查这11公里的同一块悬崖。有时我的搜索颇为徒劳，有时我能发现一两群羊。如果塔尔羊先发现了我，它们会马上向悬崖狂奔而去，发出尖锐的口哨声互相警告。而没发现我在观察它们的那些，则令人不安地平静。它们没有理由不平静，这既不是发情期，也不是羊羔出生的季节。有关巨角塔尔羊的资料记录总是相互矛盾，我不得不靠自己来发现它们繁殖周期的相关信息。例如，一些研究者指出，幼崽全年都在出生，而另外一些则断言说，它们只在 3 月或 6 月和 7 月出生。我看到的年轻小羊体型都几乎相同，说明生育季节有一个明显的高峰期；它们的体型也很大，结合有些母羊明显正在怀孕来看，我估计幼崽大约出生在 12 月和次年 1 月。因此，发情期将会在 6 月至 8 月，此时正值西南季风的高峰期，一年中 7620 毫米降水中的大部分都在这个季节。那时候肯定不是观察塔尔羊的愉快季节。即使是现在，东北季风微弱的 10 月，天气也常常令人沮丧。虽然清晨一般有阳光，但似乎只要我发现塔尔羊，云朵就挡到我和它们之间，模糊了一切，到了下午，狂风暴雨通常又把我逼回了营地。我的调研共记录了 63 只塔尔羊，跟雷吉在同一地区记录的 79 只差不多。四分之三的母羊身边有只羊羔跟着，一岁左右的小羊也很多，看起来繁殖率和生存率都很高。这里的种群看起来一切都好。

在穆克蒂峰完成塔尔羊调查后，我搬到了邦格塔帕尔，这是尼尔吉里西南角的一个几乎没有树木的崎岖山区。我一来就把雷吉借给我的小帐篷搭起来，留下新找的向导布坎（Bokhan）拿竹子给他自己搭住所，趁埋伏着的云层还没有吞噬周围，赶紧开始探索。我没有走得太远。薄雾掠过山顶和山谷，轻轻地遮住了风景，幸好在此之前，我已经把这片荒野看了个大概。马蓝属（*Strobilanthes*）的一种灌木正开着花，这种植物从第 6 年到第 12 年不规律地开花，将山坡笼罩了一层柔和的薰衣草色的光芒。在太阳下，一个斜坡上独自长着一棵小树，开着一朵黄色的花，我立刻就认出来是金丝桃属（*Hypericum*）的植物。十年前，我在扎伊尔（今刚果民主共和国）东部研究大猩猩，同属的树木包围了我们山上的家。当我在迷雾中回到营地时，我的心还与那些温柔的大猩猩一起留在云雾缭绕的山顶上。

第二天早上，我沿着悬崖边步行了一个小时，终于在隐约可见的雾气中，看见一块"羊鞍"一动不动地停在一块石头上。我等待着，像它一样一动不动，潮湿的寒意透过我的衣服，渗入我的身体。在一片沉闷的寂静中，岩鹨叽叽喳喳，约氏长尾叶猴在下面的森林某处喊叫。最后，云开雾散。那只公羊仍站在悬崖上，黝黑又笨重，就像是它所在岩石的一部分。旁边一个细微的动作吸引了我的注意，我看到一些塔尔羊——33 只母羊和未成年小羊——在巨石间休息。颜色跟环境融合得这么好，我几乎看不见它们的存在。和其他山羊一样，巨角塔尔羊对来自上方的危险要比对来自下方的危险的警觉性要低，它们仍然没有发现我，直到风向突然变了。然后是一只母羊尖声呼啸，所有的羊儿们赛跑似的冲向悬崖，身形消失在云里。

几个羊群的不同组成向我揭示了塔尔羊社会生活的片段。例如，有一个 7 只公羊的单身群，表明公羊和母羊在不发情的时候可能不待在一起。有一次，在离它们平时出没的悬崖很远的内陆深处，我遇到了一只母羊，带着 5 只羊羔。塔尔羊在幼年时似乎可以暂时离开母亲，与同龄羊羔待在一起。羊群通常是长时间地静止休息，在特定的悬崖周围停留几天，尽管同一个羊群里并不是所有羊一直在一起。有一个 43 只的羊群，分成两组，一组 16 只，另一组 27 只。第二天，又有 38 只再次聚在一起，其中有一只大公羊，而其他 8 只则单作一群离开了。

我的调查显示，在这个 52 平方公里的区域里，大约有 113 只塔尔羊，而雷吉在 7 年前的统计数字是 114 只。幼崽似乎生存状态良好，我不知道为什么种群总数没有增加。在这个偏远而无人看守的区域，偷猎者无疑造成了巨大损失，但食肉动物稀少，我很少遇到豹子和老虎的踪迹。另外，我也没有看到野狗或豺的踪迹。

我对豺很有兴趣，因为刚刚完成对豺的近亲——非洲野犬的研究。关于豺，雷吉知道的比其他任何人都多。有一天，他带我到尼尔吉里山脚的穆杜马莱保护区（Mudumalai Sanctuary）去找豺。我们开着他的吉普车，穿过跟山上的云雾森林极为不同的一片栖息地。这里榆绿木、合欢树和榄仁树形成一片干燥、开阔的林地，偶尔有平缓的小溪穿过，河岸上生长着高大稀疏的竹林。我并不热衷于列出看到的鸟类，但这些溪流上的鸟类如此多彩多样，我不由自主地在笔记本上写下它们的名字：印度金黄鹂、寿带、缝叶莺、黑喉红臀鹎、白腹卷尾、绿翅金鸠、杰尔登叶鹎……

不过，保护区里和周围最常见的动物是家牛，大约有两万头左右，大多身体瘦长，皮毛松弛，瘦骨嶙峋。一头阉牛每天大约需要吃 23 公斤草。尽管现在还没到最干燥的月份，地上大部分的草都已经被吃成了短茬。在这么小的一片草地上，如果每年产草量的 25% 以上被吃掉，这里的草场就将进一步退化。这里跟印度很多地方一样，几乎所有新的经济增长都是由牲畜带来的，这对大部分栖息地的未来可不是一个好兆头。每当我看到这种情况，都会受到良心上的谴责。我知道村民们需要牲畜，但我也认为森林和野生动物应当与人类共存，一个国家的生存有赖于土地的健康。环境保护需要满足人类、家畜和野生动物的需求，使物种免于灭绝，土地免于退化。（然而，我在这儿坐在一辆吉普车上，消耗着稀缺的汽油，只是为了看到豺。）

人们常说，印度的牲畜太多了。确实，牛简直都成了风景的一部分，平均下来每两个人一头牛。在美国，每两个人一辆汽车。谁给环境带来了更大的危害，牛还是汽车呢？乍一看，减少一些牲畜似乎是一个相对简单的任务，但事实上极其复杂。印度教的教徒崇拜牛，对他们来说，宰一头牛是弥天大罪。这并不是说崇拜牛是印度教的基本教义，教徒曾经也吃牛肉，直到 7 世纪，向贵宾献上牛肉都很常见。曾经有一段时期，印度婆罗门用牛作为对抗伊斯兰教影响力东扩的政治工具，把穆斯林食用牛肉作为反对伊斯兰教的原因，进一步强调了牛的神圣。但是，正如贾瓦哈拉尔·尼赫鲁（Jawaharlal Nehru）指出的："在印度，可能比其他国家更严重地存在戒律与实践之间的差异。在理论上，没有一个国家比印度更崇尚生命，许多人甚至不愿意杀死最卑劣或最有害的动物。但在实践中，我们忽略了动物世界。"更糟糕的是，敬畏生命的神秘信念与同情心脱节。不允许杀牛，村民就用忽视来宰杀它们：要是不想要一只小牛，就拿绳子把它拴起来直到活活饿死。

抛开宗教，最重要的问题是：牛是否真的多余？必须考虑到以下两点：一个是栖息地。在印度的大部分地区，荒野都变成了农田，这种情况下，用人类学家马文·哈里斯（Marvin Harris）的话来说，牛只是"清道夫般的拾荒者"。例如，西孟加拉邦一个地区每4000平方米有四个人一头牛。动物主要沿着农田边缘觅食，啃食稻草和农作物，印度这个地区气候湿润，农作物全年生长。作为回报，奶牛生产牛奶和粪便（虽然水牛作为日常耕牛来说更为重要）。一只奶牛每年排泄两吨左右的粪便，不仅提供肥料，还可以做燃料，节约百万吨的木材，用于其他用途。一首印度田园诗列出了牛的部分用途：

活着，我产出牛奶、黄油和凝乳

养活人类；

牛粪用作燃料，

也筑成地板和墙壁；

或烧毁，成为神圣的灰

点在前额。

如果死了，我的皮肤

制成凉鞋，

或在铁匠的风箱里、

熔炉中；

我的骨头制成纽扣……

而你有什么用呢，人类？

然而，在森林和其他栖息地里，牛可能会导致极端恶劣的影响，特别是越来越多的牛挤进这些地方，啃食草、树苗乃至低枝上的树叶。从前，有很多犄角旮旯的地方能供牛吃草，但是20世纪60年代，印度为了提高农业产量，把这样的荒地都开垦成了农田，现在几乎没有荒地，把放牧牛群的压力转向了森林。在这种情况下，牛明显过剩。

但是，第二个需要注意的是实际上印度的牛还不够用：用于牵引、犁地的公牛短缺，奶牛通常直到4~6岁才产出第一头小牛，产犊间隔可长达3年。与之相比，欧洲和北美的奶牛两年产犊。小牛常常因为人们挤奶而饿死，无论挤多少，奶牛本来就没有足够的牛奶来喂养后代。奶牛就是没有足够的食物，才不能生育足够数量的小牛犊。一个解决办法是淘汰生产效率低下的动物，来增加饲料供应，但每年印度都新增1500万人口，土地需要用来种植农作物，饲料产量本身就无法提高。难怪在牛的问题上，印度人无所作为。

尽管穆杜马莱牛群众多，花鹿也还是很常见，大概是因为它们在草被吃完后还能生存很久。我见过的最大花鹿群有300多只。不同于北方地区的鹿，花鹿在一年中的任何时候都可以发情，摇着头部，晃着鹿角，不过发情时间还是有明显的高峰期。我接着开车向前。我注意到，雄鹿群里的四分之一长着鹿茸，在为5月和6月的主要发情期准备新的鹿角；其他的依旧顶着旧的三齿状鹿角，像风化的骨头一样苍白光滑。一辆吉普车在我们旁边停了下来，打断了我们对花鹿的观察。十几张忧郁的脸挤出来，凝视着我们，司机上气不接下气地告诉我们："一群50匹的狼刚刚杀死了一只花鹿。千万别下车。"90多米之外，我们发现了"狼"。13只豺，有几只正在从刚刚杀死的花鹿身上咬上最后几口，其他的已经穿过树林飘然而去。它们的长毛、砖红色的皮毛和黑色尾巴，与阳光漂白的环境形成了鲜明对比。有几只用闪亮的眼睛打量了我们一会儿，就大步跑去追随前面的花鹿了。我虽然被动物的意外之美吸引，但作为科学家已经开始工作：现在是下午3点半，母鹿，牙齿磨损显示了她年龄已大，她的最后一餐有一些杂草、几个茄属的果实和一些树叶。

运气不错，第二天早上我们再次遇到了这些豺。早晨8点半，路上一个牵羊的男孩告诉我们，他在刚才回来的一小段路上听到一阵奇怪的尖叫，我们寻声而去，发现四只豺在一块空地上啃食一只一岁左右的公花鹿。豺在15米外看见我们，一溜小跑到洼地的另一边俯卧下去。我检查了一下花鹿，注意到它臀部和大腿的肉已经被吃掉了。豺表现出不安，一只反复嚎叫着，一阵悠扬的哦哦哦声，非常像非洲野犬的呼叫。突然，其他9只豺从森林里跳出来，摇着尾巴四处转悠，兴高采烈地聚在一起。豺群小跑到距离我们不到40米的地方，试图走到它们的猎物附近，有一只叫了一声，然后发出一系列断断续续的咕噜声。所有的豺都停住了，然后列成一队，消失在森林中。

那天早上，陪着我们的是林业局局长塞嘎拉珍（Thygarajan）。

他很讨厌看到豺啃食花鹿，激动地宣布："我们一定要射杀这些'狗'！"我向他指出，早些时候，他曾提到过穆杜马莱的花鹿太多了，可能不得不想办法减少一些。为什么不能让豺捕食多余的花鹿呢？毕竟食肉动物都是最好的野生动物管理者。许多研究表明，捕猎者很少能对数量大的健康猎物种群造成什么严重影响。我试图引导塞嘎拉珍通过我的眼睛看到生命的一个新视野，但没有成功。像很多人一样，他深深地同情花鹿，恐惧食肉动物，因此像豺这么一个无害的物种，都被荒谬地紧急摧毁了。"当务之急就是猎杀野狗，给水鹿一个更好的增加数量的机会。"一个国际保护组织的代表在 20 世纪 70 年代访问印度南部后，写下了这样的话。

有一天，云层缠绕着悬崖，寻找塔尔羊的机会渺茫，我就前往内陆一些大型的灌木丛。没有科研目标，我的步伐就很悠闲，我注意到远志在草丛里如堇菜般绽放，便停在一片香青白花盛放的草地上，使劲儿吸入它馥郁的芬芳。山下远处，灰原鸡打鸣，突然停在高呼的调子上，好像忘记了自己的曲子。前面远远地在小丛林树冠上，是三只戴着灰色"帽子"的黑色生物——约氏长尾叶猴。当我走近，它们大声咔咔叫着，从栖息的树枝上一跃而去，消失在暗色树冠中。当天晚些时候，野猪也出来散步，在我面前皱了皱鼻子，然后笨拙地走掉了。

自从我在坎哈国家公园待的那一年起，我便对水鹿情有独钟。水鹿站起来肩高 1.2 米多，重达 318 公斤，是一种了不起的生物，是东南亚最大的鹿。巨大的鹿角有一个眉齿和一个主叉梁。公鹿和母鹿都有着粗糙的深褐色皮毛，臀部和腿的内侧是铁锈色，尾巴是黑色。它们朴实无华的实用外观，被上颈部乱蓬蓬的卷发破坏了，这让它们显得又滑稽又邋遢。水鹿善于隐藏，一般都很难观察到。它们不像大多数的鹿那样，大声地逃开，而是要么藏身在森林的枝叶中静静地等待，要么偷偷溜走。然而，在山上这个隐蔽的角落，水鹿有点害怕人类。那天我数了有25只，单独或成小团体，沿着灌木丛的边缘吃草。一组4只：一只成年雌鹿、一只两岁半的公鹿、一只雌鹿和一只幼崽，看着我在它们面前约45米处坐下。它们没有跑走，而是斜倚下来，有条不紊地嚼着草团，仿佛无视我的存在。这群鹿应该是四代同堂，我怀疑它们是一家人，一个带着往年出生的孩子们的母亲。15分钟后，我离开，母鹿大声报警，发出一声响亮清晰的口哨。

我在邦格塔帕尔的一周期间，记录到79只水鹿，通常是一只母鹿和它的后代，有时带着一两只公鹿。虽然我在这个地区没看到超过4只在一起的，但在其他地方观察到过10~15只的鹿群。我仔细检查了每只水鹿的下颈部，看看它有没有一个通常被称为"痛处"的地方，一般是直径2.5~5厘米的一块，会渗出水样液体。在坎哈，11月和12月的发情高峰期，这个血腥的地方很明显。在邦格塔帕尔，此时发情期似乎还处于初期阶段。虽然大多数雄鹿都长着坚硬的鹿角，有些还沉迷于挖泥塘，但它们都不与母鹿为伴，它们都没有这个"痛处"。这种奇特结构的功能尚不清楚，但它可能是季节性活跃的腺体，用于增强性吸引的气味，也可能在动物漫步丛林的过程中，在植被上留下标记。目前来说，这是很多小谜团之一，使野外工作变得有趣。

我记得有一次，在邦格塔帕尔见到一只雄鹿沿着薰衣草坡小跑，干些私事儿。当它身后的丘陵倾斜入云墙时，它停下来，在荒野中吹起响亮的号角。"在我所有的圣山中，它们不应受到任何伤害。"以赛亚先知说。也许他的视线会延伸到尼尔吉里的这里，水鹿和塔尔羊等动物将在和平的王国中安然无恙。

尼尔吉里南部，横跨 97 公里的平原，耸立着阿奈马莱（Anamalai）、帕尔尼（Palni）丘陵和高岭（High Range），这是一片峡谷纵横交错、山峰巍峨的高原。1854 年该地区的第一批到达者之一汉密尔顿写道：这个地方"令人惊异地宏伟，无与伦比地美好"。我租车驶向高岭，两侧是峭壁，在更平缓的地面上是天鹅绒般光滑的茶园。我赞同他的评价。高岭狩猎保护区协会的主要管理人员是茶园的所有者，自 1895 年以来就在埃拉韦库拉姆高原（Eravikulam Plateau）上保护塔尔羊。这个地方海拔太高、气候寒冷，不适合种植茶叶或农作物，就被用作私人狩猎区，据说这里保留有现存最大的塔尔羊群。想参观高原，需要拜访瓦嘎乌瑞茶园管理处的 J. C. 高德斯伯瑞先生。

听说我想调查和保护塔尔羊之后，他盛情邀请我把他家作为营地。J. C. 高德斯伯瑞是这里留下来的为数不多的英国管理者之一，他认为，在未来几年内，他和其他人也将退休，这地方几代人的守护也将落幕。从 1905 年开始，他的祖父和父亲都一直在这里致力于经营茶园。在蒙纳山站附近，是蒙纳俱乐部，像所有我见过的这类俱乐部一样，印度独立后的一代或更久的时间，这里也成了荒废的家。蒙尘的野牛、水鹿和塔尔羊的头骨从墙壁上紧盯着你。在褪色的照片里，穿着粗花呢衣服、面带微笑的男人们举着鳟鱼，污渍斑斑的银奖杯纪念着已被遗忘的体育赛事。老家臣端上来茶。这些褪色的希望和奉献精神，最凄美的纪念品莫过于满墙的帽子——几十顶毡帽和太阳帽来自为茶园服务了 30 年的种茶人。

我跟着向导兰加斯瓦米（Rangasamy）和瓦拉斯瓦米（Welaswamy），登上了陡峭的小径，攀上埃拉韦库拉姆高原。这两个向导都是穆达瓦人，矮小强壮，来自部落。他们的祖先在 14 世纪的某个时期，以刀耕火种的农耕活动进入了这片高原。他们也是猎人。1854 年，汉密尔顿拜访这片山区时，发现很多野生动物遭受严重的猎捕，他在《印度南部运动记录》中描述了这一现象。塔尔羊，当地误称为北山羊：

> 是种极其野生的动物，最近深受穆达瓦人的骚扰。他们设计了一种陷阱，用粗壮灌木组成屏障，只开一个 3~3.7 米的开口，开口处牢牢系着绊脚绳。然后，山羊被赶到这些障碍处，被无情地诱捕和射杀。

这块高原由 78 平方公里的连绵起伏、长满青草的山丘组成，几片浅滩夹在褶皱中，三面都是悬崖峭壁。我们在高原上走了一个小时，抵达一间山谷小屋。小屋依偎在一条有鳟鱼的河流旁边。我们在此住了 3 个星期。

我的第一个任务是普查塔尔羊。我把高原划分成七个区域，跟向导们一起，每天在一个区域内搜索塔尔羊，尤其仔细检查每个悬崖的附近。我的第七次也是最后一次普查,包括印度南部最高的山峰,即海拔 2695 米的阿奈穆迪峰(Anamudi Peak)。从山顶开始,绿色的高原在我的脚下延展。我坐在一块巨石上,计算了逗留期间看到的塔尔羊的数量:439。我肯定漏掉了几只,有一个羊群在我有机会数数之前消失在了云中,所以总共大约 500 只。我对尼尔吉里的估计是 300 只。其他几个种群都很小,存活在阿奈马莱、海瓦维(Highwavy)、帕尔尼、拉贾帕拉耶姆和其他丘陵山地,估计全球塔尔羊的总数大约是 1500 只。几年后,雷吉进行了更多的调查,把数字确定在 2000 只左右。尽管如此,这个物种的存在是如此脆弱,全球四分之一到三分之一的巨角塔尔羊就在我眼前,在阿那莫迪山顶。

一天早上,我搜寻塔尔羊时发现 13 只类似于黑安格斯牛的动物待在一个山坡上。是印度野牛,一种仅在亚洲南部和东南部高地森林生活的野牛。我常在坎哈看到。现在,我看着这些笨重的野兽,过去常听到的一声牛叫浮现在脑海中,紧接着又是一声,一声比一声低,就像谁在练音阶。叫声穿过坎哈黑暗和寂静春天的草甸,那是印度野牛的交配曲。这个季节,公牛在牛群中漫游,寻找发情的母牛。如果两头公牛相遇,它们会试图恐吓对方,来获得支配地位。每只公牛都展现出自己最惊人的面貌:1.8 米的肩高、泛出光泽的黑色皮毛和白色的蹄部、摇摆的赘肉和隆起的背脊。慢慢地,双方都僵直着腿,绕着对方活动,有时只要十几分钟,就能让其中一只退却,接受从属地位。

好像是为了加深当天有关坎哈的怀旧回忆,我还发现了一些老虎的足迹。从足印的尺寸和形状来看，是一只母老虎，她前一天晚上经过。我追踪足迹约 6.5 公里，希望能瞥到她穿过绿色山丘，希望能再一次见到老虎。我一边跟踪着她整齐的圆形足迹，一边想起我与老虎的第一次相遇。第一次的印象依然清晰地留在我的脑海中，抵达坎哈后不久的一天中午，一个樵夫来到我们的平房，告诉我说，老虎咬死了一头牛。他带我穿过森林，沿着河床走过，河流只剩下几个浅浅的水池，我们到达了现场。牛已经不见了，一条皱巴巴的树叶小道表明老虎拖着牛的尸体上了山脊，躲进一处竹丛里。我们跟着拖痕往前追，灌木丛里传来一声低沉的吼声，就像远处马达的嗡嗡声。一只大嘴乌鸦蹲在树上。听到这些不祥的信号，我让向导回了家，自己坐在河边，等待着，听着，看着。有一种树叶腐烂的土壤原始的气味，微弱而持久。一只金背啄木鸟啄击着树木，打破了寂静，在某种程度上缓解了弥漫在大型捕食者附近的紧张气氛。我整个下午都在炎热的寂静中等待着。傍晚时分，我还在等。当森林恢复生机时，红领绿鹦鹉发出叽叽喳喳的叫声，长尾叶猴的叫声此起彼伏。终于，下午 5 点后不久，一只母老虎出现了，大步流星地蹚进水里。我一动不动，完全被她火焰般黑色条纹的毛色吸引了，几乎不能动弹。她的美丽是如此辉煌，我一边贪婪地观察着这自然演化的完美产物，一边脑海里闪现出了这样的赞美："老虎，老虎在夜晚的森林里燃烧。"她蹲在距离我 30 米外的水池边舔水，漠然地打量着我。有一次，她用琥珀色的眼睛盯住了我，露出牙齿温柔地警告了我一下。然后，她平静地缓步回到她的猎物身边，我则兴高采烈地急忙赶在黄昏之前回家。

　　　　　　　　　　　　　　　　　　寂静的石头

几个世纪以来，人类看见老虎都怀着恐惧，因为它是"恶魔般的残酷、仇恨和野蛮的化身"，像一位作家所说的那样。我来坎哈就是为了消除一些这种神秘偏见，希望能够多揭示一些这个夜间孤独流浪者的生活习惯。有时这种难以捉摸的猫科动物会经过我周围，也不同我会面，但在接下来的几个月里，我一次又一次地遇到了同样的几只。我依靠他们脸上独特的条纹图案来识别不同个体。慢慢地，他们透露出了一些他们社会的秘密。比如，有一天，我发现了一只带着四只幼崽的母老虎咬死了一头公野牛。这可是个了不起的壮举，考虑到她的体重才大约140公斤，而公牛有900公斤。这个小家庭在尸体附近的一个山沟宿营，待了整整5天。有时幼崽会在清晨起来玩耍一阵子，互相跟踪、摔跤和追逐。但是在炎热的白天，他们都会休息，母老虎往往把后腿放到水池里斜倚着，好凉快一点儿。随着森林里开始天黑，这一家子会吃一顿。我躲在附近的树枝后，观察他们在新月下稍纵即逝的阴影。一天清晨，大约4点半，母老虎咆哮了两声，从远处传来了一声回答。由于这只雌虎的领地范围内还有其他三位居民，两雌一雄，有时也有游荡的个体在这里徘徊。我想知道回答她的是谁。早上8点，雄虎突然出现，一个个头巨大的家伙，脖子上围着一圈短短的鬃毛。从之前的经历来看，我知道他宣称整个领地都是他的，还和几只雌虎分享。现在，他在拜访她们中的一位。他友好地检查了她和幼崽们，然后独自离去。一天晚上，在另一个猎物的尸体处，还是这只雌虎和幼崽、这只雄虎、第二只雌虎，一共7只，同吃同住，不过第二天早上就又各自离去。类似地，两只雌虎带着各自的幼崽，好几次一起分享猎物。

通过这些和其他观察，一种关于老虎的新观点出现了。老虎并非人们原以为的那样不合群或由于脾气暴躁而尽量避免相互接触，老虎可能会相遇，有时偶尔在某条小路上遇见，有时分享猎物。独居但并非不合群，老虎生活在小社群里。其中的所有成员都互相认识，通过咆哮、在灌木和树干上留下自己的气味保持联络。在印度，老虎专家比老虎还多。我对这种大猫的社会解读遭到了冷遇。一些人驳斥了我的看法，还有一些人指责我描述的是一种不正常的特殊情况，说我布下了过多的水牛做诱饵，因此引来了远处的太多老虎。我在《鹿与虎》(*The Deer and the Tiger*)中指出，分享猎物的都是同几只生活在附近的老虎，而且我在 16 个月里只用了 16 只小水牛做诱饵，远远不足以影响这个老虎种群的行为习惯。随后，1973 年和 1974 年查尔斯·麦克杜格尔(Charles McDougal)也同样观察到了虎群分享猎物，例如，一只成年雄虎、一只小雄虎和两只雌虎。多年来他在尼泊尔奇特旺国家公园从事老虎的研究。他的《老虎的脸》(*The Face of the Tiger*)一书证据充分，是迄今描述老虎社会生活最可信的记录。

我也观察到了老虎的其他行为，比如学习行为，一只雌虎向幼崽传授如何捕猎的经验。有一次，一只雌虎妈妈扑倒了水牛，但并不杀死它，然后向后退了几步，让她四只幼崽中大的三只试着征服它。但他们还十分笨拙，水牛把他们从身上抖搂了下去。雌虎妈妈又一次扑倒水牛，幼崽们费尽了力气终于把它撕成碎片。我还了解到，尽管老虎身上自带一系列无与伦比的武器，如灵敏的感觉

寂静的石头

器官、强大的爪子和牙齿，她还是得为找到一餐饭努力。老虎的食物中近四分之三由鹿组成，花鹿、水鹿、沼泽鹿，等等，它们都很难捕获。一天早上，一只雌虎藏在沼泽鹿附近的高草中，慢慢地靠近。鹿还不知道身处危险之中。老虎和鹿只有12米远。领头的鹿尖锐地大叫一声，鹿群狂奔分散开来。雌虎从隐蔽处冲出来，用前爪在空中挥了一下，徒劳地试图钩住一只。然后，她只能大步走开了。而鹿群轻蔑地跟随在她身后大约20米的地方，知道如果没有意外因素老虎无法伤害它们。由于大多数狩猎以失败告终，雌虎要保证四只饥饿的幼崽都获得足够的食物十分困难，所以当幼崽一岁的时候，她不得不采取非常措施。她多次入侵附近村庄的牛栏。要不是因为该地区是个国家公园，她早被射杀了。一天晚上，她把我们的竹棚扒开一个洞，觊觎我和凯斯为圣诞大餐养肥的羊羔。食物实在不够。幼崽中的唯一雄虎独自出来找吃的。他没有经验，但决心已定。他跑到村庄去偷了一头猪吃，另一次，他拆了我们家的鸡棚，把我们的五只母鸡都吃掉了。等幼崽长到一岁半，母亲和子女之间的社会关系已经变得很淡漠了。她偶尔去看看他们，有时给他们带来一点食物，正好足够他们度过部分独立到完全独立的过程。

除了科学方面的考虑之外，我很高兴地发现，老虎脾气很温和，是种温柔的野兽。它们尽量避免在路上遇到人类以引起冲突，当然罕见的食人虎除外。老虎野蛮的名声主要是猎人们造成的错觉。老虎被猎杀、毒杀，栖息地被破坏，如今整个印度大约也就只有不超过2000只野生虎。"我的老虎的总数是1150只。"1965年苏尔古贾的大君给我写信说。一天下午，我在山沟里发现一个老虎的猎物尸体。老虎用草把它盖住保护起来，免受秃鹫骚扰，然后就离开了。我在附近一块巨石后面坐下来，等待着。几小时后，我听到身后一片树叶的沙沙声，我慢慢站起来，探头往岩石那边望，结果直直地看进一只雌虎的眼睛里去。她在3米外从容地打量我。随即，她转身走了，赦免了我的入侵。

尽管姗姗来迟，印度已经意识到，老虎不仅仅是一种正在消失的森林动物，事实上，它象征着印度想让后代成为继承者而不仅仅是幸存者。无可否认，人类和老虎共存是困难的：除非收到补偿，村民不可能纵容老虎杀死他们宝贵的牲畜。为了给老虎提供生存空间和保护，印度已经设立了9个老虎保护区，包括与世界自然基金会合作，扩大坎哈国家公园。

有一天，在乌塔卡蒙德的墓地，我发现一个风化的墓碑上面刻着：

荣誉船长

亨利·汉考克

死于虎口

1858 年 12 月 16 日

以今天的眼光来看，碑文不仅让我想到一起悲剧，同时也提醒了我，印度南部的山区曾经有很多老虎。那天我没有在高岭上遇到那只雌虎，后来也没有。但她的足迹就在那里。并且，在某个阴影里老虎可能正在看着你的感觉，为每一次旅行增添了新的维度。

一条大峡谷将埃拉韦库拉姆高原一分为二。虽然跟尼尔吉里一样，峭壁和山顶常常云雾缭绕，但峡谷有时还能看得清楚，除了雾气沿着悬崖探过来的时候。峡谷中有许多塔尔羊。我经常在此观察它们。一天早晨，透过薄雾，我看到在峡谷边上有个羊群。我赶紧在一个很小的杂草丛里找个隐蔽处。过了一会儿，云朵升起来了，我发现我周围的山坡活动着觅食的塔尔羊。一共有 104 只，只有 3 只有鞍。现在，11 月初，大多数成年公羊已经离开了母羊，要么单独漫游，要么在高原的一个角落聚集起来。我一边潦草地记着笔记，一边努力忽略我的身体各个部位痒痒的感觉。然后我看到一只蚂蟥在我腿上拱了起来，偶尔停下来挥动它的小吸盘，像雷达般冲着天空来回扫描。我再多看一眼，发现蚂蟥遍布在我的腿上、腹股沟、背部、颈部。我的袜子吸满了鲜血，内裤已经从白色变成了猩红色。贪婪的山蚂蟥布满了草坡的各个角落，都赶来分享意外的赏赐。接下来的 5 个小时我都花在把蚂蟥从我身上轮流摘下来，弹开那些还在攻击我的，并继续记着关于塔尔羊的笔记。在毫无戒心的羊群中，我做着一系列剧烈但必须克制的活动。

我想看到塔尔羊更具侵略性的互动，这有助于澄清该属的进化地位。通常两只羊会角对角对撞，要么面对面，要么并排而立。这种对撞是有角动物的典型互动，表达对对方的兴趣。但是，一次一只公羊在另一只面前抬起前脚直立起来，好像要发生冲突。一位先前的来访者描述说："两只动物几乎同时用后腿站立起来，似乎在对方面前'舞蹈'，同时保持距离，绕着对方盘旋。突然，它们接近对方，头撞在一起，发出巨大的响声。"这是典型的真山羊——如捻角山羊——和野山羊的打架方式。有几次我看见两只羊头对尾地打斗，平行地站在一起，朝着相反的方向，并用肩膀推搡对方，一边绕着对方转，一边用角戳着对方的侧面、背部和腹部。这是一种特别激动人心的观察，因为尽管原始羊类可能会以这种方式战斗，据我所知，真山羊并不会。又一次打斗中，我看到一只塔尔羊把背拱起来，脖子拱得那么厉害，鼻子都几乎碰到地面了。公羊，甚至有时候母羊，都会使用这种动作来恐吓对手。岩山羊有一个几乎相同的姿势。塔尔羊似乎跨在某个演化的坎儿上，不仅保留着原始羊类祖先的某些行为，而且也使用真山羊的方式打架，例如在碰撞前的直立姿势。我的结论是，塔尔羊似乎表现出真山羊和原始羊类之间的行为，也同时是这两者之间的演化过渡型，但这个想法需要通过对其他塔尔羊物种的研究来证实。

从我在尼尔吉里和高岭普查塔尔羊算起，十几年过去了。雷吉·戴维达尔还在那儿，紧紧盯着塔尔羊悬崖。1975 年，他在尼尔吉里调查塔尔羊，发现 334 只，之前 1963 年是 292 只。而高岭狩猎保护区协会仍保持着对埃拉韦库拉姆高原的关注，尽管政府已经把该地区变成了一个国家级保护区。

目前来说，塔尔羊的未来是安全的。

7

康楚

我们费力地爬上峡谷侧壁，沿着峭壁边狭长的小路，穿过竹林和杜鹃花丛，直到3个小时后，山坡才变得平缓。夏尔巴人富-策林疲惫地把他沉重的背囊扔在积雪间的一块空地上，两个塔芒族（Tamang）背夫和我也照做了。在457米的下方，波特科西河（Bhote Kosi River）*在包围着我们的峡谷的底部奔涌，虽然遥远得听不到它的咆哮。在尼泊尔，河流的名字中被加入Bhote或Bhota，表明它源自中国西藏。我向北望去：前方峡谷有了分岔，在更远处，穿过岩石的裂缝，我能看到重叠的雪山直到天际。在这片迷宫似的错杂的山脊和峡谷之外，某个地方应该就是中国边境。喜马拉雅山脉就是在青藏高原之后被上推形成的。现存的多摩科西河等河流，比喜马拉雅山脉更古老，它们曾试图在抬升过程中保留自己的河道，在这个过程中雕刻出了如今切开群山的巨大峡谷。一张地图告诉我们身在胡姆（Hum），这个地点被醒目地标

---

* 作者此处描述的是波特科西河的信息，但根据其在文中描述的行进路线和同作者的沟通，他们所途经的实际应为多摩科西河（Tama Kosi River），位于真正的波特科西河以东，后文中均改为多摩科西河。——译者注

出，就像这是个繁荣的村庄，但是除了依附在山坡上的两小块田地以外，这里一无所有。然而，我们被告知更远处有个叫作拉姆昂（Lamnang）的村子，它坐落在多摩科西河西边的一条支流康楚河（Kang Chu River）边。现在是2月中旬，天气冷得让人无法长时间逗留，我们很快背上行囊继续前进，再次深入峡谷，从三根摇晃的圆木上渡过了激流。

康楚河谷很阴暗，巨大的峭壁沉重压抑。穿过竹子、赤杨和其他灌木组成的丛林，我们很快置身于一片扭曲多瘤的黄杨树间，它们的枝干被苔藓压低，遮天蔽日，使我们被一种诡异的绿色光雾笼罩着。阴暗寂静的树木和幽暗的岩石给这片树林一种荒凉的氛围，似乎在威胁着旅行者，因此我们匆匆走过。终于，在过河之后两个半小时，树林消失了。这里有一块田地、一片有几只牦牛在吃草的草地，在山谷的一个山包上隐约有一座石头小屋。拉姆昂就在前方了。中国西藏有一句俗语，僧侣既不应该离村庄太近，也不应该太远，同样的话也适用于宿营地。这片草地看来是宿营的完美地点：我们在海拔2591米，从这里可以向山谷上下搜寻野生动物。当我把行囊滑落在地上时，心理和身体一样放下了重担：我们终于到了。

在20世纪70年代早期，尼泊尔大型山区的哺乳动物还未被研究过，并且由于这个国家独特的政治历史，甚至连它们的准确状态和分布都大多处于未知状态。1766年，尼泊尔中部多山地区的一个小部落廓尔喀开始了一场征占运动。在权力的巅峰时期，他们控制了当今尼泊尔全境，加上锡金、中国西藏部分地区和印度北部。这使他们卷入了与英国的冲突，在一系列没有结果的战斗之后，于1816年签署的协议确定了现在的尼泊尔边境。1820年，布莱恩·霍奇森（Brian Hodgson）被任命为常驻公使的助理。即使他有过什么外交策略，也早已被遗忘了，但是他作为博物学家的名声却流传了下来。由于不被允许离开加德满都山谷（Kathmandu Valley），他派当地人入山搜集，在他们带回的新物种中，有些现在还以霍奇森命名，包括一种红尾鸲（黑喉红尾鸲）、一种鹦（树鹦）和一种鹰鹃（霍氏鹰鹃）。1833年，霍奇森首先描述了独特的岩羊，这就是在140年后我即将研究其行为的物种。不满足于仅仅描述新的动物，霍奇森还开始了基础的生态学工作，成为第一个把喜马拉雅山脉划分为三个海拔区域的人，每个区域都有独特的动物区系要素。他于1843年离开尼泊尔。三年之后，忠格·巴哈杜尔·拉纳（Jung Bahadur Rana）掌控了政府，建立了由世袭首相管辖的政权，而国王仅仅成了一个傀儡。拉纳的统治持续到1951年，直到那年的一场革命后特里布万（Tribhuvan）国王取得了控制权。在拉纳掌权的一个世纪中，尼泊尔基本对外人关闭，而第一条连接加德满都与印度的公路直到1956年才竣工。

与印度接壤的低海拔林地特莱（Terai）的野生动物之所以为人所知，是因为统治者有时邀请到尼泊尔的重要访客去那里参与大型狩猎活动，他们猎取老虎、独角犀和印度水牛等。例如，乔治五世和他的伙伴曾在1911~1912年冬季的11天里射杀39只老虎，而在1933~1940年，统治者和他们的客人射杀了433只老虎和53只犀牛。（目前，据估计尼泊尔的老虎总数不超过150只。）然而，文献对高海拔哺乳动物总是更少提及。我想要研究喜马拉雅塔尔羊和岩羊，并勾勒出大型哺乳动物的分布。为了请教关于研究的可能性的建议，我给约翰·布洛尔写信，他当时是联合国派驻尼泊尔政府的野生动物顾问。我第一次知道约翰是在1959年，那时他在东非的乌干达狩猎管理部门。现在他忙于在尼泊尔建立国家公园，并且带着他特有的主动性，为搜寻可能的保护区选址而漫游了这个高原国家的大部分区域。在多摩科西河上游沿岸，他曾见过塔尔羊，也听说过岩羊。这个区域可能符合我的研究目标，他写道，并且那里也需要一次野生动物普查。

1972年1月24日，我抵达了加德满都。通过当地的一家旅行用品店"山地旅行"，我买到了帐篷和其他宿营装备，并雇了三个夏尔巴人来作为翻译、向导和厨师。尼泊尔很明智地要求每个徒步者为他想去的地区获得一张通行许可证。康楚河是突入中国西藏的一小条土地的排水通道。有个部门说康楚对外国人开放，另一个部门的说法正好相反。有一周时间，我为了获得通行证，来回奔波于内政部、外交部、移民局、林业局和偏远地区发展董事会。接着，马亨德拉（Mahendra）国王突然去世，所有的政府办公室都为哀悼而关闭5天。之后我终于收到了必需的许可证，并于2月9日搭乘一架租来的皮拉图斯飞机飞往了群山中的一个村子吉里（Jiri）。在那里，我们雇了12个背夫，来搬运我们的器材和足够两个月食用的面粉、糖、米和其他食物。

我们向北走了4天，多数时候沿着多摩科西河沿岸小山的轮廓线。山坡上散布着像瑞士山间木屋似的房屋，梯田从山顶起伏而下。如果你忽视这些山坡中隐含的生态问题，那么这是一个壮丽的田园牧歌似的场景。虽然尼泊尔的内陆地区一度被森林覆盖，但在过去的25年里，超过一半的林地被砍伐，以提供更多的空间来种植农作物并生产原木，用一个鼓励这种清除林地行为的美国援助项目的话来说，这是"对国家经济的重要贡献"。随着雨季的大雨，很多表层土壤被洪水冲走。在有些地区，田地的生产效率严重下降，使得三分之一的田地被荒弃。尼泊尔最大的出口品其实是泥土，每年约有600亿吨泥土被河流带到下游的印度。哲学家桑塔耶拿（Santayana）曾经说"无法从过去学习的人注定会重复过去"；不幸的是，即使意识到过去错误的人也会重犯。一旦人类毁掉了高山所提供的森林和土壤，就不会再有机会。我想要快速穿过内陆地带；这里人多得让我灰心。前方切断地平线的是海拔7134米的高里三喀峰（Gauri Sankar），它的顶峰有深深的凹痕，就像被一个不高兴的巨人咬过似的，那里就横卧着我努力前去探访的喜马拉雅山。

终于，在海拔2438米处，我们到达了拉玛加尔（Lambagar），这是一个散落在古老的山石滑坡废墟上的夏尔巴人村庄。低海拔地区的印度教部落被我们甩在身后，我们现在置身于佛教的尼泊尔地区；我们穿过了一道文化屏障进入了另一个人类世界，一个没有种姓制度的社会，它的精神纽带源于东北方向的中国西藏。事实上，"夏尔巴"这个词的意思就是"东方来的人"。虽然只是主要在索卢昆布（Solo-Khumbu）地区（其中包括珠穆朗玛峰）的一个小部落，夏尔巴人获得了举世的美誉，不仅仅是作为登山家，还作为一个自信、和善和忠诚的民族。

第二天，从拉玛加尔向北走了仅仅两小时之后，在多摩科西河缩窄成一条峡谷的地方，除了两个背夫，其他背夫都撂下行囊退出了。前方的道路太艰难危险，他们说，再多钱也不能让他们继续了。然而，夏尔巴人告诉了我这场背叛的真实原因：尼泊尔的新年就在两天后，背夫们不想错过节日的庆典。我派领头的夏尔巴人坎查（Kancha）返回拉玛加尔寻找背夫，告诉我们的厨师明玛（Mingma）看守装备，我自己带着其他人前往康楚寻找合适的营地。

在我们建起大本营后的第二天，富－策林和我爬上通往村庄的小路。这里的房屋很新很牢固，用灰色石头建成，屋顶由木板做成；屋顶板上压着石头，以保护它们抵挡风暴，墙边堆着高高的木柴。石头畜栏里养着山羊、绵羊、奶牛和长毛的奶牛——牦牛杂交品种。我们经过的时候，黑色的獒犬拉直狗链扑过来。这个地方很像一个瑞士村庄，除了每所房屋上方都竖着一根细杆挂着翻飞的经幡以外，藏族人也把它们称作风马旗。经幡上印刷的经文是作为护身符，从山神那里祈求好运。一位老人靠着畜栏的门，他头发蓬乱，满脸皱纹，头发凌乱地扭成一条辫子，身上裹着绵羊皮大衣；他穿着类似因纽特人长筒毛皮靴的高筒布靴。显然出于好奇，他邀请我们进入他家，我们盘腿坐在一个开放式火炉周围的小地毯上，一道微弱的光柱穿过一扇没有玻璃的窄小窗户勉强挤进阴暗的屋里。墙边摆放着用在牦牛身上的皮质鞍袋，还有晚上铺在火边用的铺盖卷。我们的主人的妻子穿着一条黑色麻袋似的藏式裙子，用条纹围裙系在身上。她在小屋的阴暗角落里独自忙着，最后端着一只油腻发黑的陶瓷杯子走了出来。她用一块肮脏的抹布没能洗净杯子，用她那比抹布更脏的手指也不行；最后她往杯子里吐了口唾沫，然后用力地用食指向四周涂抹，把杯子洗到了让她满意的程度。她先往里倒满青稞酒，这是一种大麦制成的微黄色酸啤酒，接着在边缘上放了一小团陈年黄油，然后把它递给了我。我喝了下去。她拿回杯子后，熟练地擦掉黄油，把它抹进她的头发里以驱赶虱子。

　　几个村民加入了我们，孩子们也挤进了门道里。这里的藏族人不大做非必要的清洗，尤其是孩子们脏兮兮的，他们的脖子和手掌都结了一层污垢，脸蛋由于不停地流鼻涕和野外的气候而红肿结痂。由于夏尔巴人的语言接近藏语，富－策林能够很好地与村民交流。我们得知拉玛昂村由 27 户居民组成，拥有约 600 头牲畜；他们曾经都生活在中国西藏，7 年前搬到了这里。拉玛昂是他们冬天生活的村庄，夏天则生活在边境上的拉布吉（Lapche），距离康楚几小时步行路程。像很多山区居民一样，这里的每个家庭至少拥有在不同海拔的两处住房，由于肥沃的土地非常稀少，他们需要根据季节交替种植。村民们并不太了解野生动物。是的，这周围有一些塔尔羊，也有一些岩羊；不过，他们不能帮我们找到野生动物。他们似乎有所保留，因为对我们持续的询问有种隐隐的怀疑。我们试图解释到此的目的，但是可能没有成功。菩提亚人（Bhotiya）作为藏族人，对他们来说自然不是一个值得研究的对象；在佛教中，天人合一，人并不是一个有特权检视分析所有事物的存在。我对一切事物都感兴趣的探索，对他们来说是很陌生的。

第二天的一件微妙的私人事件显示了西方和东方思维在态度上的区别，虽然当时我并没有有意识地思考自己的行动。我爬上了营地后面的峭壁来探索那里的针叶树林。在树干笔挺的冷杉和铁杉树间风景宜人，林下多节的微红色树干的杜鹃花更为这风景增加了特色。这面东向的山坡由于缺乏阳光，还停留在冬季，积雪有 0.6 米深，杜鹃花的叶子为抵御寒冷而紧紧地卷缩着。在我下山时，忽然飘来了春天的气息，持续不断，仿佛我误入了风信子的花床。附近的一片空地里，一棵小树苗伸出了积雪，这是一棵瑞香，它的树枝还没长出叶子，却开满了略带紫色的白花。在欣赏着它对冬季孤独的抵抗时，我也思考着这种花朵在气温还低至 −7℃ 时如此早地开放，是获得了什么演化选择优势。我摘下一片花瓣，用手指把它压碎，来看看是否能增加它的芳香。

一位科学家最近在写作时表达了一种信条："在我们的天性中有一种深刻的本能，去寻找关于世界的启迪和我们在世界中的位置，并为其壮丽而富有挑战性的答案而兴奋。"但是这种观点表达的主要是西方对于自然的态度。铃木大拙（Daisetsu Suzuki）在他的《基督教和佛教的神秘主义》（*Mysticism, Christian and Buddhist*）一书中给出了另一种世界观的一个富有启发的例子，他引用了阿尔弗雷德·丁尼生（Alfred Tennyson）的《墙缝里的花朵》（"Flower in the Grannied Wall"）：

墙缝里的花朵，

我把你从墙缝里采下，

连根捧在我的手里，

小小的花朵，如果我能理解，

你的一切，连根带叶，

我也定能领悟，上帝与人。

接着，通过对比，他又引用了18世纪诗人松尾芭蕉（Bashō）的一首俳句：

仔细地观察时，

注意到一朵开放的荠菜，

就在树篱之下。

铃木大拙接着写道：

当丁尼生注意到墙缝中的花朵时，他把它"采下"，并把它捧在手里，接着对它沉思，追索他关于上帝与人的抽象思考，关于事物的整体性和生命的深不可测。这是西方人所特有的。他的思维是分析性的。他思考的方向是指向事物的外部性或客观性……如果他具有科学的思维，他一定会把它带到实验室，解剖它，并在显微镜下观察它……当科学家完成他的检查、实验和观察之后，他会沉湎于各种形式的抽象思考：演化、遗传、

康楚

基因、宇宙的产生。

把这一切与松尾芭蕉对比，我们可以看到这个东方诗人是如何不同地处理他的体验。首先，他并没有"采下"花朵，没有毁坏它，而是把它留在发现它的地方。他没有使它脱离它原生环境的整体……松尾芭蕉首先简单地提到他的"仔细观察"，这不一定是由他有目的地想要在灌木丛中发现什么而引起的；他只是简单随意地四处张望，而出乎意料地被通常不被人注意的朴素开花植物迎接。他弯下腰，"仔细地"观察它，确定这是一株荠菜。他被它朴实无华的质朴深深触动，分享了这种不知来源的荣耀。他对他的内心感受只字未提……他没有提及"上帝与人"，也没有表达出想要理解的渴望。

我怀疑我是否完全适应东方的观点：对知识的索求是我十分重要的一部分，此外我也很享受我的研究。也许成为一个生态学者是一种最好的折中方案，因为生态学者试图把自然理解为一个整体，理解为一切生物的和谐共存。

在康楚的第一周，我们遇到了各种困难。一个问题是我们找不到塔尔羊，我甚至不确定去哪里搜索。之前的文献关于这个物种的栖息地喜好包含互相矛盾的观点，虽然都认同这种动物"酷爱最陡峭的悬崖"，但都引自同一个来源。有些描述声称塔尔羊留在茂密的树林里，有一条强调说它们生活在海拔 3800 米以上的亚高山区域。在拉姆昂附近朝东的山坡上被雪封住的树林里没有塔尔羊的踪迹，但是在朝西的山坡上，冬季已经开始快速退却。有三天时间，我独自在那里的峭壁间吃力地攀爬，随身背着帐篷和食物，以便不受我在山谷中的营地所限。对塔尔羊的搜索使我从竹林和杜鹃花丛向上进入矮小柏树的地带，最终进入高山草甸，那里海拔超过4100米，很多地方的积雪还很厚。在那里我只找到了一些陈旧的塔尔羊粪便。风景的美丽多少是种安慰，一缕缕云朵在山脊上徘徊，在夜晚的孤寂中，山坡在星光下闪着银光。这里的鸟儿使我得到很多乐趣：有一次一只金雕徒劳地冲向一群血雉，它的翅膀拍打着灌丛，其下的鸟儿狂乱地尖叫着寻找庇护；雄性棕尾虹雉在低矮云朵的背景下从一个峭壁滑翔向另一个峭壁，它们发出类似鸽的叫声，彩虹般蓝绿色的羽毛在高山的日光下闪耀；一群群跟八哥差不多大的蓝大翅鸲在雪地上旋转。但是没有塔尔羊。我们被告知流动的印度教猎人在夏季搜遍了这些山峰。他们把塔尔羊全部射杀了吗？

终于，在一周的搜寻之后，我在康楚河与多摩科西河的汇流处附近，看到了两个深色的身影横越山谷高处的峭壁。两只雄性塔尔羊啃了满嘴的枯草和常绿栎木的树叶。雄性喜马拉雅塔尔羊长满深棕色的长毛，像棕熊，它们是强大健壮的动物，可能重达90公斤。它们区别于近亲巨角塔尔羊的最显著的特征，是铜棕色的颈毛和斗篷似的飘逸长毛，这些长毛从颈、肩、胸垂到膝盖，从背、臀垂到侧腹和大腿。

随着第一次相遇，我继续对塔尔羊更多的日常搜索，起初少有收获，直到我爬上了胡姆，从这里我得以扫视多摩科西河西岸的众多峭壁。那里，在没有猎人能到达的悬崖上，几个塔尔羊群找到了庇护所。然而我险些忽视了这些动物。就像我后来发现的，塔尔羊不喜欢寒冷的清晨；当夜晚的温度在0℃上下时，它们在灌木丛中栖身避寒；直到上午8点半左右阳光照下悬崖之后，它们才尝试走到露天地带觅食。难怪我黎明时的搜索全部落空。

在胡姆对面是一面峭壁，一片金字塔形的巨大石面，底部约有1.6公里宽，高达900米，其上生活着至少45只塔尔羊，包括22只雌性、10只小羊和13只雄性。它们分为两群，被一条垂直的条状树林分隔。每个羊群成员似乎都留在它自己的那一半峭壁上。雄性则是例外，因为它们常常成小组或独自四处漫步。用固定在三脚架上的望远镜，我从峡谷对面观察这些动物；有时候只有两三只在视野内，另一些时候可以看到一大群。我很清楚自己在悬崖上的无能为力，只有惊叹塔尔羊穿越岩面的灵巧。它们轻松地在只有几厘米宽的岩壁上保持平衡，有时精确地跳跃到几米下陡峭悬崖上的小片草丛上。塔尔羊非常适应这种岩石地带。它们的蹄包带是柔软的，被一圈角质边缘包围着，提供了很好的附着摩擦力。当面对有坡度的悬崖时，塔尔羊可能前后摇摆，然后突然用一系列跳跃来推进，用它宽阔多毛的颈部和膝盖上的老茧代替蹄子短暂地抓牢地面。这些动物相比人类还有另一项优势——它们没有恐惧感。由于恐惧是一种主观感受，一种基于过去事件的对未来的预测，塔尔羊可以在天地之间的钢丝上行走，而不想象失足的后果。而且即使偶尔有一只动物曾从重大事故中存活，它也没有直接的办法交流传达它所经历的恐惧。

这个季节，羊群平静地聚集在一起，它们主要专注于觅食，以

寂静的石头

在漫长的冬季和初冬的严酷发情期之后补充和恢复身体，因此看起来有些乏味。然而，有一只雌羊延期发情了。它们的求偶仪式在有些方面跟其他山羊很不同，我有幸见证了这个过程。

3月25日，早上8点之后不久，一只高大的雄羊在这只雌羊附近徘徊，而稍远些的地方有两只稍小的雄性。当其中一只稍小的雄羊靠近时，那只高大的雄羊弓起背，压低脖子，四条腿僵硬地收缩在身下，威胁性地向它的对手逼近。看到这个发怒的身影出现，那只有志气的小求爱者撤退了。这只占优势的雄羊接着面向雌羊，压低脖子、伸长口鼻。它慢慢地抬高口鼻，直到几乎笔直向上，展示它洁白的下巴，同时缩回脖子，把肩部变成一个驼峰似的隆起，颈毛变成蓬乱的草垛。雌羊虽然只有它一半大小，也没有颈毛，但却无视了这场让人印象深刻的展示。一个小时之后，雄羊又尝试了一次，这次把嘴唇后翻，使得它的白牙和黑脸形成了鲜明的对照。它们在那里站了15分钟，雄羊扬着口鼻，雌羊扭头表示屈服。接着它们并肩休息了两个小时。雄羊又一次展示了自己，这一次显得更为迫切，它迅速地朝两边摇晃着脑袋，同时猛力地点头。它的舌头内外轻弹着，还轻轻扬起一只前腿就像要踢动似的。它一遍遍地摇动身体，像之前一样抬高口鼻，随着激情的加强，把口鼻扬得更高。如果雌羊的注意力转移了，它就用鼻子推雌羊，当雌羊看着它的时候，它则加强了它的展示。终于，在中午时分，在它的各种古怪动作使雌羊习惯了它的近距离存在后，雄羊装作不经意地走到雌羊身后，并且骑上雌羊的背，它如此轻柔地靠着雌羊，以至于雌羊完全没有回应。而其他年轻雄羊在附近等候了整个上午，只为一个一直没有到来的机会。

在面对雌性时抬高口鼻和剧烈地摆动头部，似乎是喜马拉雅塔尔羊独有的求偶展示，虽然以后对其他塔尔羊物种的研究可能会揭示出类似行为。如之前所提到过的，雄性山羊会口含自己的阴茎，把尿液浇在脸部、胸部和前腿上，仿佛是在用这种强大的气味加强他的存在感。我想知道塔尔羊是否也有类似行为，但是在我在康楚的几周里，从未看到过这种行为。然而，两年后我访问新西兰时，解决了这个疑问。喜马拉雅塔尔羊在 1904 年被引入新西兰的山区，并且生存得很好，现在那里的塔尔羊可能比喜马拉雅山脉的还多。在新西兰，我不仅在发情期观察到口含阴茎这种行为，还查看了为羊肉而被商业猎杀的塔尔羊尸体——1973~1974 年他们总共捕猎了 1.9 万只塔尔羊——并发现四岁半及以上的成年雄羊的柔软腹毛被尿液浸透。因此，喜马拉雅塔尔羊在它们的求偶展示方面类似于山羊，也演化出了它们自己的癖好。[1]

在之前关于巨角塔尔羊的章节里，我提到过塔尔羊似乎是山羚羊和真正的山羊之间的演化联系，在体貌特征和挑衅行为方面都是。比如，巨角塔尔羊有一种低头弓背的展示行为，而且两只争斗的雄羊会首尾相接地站着用他们的短角互戳对方腹部。这两种挑衅模式都很原始，它们通常见于缺乏巨大的角这种显著展示结构的有蹄类动物。据瓦列里乌斯·盖斯特记载，石山羊也会使

1　在 1978 年五六月，克里福德·莱斯（Clifford Rice）观察到求偶的巨角塔尔羊雄性在向雌性展示自己时会扭动头部和踢脚，并且他们也会口含阴茎，用尿液浸湿自己，在这些方面类似于喜马拉雅塔尔羊。

用这两种展示行为，而我饶有兴趣地得知喜马拉雅塔尔羊也是如此。此外，喜马拉雅塔尔羊在为支配地位竞争时也会使用另一种展示行为：两只雄羊侧对着站立，有时长达几分钟，来炫耀它们的颈毛，直到其中一只向对方表示服从。比如有一次，两只年轻雄羊并排站着，较小的那只站在稍高的突出岩石上。较小的那只拒绝让步。忽然，较大的那只猛地抬起头，瞪着它的对手，后者迅速将口鼻转向旁边。在塔尔羊中，就像在人类中一样，坚定的瞪视是一种威胁。由于之前的委婉表示没有效果，较大的那只雄羊跳上对手所在的同一块岩石。终于，较小的雄羊回应了，首先吃了几口草表示他没有挑衅意图，然后向山上逃去。

我在野外实地考察的日子过得很漫长，去塔尔羊栖身的峭壁需要来回徒步 5 个小时，加上不确定的几个小时在严寒中等待塔尔羊出现或者做一些除了吃和睡之外的事情。然而，在这些林间小路上的寂静旅途中，我偶尔会遇到一些罕见而难以捉摸的生物。有一次一只锈金色的亚洲金猫跳进了竹林。另一次一只喜马拉雅斑羚——一种属于"山地羚羊"的朴实的浅灰色动物——站在一个岩洞旁，一边发出警报的哼声，一边专注地凝视着低处的灌丛。之前我在这个区域曾见过这只斑羚，正好奇它此时为何如此激动。忽然它逃走了。9 米以外，一只豹子站了起来，从容地消失在了灌丛里，它这次的狩猎失败了。生活在这些峡谷中的还有另一个"山地羚羊"物种鬣羚，虽然它们很少离开它们孤独生活着的阴暗深谷，我却偶尔看到一只穿过长草的山坡。鬣羚是一种高大笨拙的动物，有着黑色的毛皮、白色的小腿和粗硬的鬃毛，据一个作者评论，就像"牛、驴、猪和山羊"的杂交一样。

在午后，一群熊猴有时会下来到河边喝水。营地附近的一群有 24 个成员：一只昂首阔步显示出它的高贵地位的强壮雄性、3 只年轻雄性、7 只雌性（它们都没有携带幼崽）、5 只快两岁的较大熊猴和 7 只去年出生的熊猴。还有跟在这群后面小心地保持着距离的一只邋遢沮丧的雄性，它虽然已被驱逐，但还是努力与这个它很可能曾是成员的社群保持接触。

但是鸟类，而非哺乳动物，给了我最大的欣喜。起初这里只有几种不迁徙的鸟，或者最早返回的候鸟——棕枕山雀、白斑翅拟蜡嘴雀、暗胸朱雀、黄嘴蓝鹊、鹰鹃、高山旋木雀——我也仅仅是随意地记录它们。接着，在 2 月末，当夜间温度爬上 0℃，白天的气温也上升到 15℃ 以上时，春天忽然涌入了多摩科西河，随之而来的鸟类如此之多，我只能记录其中最光彩夺目的品种。长尾山椒鸟、黑头奇鹛、棕腹仙鹟、绿喉太阳鸟……我能认出的远不及没有认出就飞走的多；弗莱明斯（Flemings）的野外指南《尼泊尔的鸟类》（*Birds of Nepal*）当时还未出版。3 月 4 日，第一朵杜鹃花开放了，一簇深红色的花朵斜探到峡谷深渊的上方，不久，其他植物也加入了，和鸟类一起为这里的山坡增加了光彩。也许最值得纪念的是一个大风的早晨，狂风有节奏地鞭打着峡谷。然而在康楚河的河口附近却很安静，山谷的拐弯显然使大风转向，形成了一个吸尘器似的气旋，数千只又数千只的白色蝴蝶被卷入其中；它们在那附近旋舞了几小时，被气流拉着从深谷一直向上，直到消失在天空中，仿佛一场无视万有引力定律的生物风暴。

有时候我会把富－策林带在身边。像所有夏尔巴人一样，他矮小强壮，有着黑色直发和浅古铜色的皮肤。我喜欢他宽阔友善的脸庞和露出金色牙齿的笑容。在对野生动物的艰苦搜索后，他会向我汇报："Jharal，先生。"他使用的是塔尔羊的当地名称，还会高兴地指向它们的方向。在我观察塔尔羊时，他会几个小时地等待着，从不问我为什么，也不对我写在笔记本上的记录表示出任何兴趣，但是却给人一种陪伴的情谊。因为已年近30，他已经多次参加登山探险。然而，像很多夏尔巴人一样，他觉得徒步要轻松和安全得多。由于高海拔攀登常常遭遇各种意外事故，有些夏尔巴人的妻子禁止她们的丈夫参加探险队，因为很多探险队滥用夏尔巴人，把他们置于他们不熟悉的登山处境中。夏尔巴人通常为挣钱而非乐趣去登山，这样一个小部落无法承受因为高山而损失如此多最优秀的年轻人：就在那年4月，10名夏尔巴人在韩国对马纳斯鲁峰的探险中丧生，此前一年5名夏尔巴人死于另一次登山，再往前的一年，6名夏尔巴人死在珠穆朗玛峰上，等等，每年都有可怕的伤亡事故。让外国登山客自己把行李背到高山营地上去吧。为什么要为满足别人的兴趣而损害这样一个宝贵的部落呢？

　　在营地里，富－策林负责做饭，明玛给他帮忙。他的拿手菜是炖菜，他还常去拉姆昂交易土豆、肉和其他食材。有一天下午我比通常早一些返回营地，发现了一支蛆虫大军正从厨房帐篷中爬出来。寻着它们的源头，我发现了一块发绿的牦牛肩。"有点坏了。"富－策林带着让人消气的微笑说。"非常坏！"我回答道。现在我知道他做的有些炖菜的独特味道从何而来了。

村民们邀请我们去参加一场婚礼。我跟坎查同去，在三个夏尔巴人里他的英语最好，留下其他人看守营帐直到我们回来。由于提前到达了，我们先拜访了附近的一个小寺院，那里住着五个僧人，都是比丘或学徒，没有一个达到喇嘛的等级。这座低矮的石头建筑很阴暗，弥漫着藏香的香味。我们走进一间小房间，坐在靠墙的地板上，面对着两尊金色的佛像，他们在几盏酥油灯的光线下闪耀着。一束阳光从屋顶上的一个小洞透下，照着两个穿着酒红色长袍盘腿坐在一个木箱后的比丘。他们各自躬身念诵着一本经文的散页；时不时地，其中一个会中断他的念诵，用一根弯曲的棍子敲一通鼓，同时另一个人会击钹。正统的佛教禁止宗教仪式，认为灵性的启迪只能来自于个人努力。然而，僧侣们可以帮助病人痊愈，转移灾祸，战胜恶毒的生灵，并引导死者的灵魂去向另一个世界。在柔和的灯光和烟雾缭绕的空气中，比丘们的念诵单调流畅、没有重点，不时被敲鼓击钹的声音打断；房间里弥漫着一种让人不安的气氛，我完全可以想象各种超自然的神秘力量在这里被巧妙地操纵控制着。在离开时，我在佛祖脚下放了 10 个卢比的供奉。走到外面后，我深呼吸了一阵，吸取群山的新鲜空气。

在低于我们的地方，一座石头墙壁的畜栏边，我们看到婚礼成员聚集到一所房子。有一边来了五个男人，他们慢慢走着，其中一个手捧一大碗青稞酒，另一个敲着钹。另一边有一队唱诵着的男女正在接近，他们是新人的亲属。队列之首的男人拿着一条牦牛尾做的拂尘。这是个着装欢快的人群，男女都穿着红色或黑色的短袖羊毛长袍，这是用他们自己的织布机织成的。这些长袍的暗淡颜色被白色或紫色的宽袖衬衣点亮。男女都戴着橙色珊瑚石项链，配有嵌着绿松石的白色吊坠。藏族人非常喜欢绿松石，认为它们具有特殊的作用，能给他们带来好运，并保护他们不受魔鬼侵害。村民们头上戴着类似土耳其圆帽的刺绣帽子，边缘装饰着小熊猫和貂的毛皮。已婚女性系着藏式围裙，颜色有蓝、红、黄、绿，前面系一条短的，后面系一条较长的，这是藏族服饰的典型装束。这两群人在门口相会，在那里，拿着牦牛尾拂尘的男人把它的尖端浸入盛着青稞酒的碗里，然后向外轻挥手腕，把酒洒在地上。然后他喝了一口青稞酒，并把一条表示欢迎的白色细围巾围在捧着酒碗的人的脖子上。这种围巾叫作哈达，按照习俗被用来向客人或尊贵的人致敬。第二个人沿用了相同的仪式；接着其他人依次喝了酒，每个人先用小拇指代替牦牛尾浸入酒中，然后所有人继续唱着进入了房子。

　　屋里非常拥挤喧闹，每个人都喝着青稞酒四处乱跑。我1.8米的身高超过大多数藏族人，在这个屋顶低矮的房间里充满了各种气味，久未洗澡的身体、青稞酒的酸味和被用作发胶的陈年黄油，这些气味一齐升起，几乎熏晕了我。新郎新娘在楼上，他俩和宾客坐在一条矮矮的长桌后唱着歌。宾客们依次站起来，在一只装有青稞酒的木碗上方弯下腰，用一根管子吮吸一些酒，接着钹声响起，主人给客人的脖子围上礼仪用的哈达。坎查给新人送上一大罐饼干和一些香皂。接着几个女人开始围着坎查强行滔滔不绝，我疑惑地问他为什么。夏尔巴人礼貌地避免说出任何不愉快的事情。坎查犹豫了一阵，终于咕哝着说："所有女人都想要礼品。这可并不合习俗。"我们撤回营地跟富－策林和明玛换班，他俩都非常爱喝青稞酒。我想要打包行李，因为明天我和坎查将要开始四天的行程，去边境寻找岩羊。

带着一个本地人当背夫兼向导，坎查和我向北走上沿着河上方山坡的一条小路。离开拉姆昂不久，我们走进了一片积雪中的浓密的冷杉树林，但是接着树木变得稀疏，山谷变得开阔。曾有一场雪崩扫过小路，带下来一只熊猴，我可以看到下面河边卵石间它僵硬的尸体。现在冷杉树间开始长有柏树，并且随着小山继续退后，我们的道路越过谷底平地，路过冬季荒弃的雪封的小屋，进入覆盖着浅绿色苔藓的桦树林。虽然我们的目的地拉布吉寺对飞行的大嘴乌鸦来说距离拉姆昂不超过13公里，我们在松软雪地中的行进却极为缓慢和让人疲惫。我们好几次遇到马麝的足迹。这种约14公斤重的生物，用它们宽阔的蹄子，几乎可以在雪面上掠过，而我则在齐膝的雪里挣扎，并不停地在雪里隐藏的卵石和原木上打滑。晚些时候，我看到一只这种灰棕色的马麝从一丛桦树潜行向下一丛。之后，我再也没有看到过这种动物。

马麝的后腿比前腿要长，有着獠牙似的上犬齿，而没有鹿角，本来它仅仅会是一种奇怪的动物，如果不是因为每只雄性在腹部皮肤下都有一个麝香腺体，很可能是用来给它们的领地边界做气味标记。不幸的是，人类也为这种分泌物找到了用途，主要用于香水和专利药物。麝香在当地以拖拉（tola）为单位销售，1拖拉约等于11克，每个腺体有3~4拖拉麝香。1972年，一个猎人可以从 1 拖拉麝香中收入 400 卢比，约 40 美元，而在接下来的各种中间商赚取利润之后，在加德满都 1 拖拉麝香价值 1200 卢比，或者说每个腺体的麝香价值 360~480 美元：1 克麝香比 1 克黄金还要贵重几倍。难怪马麝等麝类遭到了残酷的捕杀。在最近的一年，日本进口了约 4990 公斤麝香，如果按每个腺体 28 克计算，这就代表着约 17.6 万只麝。由于猎人们同样乐于射杀和诱捕没有麝香的母麝和小麝，仅为供应给日本，就有至少 40 万只麝被杀死。从尼泊尔非法出口麝香的最大出口商，据传就是丰田汽车在加德满都的代理。幸运的是，中国人最近研发了圈养麝的技术，还能一年两次提取麝香而不用杀死麝。

河流变宽成为辫状河道，然后分汊。那里，在河岸高处，就是我们要去的寺院，方方正正地蹲守在河边，仿佛在把守去往中国西藏的道路。柏树和桦树还散布在山坡上，但是我们已经到达了海拔 4000 米高的林线。我们疲惫地通过一扇大门进入院子，这段旅程长达 8 个小时。院子中央就是寺庙，这座白色的建筑上，沿着墙的顶部有一道赭色的条带。两位年长的僧人坐在门边，沐浴在下午的阳光中。一个穿着羊皮裤子，头顶一块 40 平方厘米的布；他的衣服和皮肤被多年的灰尘和燃烧柏树产生的烟火熏黑并结成一层污垢。当坎查向他解释我们来访的原因时，他持续地转着他的转经筒。这种精巧的器具在把手上装有一个空心金属圆柱体，大约 0.9 米高、0.6 米宽，其中装有一卷卷的印刷经文，随着圆柱体的旋转而转动。由于它每转一圈就相当于诵读一遍祷告，而祷告代表来世的福报，这个僧人可以一边与我们交谈，一边追求他的心灵目标。他的名字是枯桑（Kusang），这是他的母亲，今年98岁，僧人一边说着，一边用他的转经筒示意。我此前没有注意到她，她在角落里蜷缩着，就像一堆废弃的破布，除了用干瘪的手数着膝上108颗念珠组成的珠串以外毫无动作。另一位僧人名叫巴丹青（Pa-Tenzing），他用闪烁的眼睛观察着我们。他的鼻子是蒜头状的，下巴上的一缕胡须在他说话时颤动着；他矮小且驼背，就像一个可能生活在附近覆盖着苔藓的桦树林里的地精。他从一个膳魔师保温壶（一个德国品牌）——在这个古老的世界里，这是个很不协调的物件——中给我们倒了茶。虽然茶水又浓又咸，我还是感激地喝下了它。由于藏族人缺少白糖，他们就用盐来给茶调味，如果有可能也会加牛奶或黄油，以使它更营养。很少有外国人来到拉布吉，巴丹青告诉我们。三年前有个老人来过，但是只停留了几小时，在这之前的事情他不记得了，因为太久远了，至少超过25年。沿着院墙内侧有几座小屋和畜舍。有一座小屋是空的，我们获准搬进去住。在去我们住所的路上，有一棵孤独高大的冷杉；在这棵树的底部，一块石板里刻着佛祖的坐像，他左手放在膝上拿着布施用的盘子，安详的姿势跟周围寂静的环境有种特殊的亲和力。

在寺院后的山坡上，我们收集了一些柴火。这里的群山比山谷下游的更加偏远，视野更加开阔，有点中亚的气息。我们捡到足够的木柴时，太阳已经下山。山下，寺院在阴影中显得极其寂寥，而枯桑就像不受天气影响似的慢慢环绕着寺院，他每天这样走几个小时，总是沿顺时针方向，转着他的转经筒，同时一遍遍吟诵着神圣的真言"唵嘛呢叭咪吽"（"向莲花中的珍宝致敬"）。

黄昏时，我们围着火堆蜷缩着，不顾吸入的烟尘，安静地吸收着热量。背夫带来了一部分牦牛头，它的肉已经煮熟，晚饭时我们割下小片的肉来配着米饭食用。然后，我裹在睡袋里借着烛光写下当天的笔记。

清晨，我和坎查爬上寺院后面一条陡峭的小路，沿着最东边的河流分汊登上山顶。虽然狂风卷着冰屑撕打着我们，我们依然站立在那里望着前面绵长的山谷。它朝西的山坡还在深冬，而其他地方暴露在春日的阳光下，大部分已经没有积雪，展露出高山草地、深色的悬崖和满是参差岩石的地面；远方，是中国西藏的定日县，一座巨大的山峰像一把冰斧似的伸向天空。几头家养牦牛的蓬乱身影使这个场景完整了。牦牛适应了高海拔，在温暖天气中会感觉不适，甚至像拉姆昂这种地方，在夏季都不适合牦牛。那里的村民饲养一种牦牛与牛的杂交品种，其中的雌性被称作犏牛，它们能更好地忍受炎热，也比牦牛或母牛更能产奶。这种杂交牛的雄性是不育的，主要用于犁地和负重运输。在 2400 米以下的低海拔区域，人们则饲养牛。沿着山坡向北，我们遇到了黑色荒芜的土地，前一年村民们烧掉了低矮的柏树和杜鹃花构成的垫子似的植被，来为他们的牲口开辟更多的草场。最终我们抵达了尼泊尔和中国西藏的边境，这里只有一小块刻有"尼泊尔，1962"的混凝土方块作为标记。

忽然，我看到几个灰色的身影在一面峭壁底部的碎石上移动。9 只岩羊：一只成年雄性、一只约一岁的雄性、4 只雌性和 3 只小羊。我激动地开始观察这些动物。当布莱恩·霍奇森在 1833 年第一次描述岩羊时,他基于它们是盘羊而非山羊的假设,将其归入盘羊属并给予了它们 *Ovis nayaur* 的科学命名。现在,观察其中一只雄性,我能很容易地看到他的理论基础。这只动物有着强壮的身体和矮壮的腿,非常像一只加拿大盘羊,虽然不像荒漠山间轻盈的盘羊。它粗壮的盘羊似的羊角向外弯曲,然后向后;并且它也没有山羊的胡须。雌羊的角很小,就像盘羊一样,这与山羊锋利的、具有武器功能的角形成对比。然而在其他一些特征上,比如宽而扁的尾巴和前腿上醒目的黑白斑纹,这些雄羊又像山羊。盘羊有眼腺,在蹄子之间还有足腺;而山羊则完全没有眼腺,如果有足腺,也仅限于前蹄。我曾读到,岩羊在这些方面很让人迷惑,因为有的个体具有发育不完全的眼腺和足腺,而有些个体没有。盘羊在腹股沟里还有淋巴结,而岩羊和山羊则没有。难怪霍奇森感到迷惑,并且在他首次为这种动物命名的 13 年后,他将之划进一个单独的属 *Pseudois*。此后岩羊被认为是一种具有类盘羊特征的山羊,而原来的英文名 blue sheep 便显然不合适了。藏族人把这种动物叫作 na 或 nao,印度人和一些英国猎人则称之为 *bharal*(源于印地语,现为岩羊的通用英文名)。我喜欢 *bharal* 这个术语,并且更喜欢使用它。

行为上的信息有时能在解决分类问题上对其他数据进行补充。虽然德国动物学家恩斯特·舍费尔(Ernst Schäfer)曾在 20 世纪 30 年代写过一篇关于岩羊的信息量很大的文章,但是没有人尝试过研究这个物种的行为。这并不意外,因为岩羊生活在地球上最偏远的地区之一：青藏高原和与之接壤的一些地区。它们常去的地方在林线以上，通常从海拔 3900 米向上直到 5500 米植被的极限。因此我非常渴望观察岩羊。起初，我太专注于把岩羊的行为划分到盘羊还是山羊的范畴这个科学问题，以至于忘了享受这里的乐趣。但是当我观察这些动物吃草时，我开始放松，满足于仅仅观察这些动物本身。我欣赏着一只有着深色脖子和黑色条纹侧腹的俊美雄羊，察觉到它的皮毛颜色似乎根据太阳的不同角度而从棕灰色到蓝灰色变幻；我注意到它喜欢什么食物，主要是青草，但也有豆科杂草、枸杞属植物的叶子，还有麻黄属灌木的绿色嫩枝。5 个小时之后，这些动物离开视野走进了深谷。

坎查几小时前就返回了寺院，现在我也沿原路返回了。在我喝着茶、吃着煮土豆作为午餐时，坎查告诉我几个从中国西藏去往拉姆昂的村民曾经路过，说他们在拉布吉村附近看到过一群岩羊。我走了 0.8 公里到达那个村子。这里在冬季被人类荒弃，白雪包围甚至掩盖了这些石头小屋；现在岩羊占领了这个村庄，它们的足迹遍布石墙上、棚屋里甚至屋顶上。在附近的一片山坡上是一群 12 只岩羊，其中有几只小羊。其中一只威胁性地后腿直立，前腿贴近身体，面对另一只小羊，这是典型的山羊直立站姿，而不是盘羊的；这是关于岩羊演化亲缘关系的一条重要线索。当我在黄昏回家时，心里有一种满足感。

我不仅在这里找到了岩羊并观察了它们七个半小时，还找到了一个理想的研究地点，把附近宁静的寺院作为大本营。第二天我得到了更多观察岩羊的时间，后一天我们下山去拉姆昂，计划着尽快返回。

在拉玛加尔，警方的检查站此前曾借讯问村民来监视我的活动，在我们从拉布吉返回后不到三天，一位叫海姆·巴哈杜尔·什雷斯塔（Hem Bahadur Shresta）的警员也到达了这里，说他将陪同我们再次去往寺院。其间，我派明玛和两个背夫带两周的食物去拉布吉，并指示他们看守食物，直到三天后，等我查看完胡姆的塔尔羊之后，我和富－策林就会到达。但是 3 月 5 日的夜间下起了雪，大片沉重的雪片几小时内就夺走了山谷中春天的迹象。我们的厨房帐篷被 0.3 米厚的降雪压垮了，因此我们没有按计划前去拉布吉，而是用煎锅和锅盖把帐篷挖出来。当天晚上明玛到达，因为在深雪中步行了几个小时而精疲力竭。我恼怒地问他为什么他来到这里而不是在看守我们的物品，他回答说有些拉姆昂人搬进了寺院。他们不肯卖给他柴火，而积雪深得无法拾柴。他还不过是一个少年，很可能害怕和一群藏族人待在一起。

3 月 9 日，富－策林、海姆·巴哈杜尔和我抵达了寺院。一个带着挑剔怀疑神情的村民在门口迎接了我们，说不让我们住在那儿。富－策林翻译了他的话，然后加上一句"他是坏人"，并笑着推开他走过去。僧人枯桑守护了我们的装备，我们送给他一些白糖和饼干以表谢意。那个村民的态度让我有些烦恼：我完全不明白我们为什么不受欢迎。这些人是害怕我们会阻止他们对麝鹿的非法狩猎吗？佛教的第一条戒律就规定："我承诺遵守克制伤害活物的规则。"藏族人相信转世：如果一个人过着纯洁的生活，如果一个人不杀生，他就会转世为一种更高的形式。但是贪婪轻易就战胜了宗教情感，尼泊尔的很多佛教徒现在都捕杀野生动物，甚至在拉布吉这种寺院附近。也许拉姆昂村民还走私寺庙绘画和其他贵重物品，去加德满都的非法艺术品市场售卖。或者他们怀疑我想抢掠他们寺院里的物品？其中包含很多宗教绘画卷轴，或称"唐卡"。

　　一杯茶帮我驱散了我的担忧。白天只剩下两个小时，我向拉布吉村漫步，刚走没几步便遇到了一只雪豹的足迹，这是那夜的大雪之后才出现的。这只猫科动物曾稳步向村庄走去，然后进入了中国西藏境内。就在到达村庄之前，另一只雪豹的足迹跟第一只相交了——它还拖着什么东西上了山。我慢慢跟着这条拖痕，每隔几步就用望远镜眺望山坡。在一块巨石旁边的雪上有几处凹陷，那只雪豹曾在这里休息：它已经看到了我在接近，并且逃走了。新鲜的脚印显示出它逃离的方向，在一条上升斜坡的掩护下消失在了断壁中。附近有一只岩羊的残骸，这是一只快四岁的雄羊。从雪中的足迹，我复原了它走向死亡的过程。它曾独自在村庄周围漫步，然后转进一条浅浅的峡谷，去一条小溪边喝水，它的气味无疑被那只雪豹嗅到了。雪豹在岩石的掩护下前进，偷偷接近岩羊，当岩羊站在水边时，它发起了攻击，借着冲击把它的猎物扑倒。在撕开猎物的腹腔、吃掉部分内脏和胸腔之后，雪豹把这具尸体拖行上山约150米远，到达我发现它的地方。

　　清晨，我又查看了这具岩羊尸体。最后剩下的肉已经在夜间被吃完，那只雪豹又消失不见了。它没有再回来。五个村民搬进了东边的山谷，住在一间有着石墙和旧兽皮屋顶的粗糙棚屋。他们是为牲畜去没有积雪的山坡上割草的。他们还试图让牦牛在野生了一个冬天之后重新习惯人类的驾驭；他们温和地对牦牛说话，用手喂它们吃盐，直到这些害羞的动物能够容忍被人触摸。有一个人对富－策林提到，黄昏时他曾在山谷里听到雪豹的叫声。第二天我独自去他们的棚屋询问此事。他们盘腿围坐在一只剧烈沸腾的锅边，有一个人示意我加入他们。他们脱下了绵羊皮外套，蓬乱的头发垂在裸露的肩上。他们用长刀在散发着异味的锅里捞着肉块，这些肉来自一只一周前死去的牦牛。今天的"特色主菜"是腐坏的牛肝，我出于礼貌吃了一份。虽然我有强健的胃，但是一个小时之后我还是猛烈地把这顿饭吐了出来。

这些人没有表现出为我提供关于雪豹信息的兴趣。他们含糊而漠不关心地表示它在某个地方，或者任何地方。我知道猫科动物像人类一样偏爱容易的路线，便在一条牦牛走的经年的小道上方守候着。云朵飘下山坡，使得高耸的山顶随着天色渐暗而变得模糊。我在朦胧的僻静处等候着，蜷缩在深色的岩石之间；开始下雪了。接着在黑暗中传来一只猫科动物的喵声，这是一种原始、充满渴望的声音，来自于一种注定永远漫步于这些荒野的生灵，它在寻找同伴来分享它的命运。几分钟之后，又是一声喵声。在这之后，就只有寂静。

我每天花尽可能多的时间观察岩羊。这些动物分散成小群，每群的数量从两三只到多达 22 只不等。早晨它们在较低的山坡上，但是随着村民开始活动，它们慢慢向山上退却。总体来说，它们很能容忍一个人在周围漫步，有时允许我接近到 60 米以内。尤其是我在一个小山丘上撒了些盐之后。它们显然很偏爱盐，同一群动物连续三天回到这个地点，在那里它们拥挤在一起竞争这点稀少的资源，变得比平常更为好斗。强壮的雄性用展示它们雄壮的侧影来互相威胁；它们迈着缓慢而有节奏的步伐侧向走着，缩着下巴，用角尖指向对方。有时一只岩羊会用后腿站起向前跳跃，然后俯冲向对手，用羊角击打对方。或者两只岩羊互相面对，在笔直站立之后，头向旁边倾斜，然后同时向前倒下，互相撞击羊角。还有其他一些攻击形式，比如用头顶撞，还有用角抽打灌木，我怀着紧迫不安的心情把它们全部记录下来。

村民们用琐碎但是恼人的方式公开骚扰我们。男人们会用叫喊声赶走我正在观察的岩羊。当有牦牛死去时，他们会在我们住的房间里四处悬挂血淋淋的肉块。有一天坎查沮丧地从拉姆昂跟着四个政府官员回来，他们要求查看我的通行证。我出示了证件，指出它合乎程序，并且我们有一个作为联系官的警员同行。我向一个官员询问他们来这儿的原因，但是他用不置可否的微笑回避了我的问题；我永远没能得知他们此行的目的。第二天早晨，我照常出发去观察岩羊，但是，在我离开之后，这些官员告诉坎查我被要求立即离开拉布吉。等我返回寺院时，他们已经走了。虽然知道这会是个徒劳的举动，我仍然派坎查和海姆·巴哈杜尔去拉玛加尔据理力争——这至少能为我争取三天时间。我不再兴奋，只是继续我的工作；有什么地方出了问题，有种神秘的力量让康楚的神灵开始反对我们了。

三天之后，明玛带着一个背夫来接我们了。我们返回到拉姆昂，一天之后，把营地移到了拉玛加尔附近的多摩科西河岸上，在那里我继续研究塔尔羊，直到 4 月初。现在，在命令我们离开拉布吉之后，那个讨厌的官员指示当地警察说不能允许我离开拉玛加尔。我派坎查到加德满都去查清发生了什么。很多天后，他带回话说：我当然可以离开。但是由于缺乏跟官员打交道的经验，他没能得到书面声明，更糟的是，他忘了带回我的徒步许可证和其他文书。拉玛加尔的警察明确指出，即使我们获准离开，没有徒步许可证也不能旅行。

坎查还给富－策林带了一封他妻子的信，她在信中通知他说，她要为另一个男人离开他了。富－策林脸上淌着眼泪，登上警察局院子里的一个石堆，对聚集的人群公开读了他妻子的信。接着其他人也哭了起来，警员、店主、主妇、孩子，所有人在富－策林身边围成一圈，同情地大声抽泣着。

海姆·巴哈杜尔护送我们回到低海拔地区，解决了关于通行证的僵局。

在这次旅途中，就像所有旅途一样，有问题和烦恼，但是我完成了我的目标。我对野生动物进行了普查，研究了喜马拉雅塔尔羊的行为，补充了格雷姆·考利（Graeme Caughley）在新西兰做的总数调查，还观察了岩羊。岩羊的准确演化地位还没有解决，但是它们的两种行为模式提供了线索：岩羊也会口含阴茎，并且在互相撞击之前会笔直站起，这些方面类似山羊而非盘羊。然而，岩羊行为的很多其他方面还是未知的。在发情期，成年雄性是像有些山羊那样倾向于伴随某一群特定雌性呢，还是像盘羊那样从一群到另一群搜寻发情的雌性呢? 要回答这些问题, 我需要观察岩羊的发情期。

过去的旅程只是个序幕。当我们离开高大的白色山峦, 又一次穿过梯田和村庄时, 我已经在计划着返回了, 带着富－策林一起, 找个地方继续我对岩羊的研究。

8

水晶山之旅

我们在加德满都西边的小城博卡拉（Pokhara）的一棵大菩提树下集合。15 个背夫准备好了行囊，带着够吃两个半月的食物、露营装备、个人物品和进行岩羊研究所需的物品。背夫们各自协调他们每人 27 公斤的负重、调整背包带，夏尔巴人忙着进行最后的准备。我们的夏尔巴人领队江布（Jang-bu），一件接着一件检查行李，时不时掂起一些检查重量，或者捆紧绳索。去年跟我一起去过康楚的富－策林，在人群中穿行，催促他们抓紧时间。厨师助手洪·达旺（Ang Dawa）整理着几个锅具和一些食物，以备我们当天午餐和晚餐用，因为背夫往往走得比较慢，会比我们晚到营地。在准备过程中，我和彼得·马蒂森站在人群边上，已经整装待发，渴望开始去雪伊寺（Shey Gompa）的旅程。寺庙位于神圣的水晶山（Crystal Mountain）脚下，又被称作水晶寺。

临行准备看起来极具迷惑性：背夫们都赤着脚，只穿着短裤和衬衣；阳光温暖而湿润；褐色的房屋周围长满了茂盛翠绿的植物，比如竹子、香蕉树、水稻等。这一切充满一种温和的气息，展现出当地闲适的生活方式，而完全没有透露出我们将要迎

　　　　　　　　　　　　　　　寂静的石头

接的挑战。只有北方高耸入云的鱼尾峰（Machhapuchhare），提醒我们即将面对严酷的高海拔环境和冬季降雪。在此前的一年，约翰·布洛尔曾给我看过一些他拍的岩羊照片，在雪伊寺，因为当地喇嘛禁止狩猎，动物比较温顺友好。约翰提议说，雪伊寺不仅是一个绝佳的岩羊观测点，而且如果我能在那儿进行野生动物调查，可以帮助尼泊尔政府评估该地区划建保护区的潜质。然而，雪伊寺位于青藏高原边缘的德尔帕地区（Dolpo），很少有外国人去过，因为不仅偏远，而且出于政治原因不对普通背包客开放。要去雪伊寺，只能从南向北跨越喜马拉雅山，途经几个海拔很高的山口。这条线路在夏天不成问题，时常有游客去往德尔帕；但在我想要研究岩羊的冬季，高原被雪覆盖，背夫也往往不愿出行。我阅读了仅有的几篇公开发表的德尔帕游记，如 J. D. A. 斯坦顿（J. D. A. Stainton）的《尼泊尔的森林》（*Forests of Nepal*）和戴维·斯内尔格罗夫（David Snellgrove）的《喜马拉雅朝圣之旅》（*Himalayan Pilgrimage*），却没找到任何关于冬季路况的信息。最终我决定，最好趁山上雪还不厚，在 10 月出发，完成研究工作之后再考虑返程。从博卡拉到雪伊寺的徒步大约只需要 3 周，先沿着安纳布尔纳峰（Annapurna massif）和道拉吉里峰（Dhaulagiri massif）脚下的一条路，向西行至托尔巴登村（Dhorpatan），然后往北穿越喜马拉雅山的山口和峡谷。

我看着背夫们陆续从菩提树下出发，他们健壮的腿部因负重而绷紧。我不再细想可能阻碍我到达雪伊寺的各种潜在问题。我太清楚，高山中的旅程绝不会是通往光辉目标的胜利行进，而是在各种限制条件下每天挣扎着到达前方村庄或营地的探索。

博卡拉到托尔巴登，9月28日~10月9日

村里的道路宽阔悠长，路边长着一丛丛竹子，间或也有可以遮阴的榕树，背夫们在树荫下把背包架在高高的石凳上休息。香蕉树包围着每户人家，拱形的叶子有一种原始的优雅。开黄花的南瓜藤随意爬满屋顶。村庄生活宁静而坚定，并没有因为我们的闯入路过而受到影响。女人们继续把粟米和豆子在垫子上摊开晾晒。黑猪在沟渠边哼哼。一个古隆族（Gurung）女人弯腰背着一捆木材拖脚走过，她耳朵上佩戴的大黄铜圆片在阳光下闪烁。孩子们在一条缓缓的溪流里围着几头水牛泼水玩耍，只在我们走近时才暂停。他们杏仁形的眼睛闪烁着，用英语对我们喊"哈罗"，稍大些的孩子开始背诵学校的英语课文："How are you? What time is it? Where are you going?"

跟众多其他经典徒步线路一样，村庄的尽头有一个小茶馆。开这种茶馆，只需要一个正面敞开的棚屋、一条长凳、一个壁炉、两个水壶和半打玻璃杯。在尼泊尔人口密集的地区，我不大敢喝没煮开的水，因此心怀感激地在这里喝了一两杯奶茶。现在正是午餐时间，我和彼得分吃了一些面包和一个大得像甜瓜似的黄瓜。

走出村子不远，我们进入了嘎崩谷（Ghabung Valley），沿着一条辫状的河道走了一阵，拐上一面斜坡，进入一片森林。凉爽的野外环境让我吃惊。此前我们在太阳下走了几个小时，穿过了村庄、田野和曾经是森林的梯田，无意中已经接受了人造景观。而在这林中的小路旁，开着形似野蔷薇的亮粉色金锦香，还有锥树为我们遮阴，枝干上长满有着多刺外壳的可食用果实。森林的树冠遮天蔽日，灌木丛茂盛青郁，有大量的常绿树叶，最终会分解为肥沃保水的腐殖质。位于山脊高处的村庄非常依赖这种腐殖质，以保存全年用水。要是树木被砍伐殆尽，腐殖质随水流走，雨季之后溪流很快就会干涸，土壤中的养分也会随着腐殖质一起流失，土地的生产力就会下降。如果不注意保持水土，尼泊尔很快就会变成废墟。生态危机的发生通常是逐渐的、隐秘的，而很少发生得迅速剧烈，但在尼泊尔却恰恰相反。有趣的是，今年早些时候，印度喜马拉雅的格尔瓦地区的几个村子出现了私人主动保护森林的行动。村民们终于意识到滥伐森林对山区民众生活的伤害，开展了甘地式保护树木的运动。在这场"拥抱运动"中，村民们坚定地拥抱着承包商和林业官员前来砍伐的树木。在几次成功的对峙后，为保护森林而进行的示威活动越来越多，当地政府不得不答应一些要求，比如禁止砍伐栎树。在尼泊尔的真实情况则是，很多村民自己就是毁坏森林的主要分子，因为可以用环剥树皮来规避禁止砍伐树木的法律。被环剥了树皮的树木很快就会死亡，就可以合法地砍伐了。也许终有一天，尼泊尔的山区民众也会形成生态意识。

离开树林之后，我们的徒步路线持续爬升，攀到一处山脊上，这儿有个小集市，背夫们通常在此吃饭，度过离开博卡拉之后的第一夜。在集市附近的一处草地上，我和彼得各自支起一个小帐篷，夏尔巴人也架起了他们的帐篷。富－策林给我端来一盆水洗漱。傍晚时分，我们在集市吃了顿简单的晚饭——印度薄饼和一种扁豆做的食物"达尔"——以节省自带的粮食。

第二天早上7点，我们从一个阴暗的门道穿过村子，遇到边防检查站，得停下来向当地警员出示徒步旅行许可证。他负责地进行登记。这种检查站让我有些紧张。虽然我们的通行证合乎程序，但我知道远离加德满都的约束，地方官员可能成为当地的专制者，有可能专横地把我们赶回去。上午10点左右，我们到达了山脊顶部的巴达乌里亚德奥拉里山口（Bhadauri Deorali Pass），海拔1676米。背夫想在这时候吃他们的第一餐，因此停了下来准备米饭，而我和彼得继续前进。一条铺着页岩石板的小路沿着翠绿的梯田蜿蜒，田间盘旋着一队队红棕色的蜻蜓。终于，我们爬下一段山嘴，进入了莫迪谷，这是卡利甘达基河（Kali Gandaki River）的一条支流。尼泊尔的一个全国性节日杜尔迦女神节，又叫达善节，即将开始。印度教借此庆祝杜尔迦女神对牛魔摩西娑苏罗的胜利，也即是正义对邪恶的胜利。为了准备这个长达10天的节日，各地的女人们都在清扫房屋，用砖红色的泥土掺水来粉刷房屋。我们穿过了一片西藏长叶松林，这里被人为破坏得只剩下高大的树木，灌木丛和小树苗已经被牲畜吃掉或者烧掉了。昨天我们快速经过了以栎树为特征树种的常绿树林，今天我们来到了贫瘠的针叶树林。这在喜马拉雅山中是一个重要变化，因为在尼泊尔靠近道拉吉里峰的这里，正体现着从湿润东部到干燥西部的植被转变。傍晚，我们在希洪村（Gijon）宿营。

寂静的石头

早晨到来时，我们接到行李多了一件的消息：一个背夫拿着预付的三天薪水，只工作了两天就溜走了。江布找了一个当地人来接替。我们现在已经形成了一种行进模式：我和彼得通常走在前面，同行的有富－策林和两个走得快的背夫，其他人按照各自的速度跟在后面，江布走在队伍最末。这条队伍可能绵延几公里。我和彼得虽然彼此离得很近，但一般独自徒步，满足于独立消化各自的感受。我们都是很注重隐私的人，还不确定是否要分享各自的感受，当我们相遇时，对话也很随意。"后面有棵树开着淡紫色、像兰花一样的花朵，"彼得说，"你知道名字吗？""我想是洋紫荆吧。刚才我看到了一只橘色肚子的松鼠，这是一路以来看到的唯一一只野生哺乳动物。"我们初次相遇于1969年，在坦桑尼亚的塞伦盖蒂国家公园，我当时在那儿研究狮子。我们一起围观了猎犬群追逐斑马，一起在平原上搜寻猎豹，一起进行了许多其他的全天徒步。他从容有魅力，是一个令人愉快的旅伴。彼得是当今最好的自然作者，我很乐于带他接触塞伦盖蒂和那儿的野生生物，知道他会把他的经历转化为信息丰富、忠实而又敏锐的叙述。后来，当我开始研究喜马拉雅时，彼得表示想和我一起旅行，因为他是一名禅宗佛教徒，想更多地熟悉藏传佛教。一周之前，我们在加德满都碰头，他从美国过来，而我刚完成在巴基斯坦的研究。

　　我们的路线蜿蜒下到莫迪河，它排走安纳布尔纳峰和鱼尾峰两山侧翼的雨水。我们在一个小集市停下来喝茶吃香蕉，然后继续前行，过了一座狭窄的悬索桥。登上山脊，我们看见了流淌着泥泞河水的卡利甘达基河，沿岸曾经有条尼泊尔和中国西藏之间重要的商贸路线。我们沿着悬崖和被砍伐的山坡爬出山谷。路过的一个村庄里，一棵榕树的树荫下，有一座尖顶小庙，供奉着湿婆神。小庙的木制支柱上装饰着雕刻精美的蜥蜴和怪兽。一束阳光照耀着庙前两尊跪式石牛。它们厚重简洁，像因纽特人的皂石雕刻风格，每只后面有一朵红色木槿花装饰。我们正好赶在暴雨来袭前到达了宿营地。

第二天，我们得从一块块石头上跳过，来避开昨夜大雨形成的水坑和泥泞。在贝尼的大集市，一座桥飞跨在河上，我们从这里沿着马杨迪峡谷（Mayangdi Valley）向西前进。陡峭的悬崖迎面而来，间或有长满草的高山，上面点缀着瀑布，只有较低的山坡适合耕种。"嘿，女士！有黄瓜吗？香蕉呢？"富-策林向在家附近劳作的女人们喊着，试图为大家买些什么当午餐，但最后什么也没买到。下午，我们停在塔托帕尼集市。任何可能宿营的地方，都散布着人的粪便。这里不像博卡拉附近有猪来清理。我们最终在离村子半英里的地方找到了一处营地。

午夜时分下起了雨。黎明时我看向帐篷外，发现稳定竖直的降水还在持续。白云聚在山谷中，阴沉天空下的山顶显得黑暗。上午9点雨小了一点儿，我们跟着背夫走进湿透的山峦。这里的房屋是石头造的，屋顶用页岩建成，有两三层楼高，跟远处的峭壁一样坚固持久。下午3点左右，我们到达了达邦（Dabang），这是五天来的第四个检查站。天气糟糕，我们对徒步兴致阑珊，决定留在这里过夜。江布帮我们争取到睡在校舍里。我和彼得选择了最好的房间，四班，阴暗，石头地板凹凸不平，还有些制作粗糙的15

厘米高的长凳。彻夜的雨又开始下，我们觉得即使这样一个漏雨的庇护所也足以让人满意了。

　　早晨，雨水仍在倾泻。让我惊讶的是，只有一个背夫退出了，其他人都拿塑料布遮住头顶和行囊，继续前进。路已经变成一条小溪，浑浊的小瀑布从悬崖上翻滚而下，小规模的泥石流从我们脚上流过。参差不齐的云朵低伏在山谷上方。我们爬上一段点缀着松树的陡峭山坡，地形重新变得平缓。一旦有平地可耕种，就会有人。我们路过一个村子，看见一群人围着一头捆着的水牛，一个男人挥了一下 0.6 米长的弯刀，水牛就倒在了地上，头几乎被砍掉了。好几个村民拿扬谷用的编织托盘收集牛血，趁热喝下。接着，伴随着人们兴奋的呼喊和狗的徘徊，水牛被宰杀了，坡下的某处响起了鼓声。杜尔迦节开始了。我们买了好几公斤肉，打算给吃了几天米饭和达尔的自己和夏尔巴人来顿盛宴。

　　附近有一个闲置的牛棚，足够我们用来过夜了。我们刮去地上的一层动物粪便，每人找到了一处能避开屋顶漏水的地方睡觉。我们现在的海拔是 1800 米，比卡利甘达基高 900 米，空气有些寒冷。我躺在温暖的睡袋中，听着黑夜中雨水的溅落，我为未来的日子感到担心。雨季本来应该已经结束了，但很显然并没有。而这个季节低海拔处的降雨意味着高处的降雪。我们能跨过那些山口吗？第二天一整天都大雨瓢泼，根本不可能出行。我们留在床上看书和打瞌睡，而夏尔巴人和背夫则去参加杜尔迦节，畅饮一种小米酿成的拉克什酒。我们也尝了一点儿，味道就像掺了醋的洗碗水。

　　早晨，暴雨已经变成毛毛雨，我们再一次向山谷上方行进。

随着海拔的升高，田地渐渐变小、布满石头，孤零零的房屋取代了村庄，像泥土一样单调，只有走廊上挂着晾干的一簇簇玉米棒增添了一点色彩。田地很快让位于灌木丛和成片的羊齿植物。山顶上的栎树尖儿就像一排鬃毛，低矮的树枝都被砍掉做牲畜饲料。严寒的天气逼得高处的鸟儿都停止了活动，只有灌木丛中还活跃着长尾山椒鸟、红额金翅雀和其他候鸟。在海拔2600米处，我们进入了一片栎树和雪松组成的森林，林下长着杜鹃花和冬青，这是个适合沉思的好地方，有种奇怪的庄严感，一切声音都被地面和树上的一层苔藓变得轻柔。在这个海拔上，已经可以感觉到空气变得稀薄了。尽管天气寒冷，我不再反感艰苦跋涉，反而快步攀登，直到汗水流进眼睛里。在海拔2900米处，我停了下来，现在是下午1点半，其他人落在后面。我收集了一些潮湿的树枝，加上一点卫生纸，试图生火。我小心地呵护着冒烟的树枝和微弱的火苗，一个小时之后，我终于有了可以取暖的火堆。彼得也到了，接着是两个夏尔巴人。天黑之后，只有几个背夫陆续到达，其他人一定是留在了上一个能住的地方。我们挤在火堆周围，身体散发出浓重的味道，混着湿衣服、动物粪便、木柴的烟气和汗水的气味。晚上我钻进帐篷准备睡觉的时候，两只蚂蟥也跟了进来。

伴着清晨第一缕灰暗的阳光，我探视了一下天空。空中有云，但不久，太阳射出苍白的光线，打破了森林的阴暗，为蕨类植物和覆盖着苔藓的树干染上金光。离开营地后不久，我们进入了一个新的植物带，这里有枫树、白蜡树和冷杉；苔藓装饰着树枝；一群白喉噪鹛在荚蒾丛中叽叽喳喳。在海拔3350米处，第一次出现了桦树和柏树，森林通向了草地。我们停下来等背夫，欣喜地观赏着迟开的高山花卉：龙胆、报春和一些黄色的杂花。往北望去，在几处森林覆盖的山脊更远处，道拉吉里山的下半坡上洒落着新雪，上半部分则是厚实的白色，延伸到云端。一条森林覆盖的山谷，向西斜下通往托尔巴登。我们先是穿行在无人地带，不久就经过了荒野中开垦出的农场：一座简陋的棚屋、新砍伐的树桩、半烧毁的树木、一片翻开的草地。这是我们接近托尔巴登时第一次遇到这种农场。在深深的泥水中痛苦跋涉5个小时之后，山谷变得宽阔，我们到达了第一个村庄。这里居住的是藏族人。1960年之后，超过6万的藏族人迁移到了尼泊尔和印度。同是藏族村庄的托尔巴登，还在前面一小时路程处。一条黑毛蓬松、小熊似的藏獒咆哮着迎接了我们。彼得一边朝它大喊，一边挥舞着手杖，我也朝它扔了一大块木头，这才把它赶走。我们安顿在一家小旅馆里，就着土灶的火光喝茶、吃撒盐的煮土豆。整日跋涉之后，这就是让人满意的一餐了。我们旅程的第一部分就此结束，虽然是比较容易的那一部分，但我感到很满足，明天再去考虑未来可能遇到的问题吧。

我们现在主要担心的是背夫问题。有5个塔芒族背夫从加德满都起就跟着我们，精干努力并且很专业，打算陪我们尽可能地接近雪伊寺。一个叫图克腾（Tukten）的夏尔巴人在博卡拉加入，坚忍又常微笑，永远乐于助人，尽管跟着我们的夏尔巴人稍有点疏忽，但也已成为我们团队的重要外围成员。最后还有兵巴哈杜尔（Bimbahadur），一个半路上加入的矮壮、罗圈腿的芒嘎尔人（Mangar），他每天早上都对我们行礼，这是他在英国军队当雇佣兵时养成的习惯。这7个核心成员将跟我们北上。但我们还需要7个人。我们在斑驳的晨光中摊晒湿透的帐篷时，江布告诉我们，可能很难在这儿找到新的背夫，因为现在所有劳力都要采收土豆，之后还要把土豆运到南方市场去卖。江布出去了将近一天，一户一户寻找背夫。我写了些信件，还按彼得的指示给他理了发，"要短得像兽皮那样"。晚些时候江布回来说，没有藏族人愿意做背夫，只有几个卡米·芒嘎尔部落的人愿意来，但要预付费用。到下午，天气更糟了，乌云冲过了南方山峦的一个缺口，布满了周围的山脊。之后，我躺在旅馆潮湿储藏室的木台子上，又听到了屋顶的雨声。

　　第二天一整天和第三天的大半天都在下雨，我们多数时候窝在睡袋里。彼得带了好几本关于佛教的书，布洛菲尔德（Blofeld）的《西藏佛教密宗》（*The Tantric Mysticism of Tibet*）、大卫－妮尔（David-Neel）的《西藏的巫术和奥义》（*Magic and Mystery in Tibet*）等。我仔细阅读这些书，获取了一些关于这种宗教的知识，它对西方思想很有指导意义。彼得还鼓励我试着创作俳句。我对这种用简单明晰的语言营造画面意境的文学形式很感兴趣，试着将过去这些天的经历提炼成诗句，很快就度过了几个小时。但是我的成果显得很生硬，没有体现出这些经历的精髓。不管我们怎么让自己忙起来，外面的天气还是影响到了我们：当雨小一点时，我们会谈论它；当窗子上乳白色的塑料布显得更加明亮时，我会满怀希望地从缝隙中看看天空。我们聊了一下其他的可能路径，虽然明知并没有；我们对明天做计划，但每次开头都要加一句"如果天气好的话"。一个在托尔巴登研究西藏宗教的美国学生罗伯特·卡地亚（Robert Cartier）造访了我们。他随口提到，我们可能会在往北6天路程的达拉果德（Tarakot）检查站遇到麻烦，几个月前他持着有效的加德满都通行证，却被禁止前往德尔帕的达拉普（Tarap）。

考虑到糟糕的天气、积雪的山口、不够用的背夫、无情的地方官员，我在沮丧中结束了在托尔巴登的第三天。但是就如彼得在另一种语境中表述的那样，"担心明天时，就在毁掉今天"，想到无论如何我们都已经在山中了，我就得到了一些安慰。

托尔巴登至达拉果德，10月10日~18日

暴雨终于结束了。我急切地想要上路，但还没看到卡米（Kami）背夫们的影子。我让其他人先出发，自己留下来等着江布找到这些磨蹭的人。上午11点，江布带着这群不情不愿的新背夫回来了。他之前跟他们大吵了一架，因为他们不但借口山上下雪而不愿出发，还拒绝返还预付款。不过，现在看上去事情都解决了，虽然这些沉着脸的人让我感到没有什么信心。我好奇江布是如何说服这些背夫出发的。在他修长的身材、柔和到有些女性化的容貌和有点羞怯的举止中，还有着对我们强烈的忠诚和坚定的决心。我逐渐感到这会让我们的旅途成功。

显然，高山之旅并不像行军或迁徙的大雁那样，所有个体步伐一致、间隔均匀。正相反，每个人都按照自己的速度前进，于是进展的速度就不幸地由最慢的背夫决定。我对这种慢走感到不耐烦，就走到江布和卡米人的前面。我穿过一片冷杉和松树林，爬上了高山草原，开始只有斑驳的积雪，后来完全被白雪覆盖，蜿蜒的路线最终消失在寒冷的灰色云间。我继续向海拔4000米的山顶攀登，追随着雪中背夫的脚印，然后下山，在最早出现的桦树林附近追上彼得和其他人。我们一起到达了一处山肩，这里有木材和水，是个宿营的好地方。富－策林很快生起了火，煮了一壶茶，我们围着火，手捧着温暖的茶杯，感激地啜饮着热茶。江布没有赶来，显然是在山口另一边宿营了。一阵东风推开了云层，在一列隐约的山峰之后，道拉吉里峰第一次向我们露出了真容，这是一面巨大的锯齿状冰墙，平整坚硬，没有细节。朴达西恩楚里峰（Putha Hiunchuli）、楚仁喜马峰（Churen Himal）和其他几座海拔7000米以上的山峰，让周围其他山峰显得渺小。正如印度谚语说的："就像朝露被太阳晒干一样，人的忧虑一见到喜马拉雅就会消失。"

　　黎明非常晴朗，映衬得道拉吉里峰上方的天空就像外太空一样黑暗，只有高空中一道玫瑰色的光带显示着世界还未陷入混乱，地球还朝着太阳。我和彼得喝着早餐的稀粥，背夫们用粗磨的玉米粉调成一种稍脆的面团食用。然后我们悠闲地拆营打包，打算等江布和卡米人从较低处赶来。我们穿过的树林长满灰绿色长须的松萝，巨大的积雪覆盖的山巅在阳光下雾气迷离。"这是我第一次真正感到身处喜马拉雅山中。"彼得说，他停下来记录他的观察和感受。

　　江布在中午将近时追上了我们。吃过煮土豆的午餐后，我们向山谷下移动，穿过栎树和冷杉树林，伴随着嘎斯丁河（Ghusting River）翻滚的白色水沫。因为卡米人看上去还很阴郁不可靠，我们尽量离他们近些，就像警察押送一样。路线穿过一处山脊，然后转头向下，下降得十分缓慢。直到满月升起时，我们才终于到达了几座山坡上亚玛卡尔村（Yamarkhar）的小棚屋。卡米人计划明天返回托尔巴登，这里又找不到背夫，最后有一个人同意用他的马帮我们把行李运到达拉果德。

早晨，我们的路线突然下降到一条小溪旁。竹林掩映中有一座小桥，桥边有一尊用来辟邪的粗糙木制裸女雕像。前方是芒嘎尔人的贾吉尔村（Jagir）。村庄沿山坡而建，像印第安村庄的风格，房屋分成几层，每家的门廊同时也是下面一家的屋顶。村民们站在屋顶上看我们走近，有些继续忙于他们早上的活计。彼得评价说，这人群的场景就像舞台上的戏剧一样。有个女人正在梳头发，然后把头发盘成一个侧边的发髻，是他们部落的传统发型。她每只耳朵上戴着一个金色盘形耳环，颈上一串银币和两颗麋鹿长牙串成的项链。另一个女人有节奏地筛着玉米粉，还有一个正把一篮豆子倒在平坦的屋顶上晾晒。一个干瘦的老妇人吸收着早晨的阳光，头顶有一串挂在屋檐下晒干的红辣椒。每个家庭都用自家的屋顶来储藏他们收获的农作物，核桃、玉米、南瓜、荞麦饲料和一堆堆蓬乱的大麻——它们会被晒干和碾碎，然后放在木质小烟管里抽掉。房屋的底层住着牲畜，村里的男人正在把山羊和绵羊赶出去上山吃草。

我们一整天都在往北走，沿着崎岖的路线上上下下。小山上长满草和灌木，绝大多数树林都被砍伐烧掉了。小檗属的浆果很常见，我边走边采食这些酸酸的浆果，像头熊一样，偶尔用蔷薇果来换换口味。上午晚些时候，天空中出现了云层。我们在海拔3300米的栎树林间的山谷中停下准备过夜。下着细雨。夏尔巴人照常迅速宿营：富－策林摆放石头准备当灶，达旺等几个人收集柴火；然后富－策林生火，达旺去打水；等茶煮好，帐篷也搭起来了。5个塔芒人自己生了一堆火。芒嘎尔人兵巴哈杜尔通常也自己生火。傍晚时，细雨已经变成冰冷的大雨，我看见泥土色的身体弯腰就着孤独的火苗。天刚刚黑，江布赶到了，告诉我们马帮在附近一处山洞里住下了。一整夜里，每次我不安地醒来时，都能听到外面的狂风暴雨，雨点敲击着帐篷，狂风撕扯着栎树枝叶。第二天全天都下着大雨。江布来报告说，那个村民扔下我们，带着他的马帮回家了。我气得痛骂糟糕的天气和善变的人心。之后，我们碰上了好运气：几个人正要返回达拉果德，同意帮我们运送行李。接近傍晚时，雨小了，我走上附近的一处山脊。炊烟正从我们的营地升起，暗色树林下的帐篷看起来温暖惬意。

失去了一天的时间之后，我们又上路了，向着高山林线攀登。一群六只棕尾虹雉冲了出来，一边喧闹地鸣叫着，一边向坡下掠过。小路沿着一条很窄的山脊，路边长着金色的野草和苔藓，一只鸫鹛在岩石堆中跳跃。我们向下走到锡科拉（Seng Khola），草坡向东北方延伸到山谷与云层融合之处，只有溪边有一丛桦树。我看到一只动物在峭壁脚下跳跃，可能是喜马拉雅斑羚。细看却发现这是一只年幼的岩羊，显然是落单迷了路。我为这个发现感到欣喜，赶紧仔细扫视周围的山坡，很快发现了高处云朵下的另外两只岩羊。我在潮湿的峭壁上艰难地向它们跋涉，近距离观察四只公岩羊。它们的毛皮闪着灰蓝色的光泽，是在为发情期做准备。然后我回到了探险队中，跟着大家到了今晚的营地：积雪边缘的一片潮湿草坪。我快速地支起帐篷后，赶回原路去寻找更多岩羊，很快就发现了三群，它们刚从高处下来吃草。我贪婪地注视着它们，每一个新的观察都让我惊喜，这弥补了因天气损失的几天时间。由于我希望在岩羊的发情期开始之前赶到雪伊寺，我开心地注意到这时公岩羊还没有对母岩羊显示出任何兴趣。

第二天早晨清冽明净。每片草叶上都包裹着冰霜。土地在我脚下嘎嘎作响。赤脚的达拉果德背夫们希望等太阳晒暖雪地再出发，所以我和彼得先行出发了。一只赤狐从藏身处跳出来，好奇地坐着观察我们。一个背着粗麻布包的地精似的身影向我们走来，停下来向我们致敬。这是兵巴哈杜尔。他昨晚独自在一处潮湿的石板上过夜。我们向他打听去山口的路，他向上直指山腰，左边是山腹的峡谷，右边沿着山巅。由于路线不明，我们的攀爬缓慢但坚定。先越过一块块冻土，然后穿过新雪，离开山谷的阴暗界限，朝向冰封极地的炫目阳光。雪地反射阳光的热量，随着海拔的升高，我们脱下了大衣、毛衣甚至手套。这里强大的寂静和无边的静止，完全不同于森林空地里充满生机的安静。

我看见一群岩羊在稍低处的雪上休息，它们正好在山坡的一处凸起上。我小心地滑近，在它们逃走之前计数分类：3只公羊、4只母羊和3只羔羊。加上这群岩羊，我在锡科拉的岩羊计数增加到了 52 只。1974~1977 年，尼泊尔政府发起了一项对道拉吉里峰西面的岩羊普查，包括锡科拉，因为政府想在这里建立一个狩猎区，让国内外的冒险家只要交费就能来猎取塔尔羊、岩羊和其他战利品。根据生物学家佩尔·韦格（Per Wegge）和保罗·威尔森（Paul Wilson）的统计，锡科拉地区大约生活着 100 只岩羊，而道峰西面的 960 平方公里的范围内约有 800~850 只。在这些岩羊中，每年有 20~30 只长角的雄性可被合法射杀。

爬山两个半小时之后，我们到达了海拔 4700 米的山巅。周围是崎岖荒凉的雪山之巅，至少在这个季节，没有可能通往北方。但是在往下 300 米的盆地里，我们看见一队夏尔巴人和背夫，像一行黑色昆虫一样在孤独的白色中爬行；我们大步走下去，松软的积雪减缓了下山速度。然后我们跟着旅队的足迹前行，积雪有时淹没大腿，有个赤脚背夫留下了一串粉红色的血印。阳光的照耀让我感到面部皮肤在绷紧，嘴唇在开裂。我和彼得一整天都戴着护目镜，以保护眼睛不受强光损伤。等我们终于追上其他人时，我难过地看到，只有富－策林戴着护目镜。我把我的备用护目镜给了江布，并建议每个人都像图克腾和其中一个达拉果德人那样保护自己，围着头系一块布片，只为眼睛留两条缝，但没人听我的。我们翻过一道山口，从宽阔的山谷向下走到索尔科拉（Saure Khola），在海拔 4100 米一处没有积雪的小丘上，靠近一个羊棚的废墟宿营。这里没有木柴，只有干枯的草本植物，它们的茎烧起来会有刺鼻的烟尘，然后化成短暂的火苗。达拉果德背夫们并没有尝试着让自己舒服点，他们没有生火，也没有为躲避夜晚的狂风找屏蔽，只是用他们的棕色斗篷裹住自己躺在地上，像群居动物一样挤在一起取暖。

清晨的光线揭开了此处完全荒凉的景象。有些背夫跪在结了冰的地面上，捂着脸呻吟，其他的人跌跌撞撞。他们红肿的眼睛几乎睁不开了，还流着液体。6个达拉果德人、3个塔芒人、兵巴哈杜尔、达旺和加尔曾（Gyaltsen）都有不同程度的雪盲，他们眼球的娇弱表面被昨天的太阳灼伤了。只有时间能治愈这种像眼睛进了无数沙粒的疼痛感，恢复敏锐视觉。达拉果德人排成可怜的一队启程回家了，暂时失明的人抓住其他人的斗篷来识别方向。我决定让其他人轻装走去达拉果德，只留下富－策林和雪盲严重得无法行进的兵巴哈杜尔。我们希望江布能在达拉果德找到些新的背夫，并在3天之内返回。我和彼得则愿意在这个营地至少住一天来搜寻野生动物。

起初的坏天气和后来的烈日，已经让我们损失了一周的时间。这期间无论背夫们是否干活，都要付给他们报酬。现在我各种可能的倒霉事里又多了一项：现金短缺。雪伊寺现在不仅代表着一个研究岩羊的地点，还变成了一种存在主义的追寻，它可能永远难以到达、不可触及。

昨天傍晚我曾看到岩羊在高处吃草，现在回去寻找。我们先遇到了一只漂亮自信的赤狐，黑色的腿脚像穿着长筒袜一样，毛茸茸的尾巴尖是白色的。它正四处搜寻着早餐，翻看着草丛，嗅着石头的缝隙。它偶尔紧张地停下一两秒钟，后腿蹲地准备起跳，小心地探一步，然后用前爪猛扑过去。有次它捉住了一只野鼠，咬了几口就吞进了肚里；另一次它抓住一个扭动的猎物，很可能是只蜥蜴；有两次它拿蚂蚱之类的小东西当点心。还有两次它什么都没抓到。8个小时后，我又看到了它在捕猎：两次尝试就抓住了一只野鼠。它是个少有的成功猎手。

第二天早晨，我和彼得决定背一份行李去达拉果德，在那儿找一个更适合宿营的地方。由于没有柴火，连富－策林都不能像他平时早上那样对我们打招呼说"先生，茶好了"。我用茶叶捣成的膏药给兵巴哈杜尔敷他红肿的眼睛。他明天就能再出发了，我们把他留给富－策林照料。我们翻过山脊进入一条浅浅的山谷，然后爬上积雪的山坡，接着再一次下山，沉重的行囊让我们举步维艰，太阳的光芒让我们有点眩晕。但同时我也感到强烈的生命活力，还有在山峰中完全自由的内心狂喜。只要有背上的帐篷睡袋和食物，我不用依赖任何人。最终我们攀上了江巴哈扬山口（Jang Bhanjyang Pass）的山顶，海拔4500米。

从这里，我们看到了一个全新的世界，遥远的山峰上顶着积雪，这是在喜马拉雅心脏地区充满佛教禅意的世界。我们向下走了5个小时，一路上四季似乎在倒退，离开雪地，来到秋天的桦树、栎树林。我可以看见低处的达拉果德，经幡在很多人家上空闪烁，更远的地方是宛如银线的佩里河（Bheri River）。我们遇到了正返程去取行李的江布、图克腾、加尔曾和一个背夫；明天傍晚之前，我们的探险队应该就能重聚了。由于绝大部分的雨季降水集中在喜马拉雅的外围山峰，因此佩里河谷相当干旱。在过路村民的指点下，我们才找到了水，这是从一片昏暗的针叶树林中流出的清泉，

　　　　　　　　　　　　　　　　寂静的石头

我们就在这里宿营。

从这儿到达拉果德只要一小时，于是我们度过了一个悠闲的上午，写写日志，在阳光下打打瞌睡，听着胡桃夹子刺耳的咔咔声。彼得看上去很满足，比旅程刚开始时要放松得多，但我还不能让自己沉浸于周围的美景中。我有一个明确而特定的目标，就是在雪伊寺研究岩羊，对那儿的野生生物进行考察；成败与否取决于是否能到达目的地，无论途中山有多高，雪有多深，背夫有多不情愿。由于常常被行李搬运问题困扰，我没能与群山建立起私人情感。但是对彼得来说，每一种新的感知，从满脚水泡的疼痛，到阳光下雪坡的动态，都使他的个人探索更为丰富。他并不需要雪伊寺来完成他的体验。

上午 10 点左右，我们向下到达了达拉果德。几十座平顶石头房子，屋顶用原木和泥土搭建。这里绝大多数人是芒嘎尔人，但是跟南部的芒嘎尔人不同，这些人是佛教徒。江布把我们安排到头领家的屋顶住宿，这里有一堆堆连藤晒干的豆子、码好的柴火和带着毛茸茸小鸡的母鸡，我们就在它们中间等江布回来。一个女人从垫子上收起晾晒的粟米和大麦，把它们装进篮子里过夜；另一个提着装满水的黄铜瓮从山泉回来。一群绵羊和山羊从山上返回，它们进入畜舍时，主人仔细地清点它们的数量。傍晚时塔芒族背夫和达旺从房屋的阴影中出现了，他们像鼹鼠似的眯着眼，因为被灼伤的眼睛对光线还很敏感。尽管如此，我们明天还是必须上路，江布回来之后安排好了背夫。兵巴哈杜尔决定回家，但是塔芒人同意继续前进。

早晨 7 点半，背夫们准备好出发了，沿佩里河向杜奈（Dunai）行进之前，我们必须向检查站出示通行证。我跟着江布爬上一架树干做成的梯子，来到警察站的屋顶上。当地这个以难缠闻名的官员，坐在桌后一把金属折叠椅上。这在这一带是地位的象征。他紧闭嘴唇浏览着我们的通行证，江布向他解释了我们旅程的目的。

彼得扭头向我说："我打赌他断奶以后就没笑过。"

我淡淡地回答："有些官员会说英语。"好在这个官员不会，紧张的时刻过去了。

忽然，我们背后发出一声枪响。一个正爬上梯子的警员不小心使步枪走火了。

官员向江布点点头，我们可以通过了。我们由衷地和他握手，如释重负多于感激，而他阴郁的面容并无改变。

达拉果德至林莫村（Ringmo），10 月 19 日～24 日

我们的旅行队再一次上路了，斜穿过种植粟米、荞麦和豆类的田地，向佩里河走去。在一片粟米地里，一群长尾叶猴正在进食和嬉戏。这群有 41 只。它们折断禾秆，扯下饱满的种穗。一个女人赶过来向它们扔石头，但它们只是不情愿地立即后退了一些，很明显等她一走就会回来。这些银灰色的动物长着充满好奇的黑脸和优雅的长尾巴。它们后撤到附近一处峭壁。一只大约 18 公斤重的高大公猴在队伍最后收尾。在印度教中，猴神哈奴曼就是一只叶猴，他是罗摩王的忠诚仆人。史诗《罗摩衍那》可上溯至公元前

5世纪，描写了罗摩王的功勋。由于印度教崇拜叶猴，佛教普遍厌恶杀生，叶猴在南亚地区可能是数量最多的猴类，当然也是分布最广的，它们的活动范围从海平面直到海拔4267米的林线。实地研究为我们提供了关于叶猴社会和人类社会的有趣洞见。正如莎拉·哈迪（Sarah Hardy）在引人入胜的著作《阿布的叶猴》（*The Langurs of Abu*）里描述的那样，占统治地位的公猴管理着整个猴群，但是每隔两三年，一些流浪的单身公猴可能加入这个猴群，并且在激烈的争斗之后，打败并驱逐在位的猴王。然后，新来的公猴攫取权力，驱逐其他的入侵者，并用可怕的决心一只只杀死猴群中的所有婴儿。这种杀婴行为给予这只雄性很大的演化优势。它除掉前任的后代，雌性叶猴们会在幼崽死去后不久就进入发情期，新的猴王使母猴们受孕，这样，这只公猴就传递了它的基因，增加了它的繁殖成功率。按照传统的认知，动物世界中只有人类会谋杀自己的同类，作为一支杀手猿类的后代，人类缺乏其他物种的禁忌。然而自然界却表明并非如此。动物学家E. O. 威尔逊（E. O. Wilson）写道："在许多脊椎动物物种中，谋杀比在人类社会中更为常见和'正常'。"一直以来，人类在其他动物上投射了自身社会的愿望和理想化；只有抛开这些迷思，人类才有可能理解自身。

　　一整天，我们都沿着佩里河顺流而下，两岸是干枯的山坡，上面有草和松树的遗迹，山上坡度渐缓，变成了梯田。在经历了几天稀薄寒冷的空气后，这个海拔仅2300米的山谷里热气逼人，我们一路寻找着岩缝中的背阴。下午晚些时候，我们到达了杜奈，这是通往雪伊寺的最后一个、也是最重要的检查站。第二天一早，我们面带微笑、心怀胆怯地走进政府办公室。一位绅士用优雅的英语介绍了自己，他叫阿肖克·库马尔·哈拉（Ashok Kumar Halal），是当地的长老会官员、民族村委会的主席。他说地区官员和警长都不在，但他可以帮助我们。我们解释了此行的目的。加入了我们的当地医生说，从收音机中听到 H. R. H. 贾南德拉（H. R. H. Gyanendra）王子、尼泊尔国王的兄弟，刚刚前往德国去参加一个野生生物保护的研讨会，如果王室家族对此有兴趣，我们的研究任务显然对这个国家很重要。很快，我们就获得了继续前行的许可。

离开杜奈往北进入雪伊谷，我感到十分欣喜，就像刚刚摆脱了一直在山里追逐着我的黑色巨兽一样。沿路主要是荒凉的山坡，上面长着针茅和灌木蒿丛。下午3点左右，我们到了罗哈冈（Rohagaon）的塔库尔村（Thakur）一片凄凉的山间棚屋附近。房屋上安放着一些万物有灵论者的木制小雕像，它们叫作多卡帕，伸展着双臂祈求精灵们的善意。穿着深色衣服的女人们匆匆出入这些棚屋，越过屋顶互相叫喊；老人们咳嗽着，瘦弱肮脏的孩子们在垃圾堆和羊群间玩耍。整个场景都蒙着一层灰雾和成群的苍蝇。天黑之后，村里的狗开始不满地吠叫。我很少到过这样的地方，如此孤独却又充满声响，气氛又如此阴郁。

早晨，我很高兴又能出发了。一群数量过百的雪鸽从我身边掠过，降落在附近的田地里。我和彼得沿着河流前行。这条河时而平静呈绿松石色，时而翻滚着白色浪花。我们现在进入了森林，周围是高大的松树、雪松和云杉，水边有红叶的漆树和野葡萄。在一小片核桃树林中，我们在沙沙作响的落叶里找寻掉落的坚果。我们找到的很多果实上已经被钻上整齐的小孔，这是鼯鼠的杰作；有些果实还是完好的，我们把它们砸开来吃里面的一点点果仁。这一天里我们所处的海拔几乎没有上升，有时沿山坡上升，有时下行回到河边，穿过凤尾蕨和森林，但是在这种千篇一律的景色中，却有种感觉：我们正在进入一个独特的世界。河水中矗立着一块形状奇特的石头，被流水雕刻成人的形状，就像一个绝食辟谷的佛像一样腹部凹陷，伸出左手向我们召唤着。

离开昨晚的营地不久，周围的地貌发生了变化：周围满是砂岩和石灰岩的峭壁，树林变得稀疏；这里有很多人类活动的迹象，比如旧河床上的荞麦田，树枝上挂着晾干的编成把的稻草，我们爬上一段陡坡后，就到了马尔瓦村（Murwa）。我们在村中穿行，路过十几座稀落的房屋，回头望见一条150米高的瀑布。据地图显示，瀑布的水流来自佛克桑多湖（Phoksumdo Lake），就在一座巨大的土墙后。也正是这座墙，挡住我们去往山谷上半部的道路。一条"之"字形的路线翻越了这座土墙。在土墙顶端，我们离开干燥的荒坡，进入一片矮小的针叶树林。很快，我们到达了一处高地，地面缓缓斜退而下，我们看见了远方佛克桑多湖的南端。我和彼得匆匆赶去，树林变得稀疏，忽然让位于田野和湖附近的林莫村。三座宝塔形的佛塔标示了村庄的入口，在西沉的太阳下闪着白色和黄褐色的光泽。平顶房屋簇立着，石头的高墙和狭窄的窗孔，看起来像抵御自然力量的碉堡。伴着背后高耸入云的铅黑色峭壁，这个村庄看起来极其脆弱，就像中世纪的画面一样，仿佛山峦稍微耸动就会把它埋没。

　　我们在一个石头畜栏里支起帐篷，一群村民喧闹地围过来，或从窗口、屋顶探头观望。我们问起雪伊寺。显然自从一个月前的第一场冬季暴雪以来，就没有人去过或从那里出来过。一个穿着酒红色长袍的人把手平放到脖子，向我们说明雪的厚度。在我们和雪伊寺之间是康拉山口（Kanga La），据美军地图显示海拔接近6100米。5个塔芒族背夫没有穿够高海拔登山的衣服，计划回家了；加尔曾和图克腾将会到西南方向的久姆拉镇（Jumla）去取我们想要的邮件，补充用完的白糖和其他补给。雪伊寺还在北边3天路程以外，要到达那里，我们显然需要林莫村民的帮助。这些人互相大声争执了半天，终于不情愿地同意了，但提出了一个奇怪的条件，就是要我们留给他们两天时间来修补布靴。我们没有讨价还价的余地，只好同意了对这桩小事显得太长的准备时间。

　　我买了一只山羊，让我们都能饱餐一顿，并给塔芒人送行。火上烤的羊肉发出嗞嗞的响声，锅里煮的羊杂翻滚着，我和彼得各自写着准备让邮差送出的信件。之后我检查了食物供应和装备。厨房帐篷上有一处大裂口。江布知道之后只是耸耸肩，"这是个老帐篷了，先生"，然后就忽略了这个问题。"让达旺把它缝好。"我指示说，然后继续我的检查。供给问题不是这个夏尔巴人的强项，所以我必须在所有细节方面特别留意。

　　下午，在彼得的陪伴和指导下，我探索了林莫四周的宗教圣地。这里的人们信仰苯教（B'on religion），这是一种佛教传入之前的信仰，有很多与萨满教中相像的神灵。当佛教在7世纪传入中国西藏时，苯教徒把这种新的宗教融入他们自己的宗教，以至于两者在外在形式上几乎没有分别。比如说，苯教的信众会沿着玛尼堆逆时针行走念经，而非像佛教里那样顺时针行走。佛塔也成了苯教的一部分，虽然它基本是通用的象征佛祖的神龛。佛塔的不同部分代表五种元素——灵、气、火、水、土——和其他关于人类存在的方面，比如太阳和月亮、人的灵性发展的四个阶段。我们走进最大的佛塔。由蓝色、黄褐色和白色绘成的大大小小的佛祖壁画，覆盖了这个房间的所有墙壁，屋顶上画着九个神秘的圆圈，或称曼陀罗。然而，这些精美的绘画由于年久失修已经开始剥落。离开这座佛塔，我们穿过土豆田去湖边漫步，这里长着白桦树和松树，通往峭壁包围的一座寺庙。17年前，戴维·斯内尔格罗夫从这里路过，说他感到自己"终于到达了佛教的极乐世界'无量光明'"。当时有两个喇嘛和其他十几个人住在这座寺庙，此后一个喇嘛逝世了，其他人也搬走了。这座建筑现已关闭，杂草和野生醋栗包围了曾经信众云集的11座佛塔。他们曾经供奉泥塑的微型佛塔，唱诵神圣的咒语。我们离开了这座悲哀的破旧寺庙，回到了帐篷营地。

　　黎明后不久，我跟着一个向导爬上林莫村的后山坡去寻找岩羊。女人们已经爬上了高山，为牲口割干草作为饲料。我们继续攀登，直到岩石包围的整个湖面清晰可见，两条短粗的分支向北延伸进两条峡谷。在这个高度，可以容易地看出湖的形成。此前这里曾有一条宁静的峡谷，河水从中流过，两岸覆盖着森林。但是有一天地动山摇，峡谷东西岸的高山各自释放出几百万吨的岩石和泥土，汇集在一起形成了堤坝。慢慢地，河水填满了山谷，形成了千余英尺深的湖泊，然后越过堤坝继续流走。

我的向导找到了一群岩羊，由 29 只不同年龄、性别的岩羊组成。头顶上有两只渡鸦盘旋。这对我来说是个好兆头，因为从阿拉斯加到非洲的高地，我最宝贵的野外回忆里都有这种鸟。

林莫村至雪伊寺，10 月 25 日～11 月 1 日

背夫们在我们住的畜栏里集合，就像事先约好了似的，他们开始大声抱怨行李的尺寸和微薄的报酬。他们跟江布吵了两个小时，周围屋顶上的旁观者也在煽风点火，然而连他们都知道行李并不重，报酬也相当慷慨。我们不情愿地同意了他们的要求，但是他们又开始了一场关于谁背哪件行李的争执。为了解决这个问题，江布从每个背夫那里拿了一根背带，然后随机地在每件行李上放一条。每个人去找自己绣着独特刺绣的背带，于是终于不再抗议，背起了行李。起初道路仅仅是攀在近乎垂直的峭壁上的一条岩架，有些地方只能借助前人打进岩缝的木头支柱才能通行。这些木头支柱上铺着石板，透过它们可以看见下面很远处蓝色的湖水。然而很快，道路就变得不那么危险了，蜿蜒通上陡峭的山嘴。我走在其他人前面，在尘封的道路上寻找足迹，看到了雪豹的爪印和有岩羊毛的粪便。背夫们下到了湖泊北端的山谷里，坚持在此宿营，虽然我们只走了 4 个小时。

早晨，人们故意懒散地为这一天做准备。一个甲状腺肿大的家伙又一次大声抱怨行李，试图鼓动其他人一起反抗。我告诉他

寂静的石头

要么闭嘴要么滚回去，我的语气超越了任何语言障碍，于是他闷闷不乐地平静下来。我们的旅行队以无法忍受的缓慢速度移动，背夫们每走 10 分钟就要停下来休息很久。他们显然根本没打算去雪伊寺。走进山谷时，我和彼得发现了几只死去的红尾鸲。山谷非常安静，几乎没有鸟声，我们猜测在这些鸟儿能飞往低海拔地区之前，今年冬天早发的暴雪冻死了它们。在衰败的小檗和野蔷薇丛里发现这些脆弱的尸体，并没有改善我阴郁的情绪。离开主山谷之后，我们进入了一条阴暗狭窄的山谷，一条溪水流过结冰的深色卵石。我们沿着一侧上行，直到峭壁逼着我们蹚过令人麻木的冰冷的河水走到另一侧。背夫们不愿意继续，到海拔 4145米时，他们在最后一丛桦树林里卸下了行李。这时才下午 2 点半。夏尔巴人占了一个浅浅的洞穴，而我和彼得努力把我们的帐篷挤进岩石中一小块平坦的空地里；背夫们爬下峡谷找了一个海拔稍低的地方过夜。

彼得今天也感到沮丧，就像他在日志里写的：

> 这个傍晚我感觉好多了——为什么呢？我不喜欢灰色的佛克桑多河（Phoksumdo Khola），也讨厌这个黑色的深谷；厚厚的云层正往北方移动，恐怕会有降雪，背夫们已经在指着山口摇头。然而我感到平静，准备好了接受任何即将到来的事情，并且因此而欢喜。我情绪的转变发生在今天早晨。江布从溪流对岸扔来背包，勇敢的达旺试图接住，却笨拙地把它掉在了水里。奇妙的是，江布却放声大笑起来，还有达旺和富－策林，

尽管他的衣服和睡袋都湿透了。他随遇而安的乐观精神，这种并非宿命论而是对生活的深切信任，让我感到羞愧。

我和彼得不等背夫们到来就上路了，快速爬上峡谷来取暖。两小时之后，在山谷的分岔处，我们遇到了阳光。我们坐在一片没有雪的草地上，一边吸收阳光的温暖，一边研究地图。去雪伊寺的道路清晰地标注在左边的分岔上。我让彼得留下等待背夫，自己去前方侦察。我爬过一面峭壁，进入了一个被锯齿状山峰包围的积雪盆地。天际线上有一个山峰间的缺口，这就是我们要通过的山口。积雪很硬，我行动得很快，决心要逃离人群中可怕的孤独感，在一个月以来的旅途中第一次孤身一人，远离了别人强加的不断要求、决策和担忧等各种压力，让自己自由地沉浸在时空之中。我迅速赶路。要到达山口，用自己的毅力战胜使山峰在我眼前退却的神灵或者恶魔，这成了我的首要目的。在刺眼的雪地反光中，我的思想在幻想与现实之间穿梭，虽然我现在感觉这可能不是我们的正确路线，天边蓝色的山口空缺仍然像闪耀的灯塔一样，召唤着我前往，直到世界在我脚下消失。我现在海拔5400米处。几乎没有瞟一眼远方无路的纷乱山巅，我向离开彼得的地方赶回去。

雪地中的足迹通向另一个分岔，我循着足迹追上了其他人。彼得说背夫们整个早晨都畏缩不前，拒绝行进，说雪太深了，道路无法通行。我们的大多数东西都存放在海拔5000米处。回到昨晚的营地，我们商量下一步该怎么办。夏尔巴人很沮丧，他们确定我们无法通过康拉山口，但我知道他们会跟随我的领导。彼得琢磨着在林莫研究岩羊是否会更好；然而，这是他第一次深入高山的旅行，他并没有足够的经验来判断这里的可行性极限。这些林莫背夫们完全不可靠，不能留下来；别的不说，他们持续的拖延已经耗尽了我们的经费，我们不再能凭背夫工作的一点可能性就支付报酬了。我建议江布、富－策林和我明天赶往雪伊寺，用一个林莫背夫当向导。也许我们能在雪伊寺找到背夫；如果不能，至少我们能知道前方有什么问题。

　　天亮不久我们就出发了，由两个林莫人陪同，3个小时之内我们就到了存放行李的地方。原以为无法通行的通往山口的道路并不困难，积雪最深只到膝盖，中午时我们就爬上了顶峰。或者不如说，我们趴在一片黑色碎石堆上，被山脊刮过来的冰冷大风用恶魔般的力量拍到地上。虽然忍受着狂风的打击，我心里却充满狂喜。雪伊寺是我们的了。我们穿越了喜马拉雅那刀锋似的山巅，现在亚洲的高地——青藏高原就横亘在我们面前，一波接着一波的圆浑带褶皱的山峦，庞大地貌的每处特征都清晰地展现。从山口下降到我们脚下雪原的道路一开始几近垂直，让人感觉笨拙但并不十分危险。我决定只有江布和我需要继续前去雪伊寺。背对着大风蜷曲着身体，我用麻木的手指歪歪扭扭地给彼得写了张字条，告诉他这条路线没有问题，并且让他把所有行李搬运到山口。富－策林哆嗦着把字条塞进他的外套。我查看了一下高度计：5425米。一段雪檐阻碍了通往山坡的路，我们用从林莫带来的一把专用锄头把它劈开。富－策林和江布拉着绳索，我让自己垂降过雪峰边缘，快速地下降到安全地带，然后江布跟了下来。富－策林向我们挥手告别，然后消失在山后。

我们一步步踏进坚硬的积雪，弯着腰对抗着大风的狂暴。在山坡变得平缓的地方，积雪也变成粉末状，我套上雪鞋从雪地走过，为江布开路。两个小时之后我们到达了一个小池塘，一条峡谷向北延伸，被石灰岩峭壁包围。我们缓慢下山，有时在河床里湿滑的石头上寻找平衡，有时在深深的积雪中挣扎。终于山谷变得开阔，从山脊上我看到远方两条溪流交汇处的雪伊寺。这座寺庙和围绕它的白色佛塔在冬季棕色的山坡上显得格外洁白。但我已经累得无力欢呼雀跃了。我们继续跋涉，快到傍晚才路过了一些诵经墙，经过一座桥，爬上通往寺庙的路堤。这里没有人，没有狗，没有任何生命迹象；房屋已关门。这个地方已被废弃，这个古老而死寂的世界已经消失在重重山峦之中。接着我们看到了一只独自站在墙上的白山羊：肯定有人在附近。江布向周围喊了又喊。寺庙旁边的建筑中有一扇门微微打开了，一个女人怀疑地向外张望。我们终于让她相信了我们不是强盗，她允许我们进屋过夜。当我们小口喝着热茶吃着煮土豆时，她解释说只有她和她的两个孩子、一个老妇人还留在雪伊寺。其他人已经去了低海拔处的村子，由于今年早来的大雪，他们比往年早一个月离开。这里没有背夫，所以我们现在就面临着有趣的行李搬运问题。首先我们必须把所有行李搬过康拉山口运到雪伊寺。彼得计划三周后回加德满都，比我早得多。谁能当他返程的向导呢？图克腾和加尔曾也许可以，如果他们能从久姆拉回来翻越康拉山口。我思考着这些问题睡着了，那只白山羊依偎着我的睡袋取暖。

　　　　　　　　　　　　　　　　　　寂静的石头

第二天我开始寻找岩羊时，夜晚的寒冷还未散去。南边是我们昨天穿过的峡谷，深深的积雪覆盖着山坡。然而，南坡由于有阳光的温暖，看上去还在秋季，覆盖着干草、低矮的忍冬和锦鸡儿属灌木的棕色易碎的落叶。我看见高处有一群岩羊，远看过去只是蓝灰色的小点，于是我向上跋涉攀登，离开刺骨的寒冷走向慢慢照下山坡的阳光。我装作漫不经心地接近岩羊，在60米外坐下，这是个完美的研究环境。我扫视溪流远方无雪的山坡，几分钟内就发现了另外三群。我还看见了几处隐居修行院，有些很小，是单间棚屋，供希望完全隐居的人使用，其他的则很威严，三四层楼高，倚着墨色的峭壁建成。就像一首西藏的诗篇里揭示的，隐居院需要建在特定的地点：

　　　　山石居后，
　　　　山湖在前。

　　遵照传统，这些隐居院是赭色的，面对的景致即使不是湖，也至少要是河流。据我们的女主人说，这些隐居院夏季最多曾居住着25个僧侣，其中11个是女性。雪伊寺矗立在远方低处。它周围环绕着8座佛塔，其中2座较大，周围有如此多的玛尼堆，使得它看上去像未完成的神灵建筑。为了在这些石头上刻写经文，在过去的几个世纪里，成千上万的人工作了数千个小时。寺院附近有4栋大型房屋和3个棚屋，山坡上稍远处还有6座房屋，其中2座已经废弃，这些人类存在的迹象，在一片荒凉的山脊和峭壁间显得非常渺小。

雪伊寺位于海拔 4480 米处，比康拉山口低 900 多米，第二天早晨我疲惫地开始考虑又一次攀登。江布和我快速地上行，只在一个小湖边停下，存放了一些木柴并支起一个帐篷。离开雪伊寺 6 个小时后，我们又一次站在了山口。有 8 个行囊已经被存放在这儿：彼得和夏尔巴人工作得很努力。连跑带滑地，我们只用了 20 分钟就下降 400 米到了他们的营地。在向彼得简短地介绍了情况之后，我扛起一袋糖，把它运到我们在山口的储藏点，这一趟花了我两个小时。然后，疲惫的我钻进了睡袋，富－策林为我端来一杯可可。彼得对我有些恼怒，感觉我从顶峰发给他的字条太简短而不礼貌，认为它暗示我离开他的那天是因为他没能让背夫继续前进。我解释说是我在关键时刻的偷懒辜负了旅行队，但无论如何那些背夫都不会翻过山口的。彼得在我们的苦行中一直非常稳重平和，我怀疑高海拔加上极其辛苦的工作让我俩都有些易怒，这是身体缺氧的常见症状。在通过谈话解决这些问题之后，我们放松下来，开始计划后面的日子。

又是一个清冷的早晨。我和彼得各自运送一个沉重的包裹到山口，而夏尔巴人则收起帐篷，带着剩下的行李跟了上来。彼得在山脊边缘以下 30 米处的雪地里踢出了一个小平台，我用绳索降下了三个包裹。他扛起一个包裹，同意把另外两个沿绳滑降下去。当他收回这些包裹时，富－策林代替他在平台上的位置，没向下看一眼就降下了一个行李箱。它跌跌撞撞地冲向彼得，速度越来越快，我们都停下站着，看着它灾难性的路线和下面不知如何躲避的彼得。彼得向旁边一步，平扑进积雪，行李箱正好跳过刚才他站立的地方。富-策林放松地大笑起来。在把所有行李搬运或滑降下山之后，我们把散落的行李堆在一起。我背起一个行囊，拖着一个行李箱，穿着雪鞋稳步向湖边走去。我和彼得决定在此过夜；而夏尔巴人想要继续去往雪伊寺，我们同意明天碰头。我回到积雪平台去取另一个包裹，但是积雪现在变得松软了，使得这项在海拔近5200米的工作十分辛苦；我时不时地停下来，费力地喘气。下午较晚时我回到了帐篷，生起一堆火，不情愿的火苗终于烧开了足够煮一杯汤的水，配上几块饼干和沙丁鱼罐头，这就成了我们的晚餐。

晚上的温度降到了-18℃以下，我们在睡袋里一直待到阳光照射到帐篷。负重很多的我们开始了去雪伊寺的最后一程。在路上我们遇到了江布和富-策林，他们正上行去取更多行李；达旺留在了后面，他又一次患了雪盲。我们在下午1点15分到达了雪伊寺，在距寺院还有最后几米时，我们疲惫得简直难以移动。夏尔巴人占据了一个棚屋，这是一个被烟熏黑的房间，除了一个圆锥形的泥土壁炉之外什么也没有，但是却非常符合我们的需求。我把我的帐篷搭在棚屋前的一小块平地上，彼得把他的帐篷搭在附近的院子里。我看见一群岩羊正在寺院前的山坡上，于是抓起望远镜爬向它们。今天是11月1日，是我们离开博卡拉后的第35天。研究岩羊这个唯一的目标支撑了我这一路，现在，我终于可以开始我为之跋涉这么远的研究了。

雪伊寺，11 月 2 日~5 日

在到达后的第二天，我和彼得沿着雪伊山谷的一条路向东走去。这个季节里这是唯一一条出山谷的路，它向东越过萨尔当拉（Saldang La）通往萨尔当（Saldang）、南道（Namdo）和其他村庄。每隔大约 0.8 公里，在山脊的顶上，就有一堆堆神圣的刻着经文的石头组成的玛尼堆，佛教徒总是从它们的左边经过，这样，在沿原路返回时，他就围着玛尼堆绕了一整圈，以此表达对生命轮回的尊重。这些玛尼堆由几十块刻着经文的石头组成，每一块石头都由希望为来世积累福报的信徒刻制。我们追寻命运的方式是多么不同啊。我发现玛尼堆也有更为世俗的意义。由于很醒目，玛尼堆常被狼群当作路标，狼群在此留下粪便以证实它们的到来。在把一份粪便样本揣进口袋后不久，我看见前方远处，在干枯河床的对岸，有两只白色的动物。"雪豹！"我惊叫，然而这只是我脱口而出的愿望而已，我已经知道自己认错了；这些动物的动作不是猫科动物的。从望远镜中，我看到了五只活生生的狼，它们体型很大、毛皮华丽，有一只几乎是白色的，另一只是银灰色，其他三只是带金色调的灰色。这些狼也发现了我们。它们中的三只小步跑过山坡，在短暂地仔细观察我们之后，掉头追上了另外两只。很快，狼群就消失在了山中，这迷人的一刻太过短暂，从发现狼群到它们消失，不过一分钟而已。

次日早晨我们爬上寺院后一道高耸的山脊，试图从那儿数清山谷对面无雪的山坡上的岩羊。我由北向南扫视山坡，从不可通行的雪伊峡谷边缘风化的顶峰，越过年久失修的隐居院，到水晶山的壁垒，我数到了四群岩羊。有一群规模很小，只有四只雌性和两只幼崽。在我们观察时，这些动物忽然受惊聚集起来；两只狼正朝下坡方向的它们跑去，其中一只是白色——这正是我们昨天遇到的那只——另一只是黄褐色。它们并肩跳跃着，但是速度被低矮的柏树和其他灌木减慢。岩羊开始时只是漫不经心地向最近的峭壁逃跑，但是当狼离它们只有 40 米时，它们开始了冲刺。然而狼还是越来越近，它们距离一只落后的母羊只有约 20 米，这时她猛地掉头下山，跟着其他岩羊一起逃到了一处峭壁上，捕食者不敢涉足这里。挫败的狼返回山上，与其他没有参与这次捕猎的狼会合。这里只有四只狼：昨天狼群中的一只没有出现在这里。大白狼领着其他狼去了一小块林中草地，在那儿它们生气勃勃地边摇尾巴边互相蹭嗅，打着滚儿重新确认它们的友谊；然后它们跟着领头的白狼小步快跑着离开了我的视线。我和彼得观察了山坡一整天，但是狼群已经离开；那六只岩羊也一整天留在安全的峭壁附近。

这个事件揭示了峭壁对岩羊的重要性，虽然它们很少冒险登上峭壁，更喜欢在草坡上觅食和休息，但是在危险时刻，它们就会撤退到峭壁上。不管山上的草地多么肥美，岩羊只在附近有峭壁做安全港的地方觅食。因此岩羊的栖息地需求不同于它们的亚洲近亲，盘羊不依赖峭壁，而山羊包括塔尔羊，一生中大部分时间都在峭壁上。加拿大盘羊、戴氏盘羊和西伯利亚盘羊，都与岩羊很相似，它们不仅选择在峭壁附近的牧场觅食，而且在危险时也会寻求峭壁的庇护。

每天早晨，太阳一照亮顶峰，我就匆匆进山观察岩羊。冒着刀割似的寒风，我一边跺脚取暖，一边用冻得简直捏不住笔的手指潦草地记录着。我不想错过清晨发生的任何事情，这时候动物们最为活跃；我决心要重塑岩羊的形象，创造关于它们的新的事实。"人类试图同时生活在过去、现在和未来，成为永恒的智慧主人。"罗兰·艾斯利（Loren Eiseley）写道，某种程度上这句话也适用于我现在的努力。

几天之后，我已清晰了解了雪伊寺岩羊社群的各种基本情况。大约175~200只岩羊在这所寺院附近越冬，这些动物看上去几乎不爱活动，活动范围局限于某些无雪的山坡。就像在盘羊和山羊中一样，羊群是流动的，时不时会有成员加入和离开。一个羊群的平均数量是18只，实际从2只到61只不等。大约三分之一的雄性，尤其是成年的那些，还生活在单身雄羊群里，说明主要的发情期还没有开始。我很惊奇地发现幼崽与雌羊的比例只有4∶10，而满周岁的小羊与雌羊的比例是3∶10，这说明生育率和存活率都很低。在拉布吉，岩羊的同样比例关系分别为9∶10和8∶10。为什么拉布吉岩羊抚育幼崽的成功率几乎是雪伊寺岩羊的两倍呢？野生动物数量的下降，通常可归因于捕食者，确实有雪豹和狼群捕食岩羊，但是两个地区都有这些捕食者。而两地也同样有牲畜供捕食者食用，在夏季还有不再冬眠的土拨鼠。

由于捕食者在雪伊寺和拉布吉都有活动，它们不大可能是导致两地岩羊幼崽数量巨大差异的原因。我多次观察到，无论是在信德沙漠里的野山羊中，还是在喀喇昆仑的北山羊里，一个种群的活力主要取决于它的生活范围的条件。当食物充足有营养时，饱食的雌性会产下大个儿、有活力的幼崽；而当食物质量较低时，新生幼崽则很虚弱并常常死去。即使是不经意的一眼，就能看出雪伊寺这个栖息地并不很好。这里的山坡已被侵蚀，灌木生长在小块泥土上，奋力抓住最后一点营养的碎片。牲畜的足迹在山坡上纵横交错，把泥土踩成细碎的粉末，容易被风吹走。而岩羊喜欢的杂草，剩下的多半藏在有刺的灌木丛下难以吃到。虽然牲畜也在拉布吉地区觅食，但那个栖息地的状况比雪伊寺好得多，这种差异反映在存活的幼崽数量上。

　　食物营养的影响遍布整个动物社群。在良好的栖息地上低密度的种群，比如拉布吉的岩羊，只有少数的年老动物，而在过度放牧的栖息地上增长停滞的种群则寿命更长。借助角轮数量我发现，拉布吉的雄岩羊中只有 10% 超过 5 岁，与之形成鲜明对比的是，雪伊寺的雄岩羊在 5 岁以上的超过 50%。动物在恶劣的栖息地比在优渥栖息地活得更长这个事实，看起来似乎很矛盾。然而对此倒有一个符合逻辑的解释：在进入比如冬季这种对生理要求很高的时期之前，动物们通常要储存脂肪，但是那些把能量花在维持生存以外的事情上的动物，也许会发现在能重新获得有营养的食物之前，就耗尽了它们的脂肪储备；随着脂肪储备的耗尽，有些动物死于营养不良，而其他的则变得衰弱，因而更容易死于疾病和被捕食。发情期就是个极其消耗体力的时期，这使得雄性在冬季可获得能量最少时却在消耗能量。瓦列里乌斯·盖斯特曾观察到，在丰美草场上的加拿大盘羊比起贫瘠环境中的同类，开始发情的年龄更小，打斗更频繁、更激烈。这提高了生存的成本，也增加了动物营养不良的概率。更早性成熟也意味着公羊更早达到较老的生理年龄；它真正地把自己耗尽了。相比之下，贫瘠草场上的雄性性成熟较晚，求偶也没精打采——同时活得更长。贫瘠草场上的雌性也可能活得较长，但是是出于不同的原因。不同于雄性，虽然雌性在社会交往上消耗较少能量，但她们的身体储备首先被胎儿消耗，然后被哺乳消耗。因此没能怀孕或者幼崽刚出生就死去的雌性得以保存她的身体储备，能更好地在恶劣的季节中存活。

　　虽然这些信息很有趣，但我并未被此完全吸引。我觉得观察岩羊社会的复杂细节更激动人心——那些竞争的暗流、特定社会角色的占有、侵略和屈服之间的脆弱平衡。在远高于雪伊寺，靠近雪线边缘的地带，生活着约 12 只单身雄性岩羊，它们组成了一个小群，我经常能找到它们。通常它们无视我的接近，但是如果我忽然遇到它们，其中的一只会发出一声惊叫、喊喊声或者含糊的喊声，像只生气的红松鼠。在这短暂的警报之后，它们继续吃草和互动，一直努力保持它们的等级。就像盘羊和山羊一样，岩羊用身体特征展示着它们的等级标志，比如醒目的毛皮颜色、较大的体型和巨大的角。当两只雄性相遇时，它们会随意地估计一下对方的战斗潜力，然后较小的那只就会向较大的那只表示服从。哪怕较小的雄性拒绝接受它的较低地位，占优势的雄性也不必费力维持自己的等级。它可以用一些微妙的举止来显示它的地位，我一开始并不总是能认识到这些动作的重要性。一只雄性可能在另一只身边停下，侧身站着，不经意地炫耀它黑色粗壮的脖子和宽大的角，直到对方同样不经意地转头表示服从。或者两只雄性可能并肩吃草，直到等级低的那只向前移动。如果这种情况发生，另外一只就会快速抬头向前，因为走在前面是等级高的雄性的特权。

雄性岩羊也会用更直接的方式来表达权力，即一只骑上另一只。一个支配者可以不受惩罚地这样做，但是如果一个低等级个体尝试这样做，它就会视之为侮辱，并且实施报复，有时是威胁性地用后腿直立蹦起。偶尔一只雄性会低着脖子、口鼻前伸地接近另一只，这个姿势有时伴随着轻轻地踢腿，更罕见的是伴随着头部向侧面扭动；盘羊常用这种方式展示它们的优势地位，而山羊则很少这样做。有时一只雄性岩羊会在躬身侧对着对手站立时，威胁性地伸长猩红色的阴茎，还可能将阴茎伸进它自己口中。就像刚才提到的，盘羊不用这种姿势，但山羊经常吮吸自己的阴茎，还可能将尿液浇到脸上。观察了这些和其他一些举动之后，我意识到岩羊的行为在很多方面介于盘羊和山羊之间。

有些地位问题只能在战场上解决。去年在拉布吉，我好几次看到雄性岩羊用后腿直立，然后将头侧向一方，和对手用角相撞。在雪伊寺，随着发情期的临近，雄性在它们的打斗中更为精力旺盛。两只雄性可能跑开 6 米远，用后腿站立起来，然后用后腿跳着或跑着冲向对方，直到两只角的撞击发出闷响，在山间回荡。在雪伊寺，我证实了自己之前的猜测，即岩羊的打斗更像山羊而非盘羊。

有时，几只雄性岩羊会看似随意地互相骑跨、撞角和摩擦，这是一场无关地位的混战，也不怕被报复。但是在这种温和的插曲之后，每只雄性重新回到它的等级序列中。盘羊也有这种自由混战，不同之处只是公羊们会朝内站成一圈。

雪伊寺上方的雄性岩羊提供了一个研究演化的绝佳机会，每次探访中，我几乎都依赖于它们为我提供关于岩羊行为的更多知识。虽然在某些方面，我不耐烦地等着发情期，我们对岩羊生活史还一无所知，但是我对能够接近这些动物已经很满足了。接近中午时，它们变得越来越不爱活动，在用蹄子踏出一个窝之后，每只岩羊都开始休息反刍，眼睛满足地眯成一条缝。在每天的这个时候，阳光通常很温暖，连背阴处的温度都爬升到0℃以上，群山间滚动着热浪。在北方的远处，是雪伊峡谷巨大的含铜峭壁和紫山的圆顶；而地平线上，一排雪峰守卫着边境。如此广阔的野外空间常常让人产生恐惧：它们似乎要碾碎和吞噬其中的漫步者。但是我知道群山并不只是荒野，我们会在其中找到各自想要寻找的东西，无论是平和还是暴力、美丽还是恐惧。在岩羊附近安静地休息着，我也知道这些动物之所以被看作是未驯化的，只是因为人类自己的选择。无论是狼、雪豹，还是其他任何生物，都可以像这些岩羊一样温驯，只要我们能够允许它们这样。然而，在人类能够超越现状之前，在人类能够从这个新的维度看待自然之前，人类首先必须改变自己。

当我在安静的山间漫步时，宁静的寺院就是我的世界的中心，过去一个月的焦虑溜走了。雪伊寺的静谧也影响到了彼得。在一片山坡高处，面对着水晶山的景致，他为自己准备了一个冥想的空间，他这样描述：

> 一块破碎的露出地面的岩层，就像安置在山坡上的祭坛，它被花岗岩碎片和浓密的荆棘保护着，只留南风进入。在全日照下，这里是温暖的，岩石的裂缝庇护着一些矮小的植物，它们顽强地生长在这荒凉的山坡——有野荞麦的死去的红棕色麦秆、一些洋莓属灌木、苍白的雪绒花和鼠尾草，甚至几小束可怜的大麻。我安放了一个粗糙的岩石座位，当作观望世界的瞭望台，架起望远镜以备野生动物正巧进入视野，然后盘着腿调整气息，直到几乎没有呼吸动作。
>
> 现在我周围的群山都充满了生命：水晶山是活动的。不久就传来了水流的呢喃，来自冰雪之下遥远的地方……即使在无风的时候，河水来往涨落的声音，也像风声一样。我的天性向外界开放，让所有的生命涌入，就像花朵中充满阳光。从这陈旧的外壳中喷薄而出，把自己的能量投向外界，去飞翔……

尽管我们到这里的目标不同，彼得为了发掘内心，我则出于科学探求，但我们仍然是有着相似路线的旅伴。佛教和科学的目标，在有些方面是相似的，就像佛教禅师铃木俊隆（Shunryu Suzuki）所说："当你透彻地理解了一只青蛙的时候，你就获得了启示，你就成了佛祖本身……不知道事物的起源，我们就无法欣赏我们毕生努力的结果……研习佛教就是学习我们自己。"但是这些话的意义远远超越了科学的认知。科学仍然是一个梦想，因为它只需要我们朝真正的理解迈出跌跌撞撞的几步；图像和表格只创造出知识的幻觉而已。并不存在终极的理解。在事实之上，在科学之上，是一个云层般朦胧的领域、心灵的宇宙，就像宇宙本身一样，不断地在扩大。

有时候，观察着岩羊，我的眼睛会不知不觉地离开这些动物，望向遥远的天际，而我的意识挣扎着逃离它的局限，游走着，探索着，追寻着，直到偶然间，一种光辉明晰的短暂幻觉仿佛精确地描绘了整个世界。有一次我爬到山脊高处，周围全是空旷、光线和从峡谷里经过饱经风霜的山坡猛冲过来的大风。在逐渐暗淡的太阳光柱里，单调的岩石和积雪有种金属般的光泽，就像从它们内部发出了光。俯视着脚下的峡谷，起初我只看到了过去，一个无生命星球的碎片。它并不比从外太空看到的地球更为吸引人，在黑暗中运转，没有特点，被云层包围。然后我看到了寺院，这是另一个时代的化石遗迹。这个地壳上转瞬即逝的小小突起改变了整个景观。视野变得自由了；它提供了关于永恒的一瞥。我研究岩羊的强迫心理消失了。我知道我的努力无足轻重，就像其他所有物种一样，这个物种只代表了永远变化的世界当中的一个生命的过渡阶段。人类从成为人以来就在思考存在的短暂，然而这种思考在孤独的高处更容易重现。

然而，我让这些思绪随风飘散了。内省也许能让我更为熟悉自己，但是它并不能成就多少事。我有一种内在的义务，要留在当下，要观察岩羊，要发现新事物；我对每个新的领悟都感到欣喜，即使它们在事物的大格局中完全微不足道。我第一次看到岩羊摩擦臀部就是格外值得欣喜的一天：一只雄性岩羊向另一只雄性走去，然后用他的脸在对方的臀部摩擦了近一分钟。我很快注意到，主动摩擦的是低等级岩羊，显然他借此表达他的服从和友好。另一只可能更低等级的雄性也可能加入，并摩擦上一等级的雄性，这时三只动物和谐地站成一排，而我则享受般地欣赏着这个岩羊独有的奇特举动。

德尔帕地区面积接近 3367 平方公里，这里的文化还未被外界力量打扰。我和彼得想要了解这个正在消失的文化，就像短暂地回到了中世纪。然而，雪伊寺的活动在冬季几乎完全停止了。大多数人去了低海拔地区，寺院被锁上了。我们仍然只是渴望地观望的局外人；我们能做的只是在这个文化的人工建筑间漫步。我们研究了两座大佛塔。外墙上装饰着赭石色的泥土壁画，它们描绘着孔雀、大象、马和传说中的神鹰，这四种象征性的生物表示着四个方向；内壁装饰着佛祖和曼陀罗，两排转经轮使祷告者可以通过转动它们同时多次诵读神圣的经文。一座佛塔上悬挂着一个小铃铛，最轻的微风都能让它叮当作响，它的声音如此清脆悦耳，我有时会专门绕路过来倾听。在寺院顶上的是一个铁制三脚架，周围簇拥着破碎的经幡，向四面八方传递着它的精神信息。经幡下混杂堆放着牦牛角和岩羊角，让我吃惊的是，还有两个横梁长达 114 厘米的白色的寿鹿角。寿鹿，或称锡金鹿，是马鹿的一个亚种，被认为已经灭绝；至少近期没有它还存活的报道，无论是在它的家乡不丹的针叶树森林，还是在春丕河谷（Chumbi Valley），或者中国西藏的其他地区。这两只鹿角距离该物种已知的活动范围近 640 公里。它们是怎么到达这里的呢？仅有的几个留在雪伊寺的人没能就此给我任何信息。

一个老妇人住在寺院周围的一所房子里，但是她害怕接触我们。有一次我为了观察一只鸲岩鹨，无意中接近了她的屋子，这只有着锈色胸带的棕色小鸟，在她家衰败的院墙间飞掠，她从窗后的黑暗中出现了。她拍打着双臂，尖叫着"什么？什么"，像只错乱的褐色鸟儿。我们的女主人则爱说话得多。她的名字是塔斯·昌君姆（Tasi Chanjum），但她更愿意被称作纳姆（Namu），也就是"女主人"，因为在藏族人中，对仅仅认识的人直呼其名是不礼貌的。她是个约40岁的女人，有着健壮可爱的容貌。她穿着粗糙的土布衣服和藏族已婚女性的条纹围裙，戴着一条粉色珊瑚石和琥珀色大珠子串成的项链。她有两个孩子在这里，一个大约7岁的瘦小男孩和一个胖乎乎的两岁女孩——"就像被赋予生命的微笑的马铃薯一样"，彼得说。纳姆的丈夫现在在萨姆灵（Samling），是个世俗司仪，应邀去各家诵读佛经。雪伊寺现在没有正式的僧侣，有些宗教职责就由纳姆丈夫这样的人来执行。这些世俗司仪的祖先通常由于有家庭成员是僧侣，所以在寺院附近建房居住，并且如果愿意，每一代都会有人继续参与这些仪式。

当我们向纳姆询问雪伊寺的住持喇嘛时，她回答说他在萨尔当。尽管如此，有一天我和彼得还是穿过山谷去探访了他在塔萨克（Tsaking）的住所。我们向下走到河边，走过小木桥；一只此处常见的河乌在那里。远处，小路穿过山坡，越过山顶，沿着积雪很深的山脊北面的轮廓线延伸。在穿过几重山峦之后，小路沿着悬崖底部延伸。我们首先到达一个里面有座白色小佛塔的山洞，然后是一座四层楼的隐居院，人们在这里隐居以追寻他们的精神目标，隐居时间长短不一，通常不超过三四个月。但是众多的僧侣房间现在空无一人。更远一点，经过夏季用来刻玛尼石的一堆石头，就是喇嘛的住所了，这是倚着峭壁而建的长排建筑。令我们吃惊的是，露台上有两个男人。一个约20岁的年轻人正在缝补靴子，他的头发剪得紧贴头皮，就像鼹鼠皮似的；另一个稍微年长些，正盘腿坐着往山羊皮上擦陈年黄油。他的脸呈古铜色，穿着一件皮外套和跟脸相似颜色的磨损了的裤子。他的高颧骨和鹰钩鼻使他看上去像一个美国印第安人、一个苏族人或者夏安族人。我们向这两人微笑，他们也回以微笑，但是由于语言不通，我们无法交谈。我们离开隐居院，路过一些正在晒干的煮土豆片，走向远处的山顶。在那里，我们在一座佛塔旁吃了午餐。一群岩羊正在附近的山坡上吃草，我留下来观察它们，而彼得向刚才的隐居院漫步。乌云很快汇集在北方紫山的圆顶周围，我也掉头回去，路上顺便收集生火用的柏树枝。

江布发现纳姆在关于喇嘛的事情上误导了我们。为了保护喇嘛的隐私，她告诉我们他在萨尔当，而实际上他就在自己的住所。自从8年前因为脊髓灰质炎或关节炎变得跛腿之后，他就没有离开过家。我们在探访隐居院时看到的两个男人之一，我心里叫作"印第安人"的那个，就是卡尔姆·图普克（Karma Tupjuk），他是雪伊寺住持喇嘛、寺庙创始喇嘛的转世，也是德尔帕地区五个转世喇嘛中最受认可的一个。那个年轻人是他的助手，名叫塔克拉

（Takla）。当戴维·斯内尔格罗夫在1956年来到雪伊寺时，这个喇嘛已经隐居冥想三年，不能被打扰，现在我和彼得却希望能访问他。我们派江布去安排此事。彼得和江布一起去初次访问，几天之后，我和图克腾加入他们重访。

塔克拉领着我们进入喇嘛住所阴暗的内部。我们首先穿过一间主要存放一袋袋谷物的储藏室，一块狼皮挂在椽子上。这个喇嘛在萨尔当拥有土地，村民们为他耕作和收获，以此换取一半的收成。我们爬上一根刻出槽的原木梯子，到达了厨房，这里围着泥土灶台摆着很多铜瓮和锅。塔克拉往火堆的余烬中捅进几根树枝，火苗瞬间照亮了这间被烟熏黑的屋子。喇嘛在他的书房里，那是一间空余的小房间，有几本书、一条长凳和一排酥油灯，都被窗缝中射入的一缕阳光笼罩着。我们没有当地表示礼节的哈达，就送给喇嘛一包茶叶和10个卢比。他通过江布和图克腾传话说过会儿就与我们谈话，于是我们在露台上晒着太阳等候他。塔克拉为我们递上了瓷杯盛着的茶，这是苦味的中国红茶，佐以盐和酥油调味，还有一满碟糌粑，这是藏族的常见口粮，由烤制磨碎的大麦制成，另有一些小块晒干的乳酪。

我们边吃边凝视着群山。隐居院在山上安静的一侧，被环绕着，不受北风侵袭。下面的山坡干枯不平，表面点缀着深色低矮的柏树，就像地壳表面巨大的霉菌。对面的山坡则更为生动，随着热浪黏滞地在雪面上流动，那白色令人眩晕地舞动发光。高处闪着光，天空在轻摆；远方的水晶山则是有着冰雪脉络的岩石秘境。水晶山并不是一座令人印象深刻的山峰。这里有成百上千的其他山峰比它更高、更陡，更称得上美丽。起初我和彼得都无法认出这座德尔帕最神圣的山峰，因为我们寻找的是白色的、有水晶似的锋利边缘的雪山。但是在问过纳姆之后，江布知道了水晶山其实是一座灰色的山，守卫着通往康拉的峡谷入口。这座山的名字并非由外观得来，而是由于它两侧的无色晶体岩脉。我们坐在露台上时，群山在滑动的日光中在我们眼前移动，我可以很好地想象这是个幻想之地，精灵和梦幻就居住在这些高山中。

水晶山的神圣基于一个传说。乔尔·兹斯肯（Joel Ziskin）在《国家地理》（*National Geographic*）的一篇文章中如此描述，大约 1000 年前，佛教的苦行僧居图布·森格·叶舍（Drutob Senge Yeshe）来到了德尔帕，他发现这里人们信奉的最高神灵是野外的山灵。居图布在雪伊寺附近的一个山洞里冥想，并且得到了启示。他试图战胜狂暴的山灵，用一只飞天雪狮当坐骑，这是传说中雪豹的伴侣，但是山灵释放了群蛇来抵抗。然而，雪狮将自己复制了 108 次，每一次对应着一本佛教经书，依靠这些增援力量，居图布战胜了山灵，并把它变为"一座巨大的最纯粹的水晶之山"。

> 我骑着雪狮飞过天际
> 在那里的云中施展奇迹
> 即使最伟大的天神功绩
> 都比不上徒步环绕这座水晶山

听从居图布的嘱托，德尔帕人在 6 月大麦收获之前环绕水晶山。在满月的那天，人群开始徒步转山之旅。时不时地，一个司仪会用神山的岩石刮成粉末，就水喝下。朝圣者们会经过一个山口，这里一排玛尼堆上经幡迎风招展，褪色的牦牛头骨指示着路线。在一个冰川湖泊边，传说中雪狮胜利后嬉戏的地方，他们牵手围成一圈，伴着弦琴的音乐跳舞。这条 16 公里长的转山环线在一个山洞处结束，据说居图布·森格·叶舍就在这里获得启示，并有一个圣骨匣盛放着他的骨灰。在这里，在群山深处，朝圣者们念出最后的祈祷。

我们等了两个小时之后，喇嘛出现了，被塔克拉搀扶着来到露台上的一个坐垫上。他和蔼地回答了我们的问题，关于他自己、雪伊寺以及野生动物。他没有那种卓越精明的气场，也没有因为神职的淡漠态度；他平实的谈话，就像农民谈起天气和作物。据他说这个大隐居院建于 60 年前，早于他在这里的时间。他现在 52 岁，来到雪伊寺时还是个 8 岁的男孩，他来自卡利甘达基以东的村庄芒南（Manang）。在雪伊寺上任住持喇嘛去世之后，德尔帕的使者远行搜寻创始喇嘛的转世，根据各种迹象，现任喇嘛表明他就是被神选定的。早在孩提时期，他就知道自己有一天会成为一个活佛。

我向他问起寺院里的鹿角。是的，他清楚地记得它们，因为就是他在多年前把它们从北方的雅鲁藏布峡谷带来的，但是他从未见过活着的这种动物。我又问起盘羊是否在这里出现过，因为在寺院前的经幡底部就有一个风化的头骨。喇嘛回答说，10 年以前，甚至 6 年以前，他曾在紫山的山坡上看到过这种羊，但是之后它们就再没来过。我很好奇这种动物为什么消失了，因为狩猎活动并不密集。盘羊无法应对很深的雪。近几年的冬天格外寒冷吗？去年和三年前雪很大，喇嘛回忆道，同时将他的手抬到离地面0.9米的位置，降雪深到很多牲畜都死于饥饿，而且在此之前有几个冬天的天气也很糟糕。我怀疑那些生活在此处的盘羊，由于这里已是它们生存范围的边缘，在严寒的冬季死掉了，因为太深的积雪剥夺了它们的食物来源，也使得它们容易被狼群捕猎。

我们继续聊着，从路上漫步的雪豹，到攀附在峭壁上的小隐居院，就像长在礁石上的贝壳。在我们离开之前，彼得为他家里的冥想室求得了一面经幡，用当地的木版印制而成。当我们安静地走在回寺院的路上时，鲁宾逊·杰弗斯（Robinson Jeffers）的一首诗里的词句就像为此刻而作：

> 也许不久以后，不管谁想要无害地生活
>
> 就得找一个山间的洞穴，或者建一间小屋
>
> 就用干枯的柏树脚下的红色废石
>
> 避开人类，与更友善的狼群生活
>
> 还有幸运的渡鸦，等待这个时代的终结。

当11月初的太阳融化了山口的部分积雪时，旅行变得容易了一些。向北越过紫山通往萨姆灵的道路仍然封闭着，但是向东通往一天行程之外的萨尔当的路线可以通行。有一天四个男人赶着牦牛到来，为了搬运几袋糌粑和土豆回他们在萨尔当的家。其中一个叫作囤杜（Tundu），他在夏季住在寺院的侧翼。他的脸很长，

头发剪得很短，右耳戴着一大块绿松石。我们用一些空饼干罐跟他换了些土豆，这些铁罐有着密封的盖子，是理想的储存容器。几天之后纳姆的兄弟翁迪（Ongdi）来了，他是我们住的这间小屋的主人。他脸上永远挂着微笑，说话滔滔不绝，还有永不满足的物质欲望。他聊天的时候，眼睛不停地张望，无论看到什么他都想要——灯、瓶子、外套、行李箱、我的一双靴子。我用这双靴子跟他换了糌粑。他向我们展示了一块玛尼石，这是一块平滑的黑色石头，上面有着精致的像植物的海洋生物印迹，也许是腕足类动物。卡利甘达基附近的朝圣者把那儿常见的这种石头看作是神圣的，但是永远贪婪的翁迪，则把他的这块卖给了彼得，还为了几个卢比一阵讨价还价。这间小屋的租金则是下一个商讨的话题。翁迪想要收 5 卢比一天的合理价格，但是由于我们的现金已经耗尽，恐怕我们支付不起这个价格，最终我们同意每天一卢比，加上一大罐茶叶。

在 11 月 11 日下午，回到我们的小屋时，我发现加尔曾在那儿，他带着补给和邮件从久姆拉回来了。他是从林莫翻越康拉山口过来的。图克腾在哪儿呢？加尔曾讲的故事让人困惑，但大意是两人在林莫产生了分歧，在喝了太多"狮子奶"酒之后，两人打了一架。图克腾应该今天晚些时候或明天到达，傍晚时分他果然到了。

我贪婪地读着我的信件，这是一个半月以来我第一次收到家乡来信。然而彼得说："我在回到加德满都之前还是不拆开我的信件了。信里可能有坏消息呢。"他的行为让我困惑，但是他没有解释，我也不便窥探，我们自觉地没有分享私人信息。

　　　　　　　　　　　　　　寂静的石头

既然两个夏尔巴人都已经返回，彼得现在可以按照计划在11月18日出发去久姆拉了。他决定不再翻越康拉山口，而是选择经由萨姆灵和南道的一条替代路线，这一路有三个山口，但是都不及康拉山口海拔高。图克腾和达旺将会做他的向导和背夫。乐于助人的图克腾，既机敏又兴趣广泛，应该会成为彼得的好旅伴；沉默而冷静的达旺则负重能力很强。我们都为定好了出发日期而感到放松。彼得自从到达雪伊寺以来，常常显得焦躁不安。虽然他在这所佛教圣地找到了满足感和心灵慰藉，但是他内心的一部分仍然紧绷着。也许是因为不久前他妻子的去世，使他急于回到他的孩子们身边。

　　此前的几乎每一天，彼得都会谈到，如果图克腾和加尔曾不回来，他要如何走出雪伊寺。我试着转移这些讨论，因为翻越康拉山口虽然艰难，但是还可通行，而且除非有更大的降雪，否则夏尔巴人一定会回来。此外，刚刚到达雪伊寺就谈论如何离开让我感觉烦躁；对我来说，此行的目的才刚刚开始。一部分是为了让彼得安心，我派江布去萨尔当打听往南的替代路线。现在，随着加尔曾和图克腾的返回和行程的制定，未来不再干扰当下了。

　　在雪伊寺的许多山灵中，我只寻找其中一个——雪豹。我和彼得找到过一处陈旧的粪便，但是直到11月12日，就是图克腾和加尔曾回来的第二天，才在小路的尘土中出现了一组新鲜的足迹。我们仔细审视着山坡，知道这只猫科动物就在那里，也许正用明亮的眼睛一眨不眨地注视着我们，但是我们只看到了一只金雕暂落在峭壁上。当晚，雪豹再次巡视了山坡，为了寻找一只疏忽的岩羊。在去隐居院的道路附近有一个浅的山洞，在入口处我用石头堆成一堵矮墙，并在里面铺开了睡袋。也许雪豹会在傍晚或清晨路过我的藏身之处。我把一根连着相机快门的绊索拉过小路，用来记录任何夜间过客。我下午的守望劳而无功，终于夜间的寒冷把我赶进了睡袋。山洞的顶部很低，在昏暗的光线中，我可以看到其中有圆齿的贝壳、苔藓的碎片、钙化的管道，也许这里曾是海底蠕虫的洞穴。我躺在古老的特提斯海的生物化石之间，这里远在人类出现以前，曾是深不可测的海底深渊，曾有海浪的拍打和生命的悸动。如果我闭上右眼，就只看到岩石；我躺在海底沉积物之下，也许我的头颅也会变成玛尼石化石。如果我闭上左眼，我的视线就自由了，穿透第一颗晚星之外的空虚。

雪豹在晚上某个时刻从我的山洞正上方的山坡路过，走上了离绊索 45 米的小路。之后的两天，我都在岩峰和柏树间寻找它的身影。但是这些生灵就像由梦境构成，它们可遇而不可求。在 11 月 15 日天亮以前，雪豹经过了寺院，同一天晚上一只独狼从我们的帐篷边跑过，向另一条路走去，只留下了足迹来透露它们隐秘的存在。四天之后，雪豹从雪伊寺消失了，并没有抓住一只岩羊。否则，食腐的鸟类会让我知道一场杀戮的发生。

在我停留期间，雪豹只再来过一次。11 月底两只雪豹一起经过了这里。让人吃惊的是，居然没有雪豹在雪伊寺安家，去捕猎这么多岩羊。然而，我计算出 200 只岩羊不够长期养活一只雪豹而同时维持种群数量。岩羊也会死于疾病、事故、狼群，以及在雪伊寺的保护以外，死于人类狩猎。综合各种死亡原因之后，雪伊寺的岩羊群的繁殖数量不足以维持哪怕一只大型猛兽的生存。每一只雪豹都必须长途跋涉来维持生存。

就我所知，在我们来访期间，只有一只雌性岩羊死去。她的生命之火熄灭得非常突然和神秘，是在寺院旁的小路上漫步时忽然倒下。渡鸦和胡兀鹫发现了她。看见这些鸟儿，雪伊寺的每个人都赶来了：纳姆和她的亲戚珊妮、囡杜的妻子、那个老妇人和几个访客。带着刀和篮子，他们跑去加入鸟儿的大餐。但是跑在最前面的是江布。他最先到达岩羊的尸体，为我们拿到了一条后腿。分食动物尸体是这里的习俗。比如说，死在隐居院所在的山谷一侧的岩羊归喇嘛所有，而在寺院一侧的归村民所有。当我下午观察完岩羊回到村里时，江布向我讲述了这些事件。于是我去看了这只母岩羊死亡的地点，向下走到她被分解的河边去收集胃容物样本，并拜访了囡杜的妻子去检查岩羊的头部。晚餐我们吃了烤岩羊肉，肉质细嫩，就像上好的鹿肉，这是我们一个月前在林莫杀了一只山羊以来第一次吃到肉。

11月18日，彼得出发的这一天，一队人马就要离开雪伊寺。有两个夏尔巴人要跟彼得一起离开，江布和加尔曾要去萨尔当几天换一只旅行箱和一些食物，我要陪众人走到萨尔当拉的顶峰；只有富-策林留在棚屋里。我们向东行进，在平缓的山间行走，跟随着狼群新鲜的足迹。当荒凉的石子地面取代最后一丛低矮的植物时，我们还在这些动物的轨迹上。我们缓慢地向天际线的一个缺口处走去，到达那里之后才发现，这不是我们要去的山口，我们必须更加深入群山。但是走上一条狭窄的山谷和之后的山坡后，一片新的地貌突然出现在我们眼前。我们在山顶的玛尼堆前停下，这里每个感恩的游人都为它添一块石头，为安全通行感谢神灵。我的高度计显示这里海拔 5151 米。往南是康吉罗巴山锯齿状的冰壁，在它冰冷的华丽中生息全无。"我的眼睛看到美丽，我的心却感到恐惧。"彼得写下了类似的感受。然而，往北方和东北方，迷宫似的褐色山峦绵延不断，进入木斯塘[1]和中国西藏，天空的蓝色也随之变得越来越深。彼得和我握握手，这是我们互相无声的感谢，为一路以来对方所做的一切。过去的行程非凡而顺利，我们互相祝愿未来好运。他们的路线从一座小山表面延伸向下。我看着彼得的小小旅队离开，当我挥手向他们告别时，他们的身影融入了无边的大地。在此多年之后，我们将在纽约重逢。

今夜棚屋里安静又寂寞。富 - 策林找纳姆借了一把马头琴，重重地重复弹着一段简单的旋律。

无论是找寻岩羊、选择路线，还是享受一杯热茶，我很少去想现在以外的事情。我每天遵守着一套让我满意的规律。夏尔巴人挤在棚屋的一角睡觉，就像一群冬眠的土拨鼠。清晨我听见树枝折断的声音，这是有人在生火，多半是加尔曾，这时我也该起床了。我把衬衫塞进睡袋让它暖几分钟。然后坐起来匆忙套上衬衫和羽绒外套。拉开睡袋拉链，我挣扎着穿上裤子，这在低矮的帐篷里并非易事，然后穿上靴子。就像蝴蝶从茧中钻出一样，我蠕动

---

1 米歇尔·佩塞尔（Michel Peissel）的《木斯塘：禁忌王国》（*Mustany, the Forbidden Kingdom*）一书对尼泊尔这个偏远的角落进行了精彩的描述。

着进入外面寒冷稀薄的空气中。扫视天空，又是一个晴天。我查看棚屋边上的温度计：−15℃。我不自觉地打着寒战，钻进满是烟雾的房间。富－策林已经煮好了茶，我喝着茶时，他则在准备燕麦粥或糌粑，或者两者的混合物。他是个实用主义的厨师。有一次接连几天，我发现无论他端上茶还是咖啡，味道都一样。

"一半兑一半啊，先生，"富－策林解释说，"夏尔巴人想喝咖啡，而阁下您想喝茶啊。"

当阳光触摸着山谷对面的顶峰时，已经快7点了，我该出发了。我沿着去隐居院的小路，寻找常来这片山地的几群岩羊之一。我看见了几只动物，于是慢步向他们走去。一小面悬崖的避风处为我挡风，这里距离岩羊约90米，我支起望远镜的三脚架。太阳的第一缕微弱的光线为山坡带来了温暖和生机，我目光的焦点又一次集中到岩羊上。一只成年雄性用他的角剥光了一棵柏树的树皮，我记录了他的年龄，并描写了他的行为。一只两岁半的年轻雄性接近了一只雌性，他的口鼻和脖子向前伸直，舌头轻弹着，嗅着她的肛门附近，她对此的回应是小步跑开。我又把这些写下来。记录岩羊之间的每一次互动，我不仅能细致地比较岩羊和盘羊、山羊的行为，还能察觉他们发情期的变化。比如说，在11月19日之前，对雌性显示出兴趣的主要是年轻雄性，他们想碰巧看看也许有雌性开始发情了。然后，在11月20日，发情期进入了一个新的阶段，性的张力明显增加了，成年雄性忽然开始向雌性展示自己。然而，岩羊们今天没做什么。快中午了，一只胡兀鹫斜掠过峭壁，远处的夏尔巴人边聊天边拾柴。我开始不耐烦了。前方高处，在这个小峡谷的头部，是我还没探索过的一个鞍部。在灌丛中，我发现了几缕岩羊毛发，然后是一些骨头的碎片。张望四周，我发现了一个雄岩羊的头骨，附近一片石板上有一堆陈旧的狼粪，这显示了这只岩羊的死因。我往更远处搜寻，找到了这只岩羊的胃容物，将这些破碎干燥的植物材料装进一个塑料袋。我将稍后查看以确定这只岩羊最后一餐吃的是什么。一具头骨、一堆粪便、一点胃容物——这真是一个采集样本的好日子。

当下午 2 点半，我到达我们的棚屋时，富-策林正满足地坐在阳光里，用一把镊子拔他稀疏的胡子。他看到我的到来，为我热些吃剩的土豆当午餐。他把土豆配上陈年黄油端给我，这黄油是来自喇嘛的礼物。这里的黄油被紧紧地缝进羊皮口袋，可以保存长达一年的时间。有一天，塔克拉给我们拿来一袋看起来像生了疥癣的动物似的东西：一羊皮口袋陈年黄油。喇嘛毫不犹豫地要了回礼。他从富-策林那儿要了一条裤子，从加尔曾那儿要了几双袜子，从江布那儿要了一双靴子。由于江布只有这一双靴子，在去久姆拉的路上会用得上，我不许他送出这双靴子，告诉他反正喇嘛也不能走路。吃完土豆后，我完成了一些小任务，比如压平岩羊吃的植物以便以后鉴别，把曝光的胶卷贴上标签，测量羊角的尺寸。随着太阳沉到山后，阴影迅速降临了，夜晚的寒冷也突然到来。这还只是下午 3 点半，然而我们的夜晚已经开始。

当我们盘腿围坐在火边时，囤杜的妻子来讨一点白糖；明天她可以带给我们一些糌粑或者一把干酪。我把当天的野外笔记转录到一个更为永久性的笔记本上，富-策林在做晚饭。今晚我只

寂静的石头

用一个小时就完成了写作，但是在岩羊更活跃的日子，可能需要三个小时。我们吃了土豆和胡萝卜炖的汤，这对吃惯了米饭和木豆的我们来说是个很受欢迎的改变。我称赞了江布，因为他最近外出贸易时从萨尔当换来了胡萝卜。江布有些厌倦了在雪伊寺的生活，因为除了拾柴以外没事可做，所以他非常乐于去其他村庄冒险。正当我们吃完晚饭时，纳姆和萨妮（Sani）走了进来和我们一起围火坐下。萨妮身材圆润、性格开朗；她微笑的时候，眼睛消失在饱满的脸蛋后。她边笑边闲聊，当拥挤和火堆让她发热时，她向后仰着打开她的长袍，让凉风吹过她裸露的胸膛。富-策林又往火里加了些柴。两位女士离开后，我们散乱地闲谈着，夏尔巴人提出关于美国的问题，主要是各种物品的价格和不同工作的报酬。有一次，在一个安静的片刻，塔克拉跌跌撞撞地走进小屋，想要和我们一起睡。他说喇嘛对他发了火，朝他挥舞着拐棍，只因为他的伯格瑞饼（一种荞麦面做的厚面包）做得不够好。夏尔巴人让他帮我们洗碗，才允许他分享他们的床铺。

现在是晚上 7 点半。我在继续烤火和睡觉之间犹豫不决。我选定了后者，向夏尔巴人道了晚安。水晶山在群星中若隐若现，银色的月亮往雪面上洒下冰川般的光芒。我点燃一支蜡烛，钻进睡袋，在日志中写下当天发生的事情和思绪。我的评论很简短，因为圆珠笔被冻住了，只能每一两分钟在蜡烛上烤热一会儿才能书写。

那群 12 只雄性组成的岩羊群已经在寺院上方的山坡停留了几周。在 11 月 25 日，早上 8 点 40 分，这群岩羊走下山谷，蹚过冰凉的溪水，坚定地向几只雌羊走去。我饶有兴趣地看着他们的进展，意识到发情期进入了一个新的阶段。当两个羊群相遇时，单身雄性群体立刻解散了，每个雄性各自寻找着发情的雌性。然而这群里的雌性都还没有准备好交配，雄性们便留下来和她们一起吃草休憩。我注意到在发情期，只有几只雄性岩羊从一群流浪到另一群，相比之下，公盘羊则似乎总在不耐烦地移动，公山羊则倾向于留在群里。在他们行为的这个方面，就像其他很多方面一样，岩羊介于盘羊和山羊之间。

终于，在 11 月 29 日，我观察到雄性严肃认真地求偶，他们紧跟着某些雌性，并把竞争对手赶走。他们不耐烦地求偶，由于还是发情期早期，他们的行动显得缺乏手腕。我的野外笔记中的一个事件描述了他们的行为。雄性是根据体量列举的，Ⅴ类为最大的。

一只Ⅴ类雄性和一只雌性在羊群中前后徘徊，奔跑着，小步快跑着，走着。两只都已经累了：他们伸着舌头喘着气。他在追逐中两次骑上雌羊，但是每次都随着她继续移动而掉了下来。她领着他来到一处峭壁，沿着岩脊，进入一条岩缝，在这里他又一次骑上她。她不安地跑掉了，从羊群中穿过和绕行，雄岩羊还跟着她，然后回到了同一条岩脊。雄羊骑上了雌羊。一只Ⅱ类雄羊冒险靠近。雌岩羊跳开以回避这个年轻雄性的追求，但是并没有回避那只成年雄性。他一边高速奔跑着一边试图骑上雌羊，但是进一步的尝试被打断了，因为一只Ⅳ类雄性

寂静的石头

冲过来挡住了他，而忽视了雌岩羊的离开。

这只雌岩羊显然还没有完全进入发情状态，否则那只成年雄性不会允许年轻雄性靠近她。然而，这个事件还是在很多意义上都非常典型。雌岩羊并没有努力避开雄岩羊；事实上，她似乎不仅在引诱他，而且在引诱附近的任何其他雄羊，因为她在羊群中或周围盘桓，有时能聚集一队随行的追求者。就像我之前提到的，如果最大的雄性失去了兴趣，那么等级仅次于他的那只就会马上接手。岩羊主要在面临危险时才会退到悬崖上。但是雌羊在发情期也会寻找高耸的岩脊，很可能是为了减少雄性间的竞争：在这种危险的地方，空间只够一只岩羊行动。

有时在激情鼎沸时，雄性之间的等级次序会暂时地瓦解，直到占统治地位的那只重新在混乱中创造出秩序：

10 只雄岩羊聚在一起，这时一只雌羊忽然出现在他们中间。所有雄羊都向她聚拢，而她逃上了附近的一处峭壁。她沿着岩脊跑到了一个平台上。她在这里面对着岩壁停下，而 6 只雄性互相压着堆在她身上，直到她从他们身下消失。在多次引诱和逃跑之后，只有 3 只雄性留了下来——两只 Ⅴ 类和一只 Ⅳ类。当最大的雄性攻击竞争者时，雌羊从他身边溜过逃掉了。她马上就被所有雄性追逐。一只敏捷的 Ⅲ 类雄性在追逐中骑上了她，但是一只 Ⅳ 类雄羊马上撞向了他的臀部。之前落后的最大的 Ⅴ 类雄羊现在赶到了，取代其他雄羊跟着雌羊来到了原来的岩石平台。他首先骑上她，然后对任何敢于冒险接近的追求者给予猛踢。忽然雌羊离开了，雄羊们紧紧跟着她。

虽然观察发情期让人很兴奋，但我意识到岩羊的行为跟盘羊和山羊都很像，求偶的典型行为在演化中基本保留不变。这些物种之间确实有差异，尤其是在示爱的频率上，比如盘羊比岩羊更多地向两侧扭头，但是这些只是细微的变化。我想观察到发情期结束，但是知道这不可行。我们的食物几乎吃完了，除了一点只能用于返程的储藏以外。好像每一天富－策林都在宣布又一项物品的耗尽。

"盐没有了，先生。"我给他一条磨损的毛巾，让他去跟囤杜的妻子换点西藏粗盐。

"肥皂也没有了，先生。"我们怎么可能没有肥皂了呢？从我们的外表来看，我们肯定几个星期都没有碰过肥皂了。我们皮肤的每一个毛孔中，都塞满柏树柴火释放出的黏稠的黑色油烟，头发里也满是奇怪的灰色绒毛，就像很久没扫的床底下的那种。就像藏族人早就知道的那样，我们发现温暖这种奢侈品远比清洁重要。纳姆给我们一点儿纯碱用来洗碗和锅。

一个更紧迫的离开的理由是天气。11月干冷的天气已被12月的暴风雪取代。乌云的影子沿着山峦两侧匆匆移动，它们被刺骨的狂风推着，无路可逃。无论我躲到哪里，狂风都能找到我，并像激光一样刺穿我。仅仅观察了岩羊一个小时后，我的手脚就变成了毫无知觉的附属物。我跌跌撞撞地回到小屋，回到火堆和热茶，然后又一次把自己置身于自然之中。任何一天，飞驰的云层都可能带来降雪，并封闭高处的山口，把补给不足的我们困在这里直到春天。我把我们离开的日期定在12月6日。

最后几天是总结收尾的时候——拍摄之前忽视的有关事物，巩固事实和印象。虽然关于岩羊还有很多未知待考的事实，但我已经获得了关于这种动物的生活史的宝贵且深入的认识，对这种物种到底是盘羊还是山羊，也有了一个至少合理的答案。

成年雄性岩羊在一年中任何时候都很愿意与雌性交往，在这个方面它们更像山羊而非盘羊。只有少数雄性在发情期离开原来的羊群流浪，这一点介于盘羊和山羊之间。雄性用踢和撞等方式威胁对方，偶尔间接地侧身展示自己。盘羊使用更间接的挑衅方式，而山羊几乎只用直接方式。虽然雌岩羊的角短而粗，但其实它们常常打架，行为上更像雌山羊而非温和的雌盘羊。总体上看，岩羊的社会性主要类似山羊，加上一些类似盘羊的特征。我猜测岩羊的祖先在悬崖上演化，后来才占据不那么危险的领域，这里新的自然选择压力使它们的社会性向盘羊改变。

转向具体的行为模式，我们必须考虑相似的特征是否是在两个物种中独立发展出来的，显示出趋同演化，还是它们有着共同的起源。比如说，岩羊和盘羊都用互蹭来表示友好。它们蹭的部位不同——前者蹭臀部，后者蹭头部——而这种演化看来是趋同的。岩羊和盘羊都喜欢挤在一起这种行为也可能是趋同演化，它们的栖息地和社会都偏好一些雄性间非正式互动的方式。山羊和盘羊互相撞击的方式也有很大不同：山羊会用后腿直立起来，向下猛撞对手的角；岩羊也常常这样打斗，虽然它们不再长时间待在峭壁上，在那里这种打斗方式比盘羊的长距离助跑撞击要更安全。但是，它们偶尔也会像盘羊那样向对方奔跑，这表明在远离悬崖时，它们能更灵活地选择特定的打斗方式。岩羊像山羊那样吮吸自己的阴茎，但是并不把自己弄得浑身尿液。它们也用伸长的阴茎作为展示优势的器官，而山羊并不这样做。这几个物种形成了一个行为渐变群，从盘羊这样只在极少数时候伸出它们的阴茎，到岩羊这样不仅伸出并吮吸阴茎，到山羊那样不仅伸出、吮吸阴茎并往自己身上撒尿。在这个意义上，岩羊的行为表现就像它们处于比山羊更早期的演化阶段。

从这些和其他一些行为模式中，关于岩羊的演化我们能做出什么推论呢？在雪伊寺时，我的思绪长久地停留在这个问题上，回到家后，我试图在我的《山中君王》一书里简洁地表达它：

　　总体来说，行为上的证据肯定了我们从形态学上得到的岩羊基本上是山羊的结论。岩羊的很多类似盘羊的特征可被归于趋同演化，这是这个物种定居在通常生活着盘羊的栖息地导致的。但是岩羊不只是显示了推测的栖息地变化可能改变行为这一点。虽然岩羊显然适应了山区生活，但它们还是保留了很多共性。它们的角比较短，是朴实的打斗工具，与盘羊或山羊的角不太相似。它们的腺体要么不太明显，要么完全看不见。在对阴茎的使用上，岩羊也仅仅将它用于地位象征的展示，而没有演化出更加专门的用途。这个物种在演化上是个骑墙派，好

　　　　　　　　　　　　　　　　寂静的石头

像无法决定它是想成为盘羊还是山羊，只要做出些许改变，它就能变成其中任何一个。就像鬣羊一样，岩羊很可能很早就从原始山羊中分化出来了。如果要我设计一个假想的盘羊和山羊的共同演化先驱，它在外表和行为的很多方面就会类似岩羊。

现在是12月5日，我在雪伊寺的最后一天，我给自己放了一天假。我时常抛下相机、三脚架、望远镜和其他器材，以及自己的例行程序，在山间无拘无束地漫游。这种时候我必须训练自己敏锐地注意到岩羊以外的生命。这一天我看到了灌木丛下藏着一只高原兔，棕灰色的毛皮，耳朵平贴着毛茸茸的脑袋，致力于保持神秘。当小路在最后一座小隐居院后面结束时，翻过一条岩石的脉络，有一片扭曲的桦树，这是康拉山口北部最后的平台。这是个观鸟的好地方。有一次一群有着褐色斑点条纹和丰满的红色羽毛的大朱雀从枯枝上飞过，就像不愿落下的秋叶。暴风雨似的大群林岭雀猛地飞上峡谷。每个鸟群就像共用一个大脑似的整齐地改变方向，在山坡上低低地掠过，然后忽然降落在灌木丛中。我惊叹于这种能量，这驱动着这些小束羽毛和骨架的强烈的内在火苗，在这个环境里我们人类连呼吸都感到费力。鸟类比哺乳动物能承受更高的海拔，因为它们的循环系统尤其是它们的气囊组织，能更好地从空气中吸取氧气。斑头雁曾被记录飞翔在海拔9000米处，正向南飞越珠穆朗玛峰，它们强有力地展翅在这样的高空，而人类在这里则只能喘息和死去。

在这最后一天，我获得了一件特殊的礼物。狼群回来了，正是我和彼得五周前遇到的那群。此前我在慢慢地走着，在小路的尘土中寻找动物足迹。那儿有一只野鼠的脚印，它匆匆穿过小路，组成的精细线条就像神秘的藏族文字。留下这些脚印的很可能是斯氏高山䶄，这是一种毛茸茸的灰白色野鼠，小脚上也覆盖着毛皮，除了它有尾巴之外，长得很像旅鼠。我继续沿着小路，然后不知道为什么又停了下来。我的眼睛被山坡吸引，在那儿遇到了那只大白狼冷静的凝视，他只有头部和颈毛露出可见。在此之前，这是平静的一天，少有情感。半透明的悠长云彩像庆典上的哈达一样飘过顶峰，连风也失去了它的锋利和尖锐。但是这只狼的出现增添了生命活力的火花；他那楔形的头部朝向天空，散发着光芒。他用人类难以察觉的方式向他的狼群成员发出信号，告知了我的闯入，也许是用呜呜声，也许是用他绷紧的身体，因为另外三个狼头出现了。然后这只白狼站了起来。如此壮美的生物！我无法判断他身上是美丽还是力量更多一点，但是在狼身上，这两者显然没有分别。突然这只动物消失了。我爬到他们之前停留的地方。群山间没有他们的身影，就好像这些狼从一个神秘的裂缝钻进了山里。

　　几周以来，寺院锁着的大门都没有打开过。有一次我们请求纳姆带我们参观，但是她回避地说钥匙在囤杜的妻子手里；我们后来向囤杜的妻子询问，她告诉我们她的丈夫必须在场，并且一次参观需要花费100卢比。我对此事就没有再表现出兴趣。然而今天，在遇到了狼群之后，我又向囤杜的妻子谈起，她同意向我展示寺院的内部，并且只收5个卢比。

从打开的大门斜射进来的阳光照亮了一个很大的集会厅。有一面墙上几乎绘满关于佛祖和他的信徒们的壁画，还挂着一幅绘有不同动物的布料，其中有一只老虎、一只飞翔的猫头鹰、一只山羊和一个浑身是毛的裸女，她摆动着双臂和大脚，逃避一只狼的追逐。我走出了直射的光线，经过一簇古剑和前膛枪，进入了昏暗的寺院内部。沿着墙边装有坚固的木板制成的座位平台，几只大鼓挂在屋顶上。靠后的位置矗立着一座多层的祭坛，上面有一排排的酥油灯，以及一个丑陋突兀的装着褪色塑料花的花瓶。旁边堆放着印刷用的木版，一个角落里胡乱堆着书籍，这些是典型的活页藏族经书，书页用木板条和丝布装订在一起。沿着后墙，在阴影深处尘封之中，是供奉着铜制佛祖的壁龛；我数到了11尊铜像，也许还有更多。囡杜的妻子在门口警惕地看着我独自环绕这间大厅，我的脚步在木质地板上听起来很空洞。

在冬季的环境下，这个寺院看上去是死寂的，就像一个被人长久遗忘的博物馆，只剩下另一个时代的遗迹。但是这间房间，和雪伊寺的其他部分，现在只是在冬眠；几个月之后，当村民们带着他们的牲畜来到附近的夏季草场，耕作他们的田地时，酥油灯将会再次点亮，锣鼓也会再次敲响，就像6月的满月时这里庆祝当地的春节一样。戴维·斯内尔格罗夫曾在1956年目睹过这种庆典。各地的朝圣者们都为节日远道而来，他们来自萨姆灵、菲吉尔（Phijor）和其他村庄，带着牦牛和小马。他们脱下平日暗淡的粗布衣服，换上蓝色的节日盛装，披上花式鲜艳的披肩。男人和女人都穿着宽大的羊毛裤，膝盖以下绑起来，还有进口丝质或棉质布料的白衬衫，上面披着一件长袍，男式的长袖，女式的无袖。雪伊寺很快就挤满了来客。有几个男人在用模子制作圣糕"朵玛"，它们将和酥油灯一起被奉上祭坛。下午大约12个司仪开始朗读一段经文，"喇嘛是思想的完善者，是一切障碍的移除者"，这里的障碍是指阻碍追求启迪的邪灵。这段经文将被诵读108次，完成这项任务需要整整两天。在这种单调的诵经之后，是僧侣的舞蹈。旁观者们盘腿围坐在集会大厅的墙边，在酥油灯闪烁的光芒下，全神贯注地观看着代表三位神明的三个舞者，他们旋转着欢庆祭坛上的供奉品。斯内尔格罗夫如下描述庆典的下一阶段：

> 紧跟着是用来驱逐八类有害神灵的仪式。在这个仪式中，一堆绳子被用来代表宇宙，尤其是邪神活动的星球；他们被成堆的祭品吸引到里面。这些木头和绳子组成的结构，象征着把邪神捕捉到其中，就像把鸟儿关进笼子，然后被抬到寺院外毁掉。

> 供品在节日的第三天被献祭。当世俗司仪诵读经文时，其他人在外面的院子里围成圈跳舞。然后，最后一天所有人等待的仪式终于到来了，这是用生命献祭的仪式。

> 哦主啊，无尽生命的保护者
> 请将您的神圣降于这些值得的子民，
> 让生命和知识处处显现。

主祭司挥动一根装饰着彩色条缤的神杖，挥过几种圣物上方：一个盛满水的瓶子、一个有灵性的头盖骨和一个装着糌粑小球的碗。

哦，你们这些流浪、迷路或者消失了的神的生命！土、水、火、气这四种元素的纯粹精髓，生活在三重世界的三重广袤中众生的幸福和壮丽，过去、现在和未来的佛陀给予的同情恩典的全部精髓，这些一同组成了各种颜色的光线。它穿过你们身体的每个毛孔，消失在心脏中间……智慧的纯粹力量；这样你们神的生命会恢复健康，你会获得不朽的完美。

接着，男人、女人和孩子一同上前品尝象征生命的糌粑小球和其他圣物。这些都赋予人们长寿、健康和通向启迪的进步。在最后的祝福之后，节日结束了。村民们四散继续他们的日常生活，寺院重新变得阴沉。

雪伊寺到久姆拉，12 月 6 日 ~ 15 日

当富 - 策林收拾着最后一包行李，把我们的早餐碗碟塞进去时，我和加尔曾把其他三包行李提出小屋，纳姆的丈夫在那儿等着我们。他同意把一包行李运到往东一天路程的南道，纳姆也要随行。塔克拉来道别，并翻拣我们扔下的东西。富 - 策林找他借了一个小皮口袋；他一边咏唱着，一边把小口袋里的藏香撒在火堆的余烬上，然后走出来把一捧米粒抛向空中，用以抚慰我们路上可能遇到的神灵。在完成了这些万物有灵论的仪式之后，我们五个人离开了雪伊寺。对我来说，这段愉快的科学冒险结束了，但并未完成。任何生物学家都会经历坦塔罗斯（Tantalus）的焦虑：一个人学习得越多，他学到的就越多；而他学到的越多，事物的真相就越难获得。总有一种痛苦的体会：不知何故错过了一次奇妙的机会，没有足够清醒的大脑去理解大自然所展现的一切。一路上我既没有停歇也没有回望，直到三个小时后到达了萨尔当拉山口的玛尼堆。这里寂寥无声。前面白色和褐色的山峦绵延不绝地延伸到中国西藏。没有什么能减轻这片无边清澈的空间的严峻，直到眼前低处一只胡兀鹫飞入视野，展平着两翼向山谷下的雪伊寺滑翔而去。我看着它消失在饱经风霜的顶峰之间，带着我视野中消失的地平线。要到达并生活在雪伊寺这样一个偏远的世界角落，人必须与自然的力量达成一项无声的友谊协议，并按照山峦和森林指定的方式生活——但是代价是孤独和与世隔绝。我现在又有了回家的强烈欲望，我需要家庭的慰藉、温暖和爱，当我的小旅行队登上顶峰时，我满怀急切地从这里离开赶路了。

我们的道路沿着群山绵延，下行到一个冰封的沟壑里，然后在一个石灰岩峡谷边缘分岔，一条分支通往南宫寺（Namgung Gompa），而我们要走的分支继续向东。我们停下来吃午餐。富-策林递给我一块煮熟的山羊肩胛骨和一把用茶混成的糌粑面团。雪伊寺周围的白色和褐色佛塔在沉入黄昏之前最后地闪耀着；但是在高一些的地方，藏在铜色峭壁中的一所隐居院还在最后的冬日光线中发着光。沿着南宫山谷的边缘，我们很快到达了它与庄河的汇流处，这里南北都是主要的旅行路线。纳姆在这里离开我们去往萨尔当，那里的房屋在下游清晰可见。她离开得很突然，没有用语言或手势来表明我们即将分离，也没有提到我们的生命曾穿越文化的隔阂而相遇和互动。我们向南经过无数的佛塔和几乎绵延不断的玛尼石墙，有些石板高达 0.9 米，刻满细密的经文。一到达南道的小寺院，我就饶有兴趣地发现，这里有一个马鹿鹿角装饰着屋顶，就和在雪伊寺一样。江布和我们成功会面，他为我们找到了住宿的地方，在寺院侧翼的一位老妇人家。这房间屋顶低矮，堆满了一只大木箱、老羊皮、篮子和其他物件，只有火边的一小块地方留给我们，那儿一只铁锅里文火炖着牦牛肉块。当我们的女主人在一个将近一米高的木桶里搅拌着酥油茶时，江布说起他为寻找我们向南的行程需要的三个背夫费了不少麻烦。这里有很多人，包括农民和游牧的牦牛牧民，在冬季会去杜奈、达拉果德等低海拔地区，因为德尔帕缺乏燃料和食物，在下一次收获之前很少有足够的土豆、荞麦和大麦。为了在低海拔处度过冬天的几个月，很多当地人会先穿越边境进入中国西藏，在那儿的浅湖边收集用作清洁剂的纯碱，并取得盐巴。然后，他们赶着满载的牦牛，进入尼泊尔南部，用这些物品换取食物，直到四五月份才回到这里种庄稼。

　　我们的女主人显然很高兴有这么一群听众，她不断地说着话，同时手握一把绵羊毛，在一个旋转的小卷线轴上纺着线。她注意到了进入这个山谷的一切，是个宝贵的信息来源。她回忆说，大约 15 年前，有一个来抄写经书的外国人也在她这里住宿。这一定是戴维·斯内尔格罗夫，他的著作《喜马拉雅朝圣之旅》如此详细地描写了德尔帕的众多圣地。10 天前 6 只狼杀死了附近的一只山羊，并且吃掉了部分羊肉，直到牧童把它们赶走。然而，现在每个春天，村民们都四处寻找狼穴，并杀死狼的幼崽，她希望很快这里就不再有狼了。9 天以前，在南宫寺附近，一两只雪豹杀死了两只岩羊，当地人拿走了所有羊肉。去年在南道附近，一只雪豹被枪击中。当江布为我翻译着这些事件时，我意识到，只有一个非常大的野生动物保护区才能保护这些食肉动物，女主人所提到的狼群和雪豹很可能就是在水晶山附近捕食的那些。

第二天一早，三个背夫急于出发，据他们所说，我们必须在上午 11 点之前通过一个峡谷，因为即使在这个季节，午后的积雪融水也会让溪流变深难以通过。我们沿着布满碎石的河床前进，一次次从易碎的冰桥上越过溪流。两侧的山坡由于过度放牧已被严重侵蚀，水土的退化由于动物们无法到达在中国西藏的传统冬季草场而加剧；村民们还连根拔起忍冬等灌木当作燃料。东边的峡谷侧壁有 900 米高，我们在这深谷之中，顶着冰封天空下刺骨的寒风匆忙赶路。终于，峡谷侧壁让位于宽阔绵延的群山。现在是上午 10 点半。在 11 点，一股灰色的水流准时淹没了干枯的河道，扫过了冰面。中午时富 - 策林捡了些牦牛粪来生火煮茶。山谷很快有了分岔，路口标记有一个玛尼堆，上面堆着大约 10 只盘羊和几只岩羊的头骨。我们的一个向导告诉我们，去年夏天他曾在这附近射中过一只盘羊。一群三四只狼比我们仅仅早几个小时走上了山谷，我高兴地从足迹中注意到其中一只是幼崽。下午 2 点时，背夫们就停了下来，说现在要穿过后面的两个山口之一已经太晚。我对此感到不安，于是为了给自己的紧张情绪找个出口，就爬上一个较高的山头寻找盘羊。我能看到的只是低矮阴暗的云层从远方向我们翻滚而来，我回到营地不久，就开始下雪了。

这是个糟糕的夜晚。狂风一阵阵地在帐篷周围盘旋，卷起雪来堆在帐篷壁上，在另一个帐篷里，夏尔巴人和背夫们争执着，无疑是关于明天的计划。早晨雪下得只比昨夜稍小些，在继续飞旋的雪花和乌云中，我加入了其他人。背夫们拒绝前进，因为即使翻过山口，更多的降雪也可能会把他们困住，在春天之前都无法回家。由于所有的路标都被雪掩埋了，我们无法靠自己找到正确的路线。但是有一个跟着我们队伍的旅人同意带我们到第一个山口拉卡拉（Raka La），只要不背行李，并换取我们可能需要丢弃的东西。他知道我们必须把 7 个包裹缩减成 4 个，他的获利会很可观。我们重新打包了行李：取出所有的食物，只留 3 天分量的茶叶、糌粑、糖和米；丢掉一顶旧帐篷、水桶，以及多数煮锅、平底锅和其他厨房用具；甚至一些不太关键的科学样本，比如岩石样本、化石和岩羊粪便（我本想分析其中的寄生虫卵）。我把自己所有的多余衣服都交给了穿得很单薄的夏尔巴人。加尔曾还穿着灯笼裤和网球鞋，就像出去野餐的学童。我叫他穿上靴子，但是他回答说他没有靴子，我在加德满都给他买靴子的钱被挪作他用了。我严厉地指出，要在隆冬时节穿着网球鞋翻越海拔近 5486 米的山口，是个冻掉脚趾的好方法，并将我最后一双干净的羊毛袜子递给他。

9 点半时云层变得稍微稀薄，我们背上行囊开始爬山。第一部分很陡峭，山坡因为冰上覆盖着一层新雪而变得很滑，我们常常重重地摔倒，每人32公斤重的行囊使我们失去了所有的灵活性。只走出几百米后，我们的向导就停了下来，含糊地向云层挥着手，说山口就在前面，就跑下了山坡。我们继续跋涉，完全迷失在这片没有特征或形状的茫茫雪原里。随着云层再次吞噬了我们，雪下得更猛了，风的力量也增强了。就在我们为找不到路线而绝望时，我们听到了上方传来铃声、口哨声和人们的呜呜呼喊。从仿佛灰色无物的云间，出现了一支有超过50只牦牛的队伍。这些满载的动物正排成一条波浪线费力地下山，它们深色的毛皮上已经覆盖了一层冰雪；和它们一起的人们看上去也一样来自荒野，他们穿着羊皮长袍，留着被风吹乱的长发，挥舞着棍子并空洞地叫喊着驱赶牛群，就像在驱散聚集的山灵。很快他们都消失在迷雾中，就像从来没有到过这里，几分钟之后他们的足迹也消失了。但是现在我们间或能找到冻住的牦牛粪便，用这些当作路标，继续向山口苦行。云朵沿着山坡疾驰，大风在咆哮，并把雪片一阵阵地水平抽打过来，风雪如此猛烈，以至于我们必须背对着它们直到它们的力量耗尽。由于能见度只有几米，我们互相离得很近，从彼此身上寻求安全感以对抗这狂暴的荒野。我努力穿过暴雪的咆哮向他人喊话，建议在此宿营。就在此时，我们再次听到了铃声，这一次从下面走向我们，很快雪中出现了一个幽灵似的旅队，由两个男人和两个少年赶着6只牦牛。他们的领队同意用牦牛帮我们运一件行李。我们每人的背囊减轻了7公斤，并且有了牦牛开道，我们重新充满活力地向山口爬去。一个上面插着扭曲的旗杆的玛尼堆标示了顶点。一个男人从他盖满雪的长袍里拿出一面经幡，把它系在旗杆上当作还愿的供奉；当我路过这面风中招展的经幡时，我也向山神们致以了无声的感谢。

我们下到了一个宽阔的山谷里，接着是一条两侧峭壁隐藏在云中的峡谷。黄昏时，我们在一块突出的巨石下宿营。德尔帕人卸下牦牛的重担，让它们自由去寻找雪下可能存在的任何微薄的食物。一点混上糖和水的糌粑就是我们的晚餐。在疲倦地沉入睡眠之前，我满意地注意到雪已经停了，苍白的月光穿过正在变薄的云层。然而，第二天早晨天气还是不稳定，德尔帕人说他们会等天气暖和起来就继续上路；但是到上午9点，他们还在毯子下。他们说，今天他们还是不出发了。我们请求他们提供一个向导，带我们穿过迷宫似的山峰，直到能明显找到去下一个山口的路。在犹豫和讨价还价很久之后，他们中一个20多岁的年轻人同意为我们带路，但是要求我们提前支付一个极高的价格。在走了一小时之后，这个向导开始走得很慢，这引起了我的怀疑，我留心观察着他。当我们在一条小溪边喝水时，他走在前面，忽然故意摔倒，然后呻吟着揉着腿，就像真的受伤了。江布急忙过去帮助他，但是在我告诉他这个骗局之后，他的关心变成了愤怒。江布要求向导退还我们付的钱，当他知道这笔钱被留在了营地时，德尔帕人的不可靠给他带来的沮丧爆发了。他用沉重的靴子踢着这家伙的腿，直到我指出如果他再不停下来，这个虚构的腿伤就要变成现实了。于是江布改为用拳头打他的头，直到他躺在雪地里抽泣起来。江布命令他捡起一个行囊，把它背到山口。他皲裂的脸上挂着泪水，回答说通往山口的道路已被深雪掩埋，难于通行，但是下往德昆姆克·科拉山谷通向佛克桑多湖的道路可以通行。我看了看前方的德昆姆克山谷，知道下山绝非易事，而且我们很可能不幸偏离有人走过的路线。随着天气变得晴朗和气温下降，加尔曾的穿着基本不适合通过高山山口；他坚忍而从不抱怨，即使脚趾正在冻僵，也很可能不告诉我。我们讨论了每条路线的利弊。三个夏尔巴人都选择去德昆姆克的路，我怀着疑虑同意了。反正，如果这条路真的这么容易，那这个德尔帕人当然不会介意花几小时给我们带路并背一个行囊。踢了下他的脚，我们开始下山，我走在最前面，三个夏尔巴人殿后，以防止这个不情愿的背夫逃跑。

峡谷几乎立刻就变窄了，其中有一条湍急的溪流，被冰桥覆盖着，在两岸间不断跳跃，还时时跃下悬崖。雪覆盖着每一块卵石，接近水流边缘的一切都蒙着一层光滑的冰，使得每一次落脚都有危险。要穿过这条溪流，我们必须用到冰桥。"你先走吧，先生，"富-策林催促我说，"你个子最大。"他的这个提议逻辑强大、无可辩驳：如果冰能支撑我，那么夏尔巴人就能安全地大步走过。我缓慢地向前移动，随时准备好一听到冰裂声就跳回来，每一次紧张地通过时都屏住呼吸。多数冰桥在我靴子下发出坚实的声音，然而也有几座糟糕的，在我第一次试探性地轻踏时就垮塌了。还有一些比较有疑问的，发出嘎吱的抱怨声，但是看起来还算坚固，它们有时能挺住，有时不能，这时就只有绝望的一跃能使我免于冰水的浸泡。有一次过冰桥时，那个背夫忽然扔下他背的行囊，向峡谷上方爬回去。没人试着阻止他，我们已经不需要他了。很快，峡谷就窄到只剩下溪流的宽度，还有一条 9 米高的瀑

　　　　　　　　　　　　　　　　　　寂静的石头

布，这里翻滚的流水似乎神奇地变成了明亮的玻璃。水继续在它冰封的表面和岩石之间流动。我谨慎地从这些突出的冰面上方下降，用系在一块巨石上的绳子分担我的体重。其他人先把背囊降给我，然后也慢慢下降，希望脆弱的冰壳不要破裂。再走远些，一块岩石板斜跨溪流。在横越它时，我脚下打滑掉进了水里，胸部以下都浸湿了。我的衣服几乎马上就开始结冰，但是我们现在能看见前方的桦树和松树林了，所以我继续赶路，试着保持体温，直到我们能找到一个好的宿营地并生起火来。虽然现在路线第一次清晰可见了，但我很快怀念起糟糕的冰桥和滑溜的卵石。为了绕过峡谷中一段无法通行的部分，我们要爬上峡谷的侧壁，穿过一小段向外倾斜的、被雪覆盖的狭窄岩壁。我用裸露的手指挖进峭壁上冰冻的裂缝，脚后跟悬在深渊之上，侧身挪动着，用我的脚尖刮出供夏尔巴人落脚的小平台。但是在这段危险的路途后，峡谷变得开阔，我在松树和桦树混杂的树林中生起了火。很快我的裤子就冒出了蒸汽，当温暖流进我的身体时，过去两天的紧张劳累都已成了回忆。我们已经走过了峡谷最糟糕的一段，佛克桑多湖就在附近。到了黄昏，在我等待夏尔巴人的时候，一只黄褐色的林鹞呜呜地叫起来。

第二天早晨，我们终于走出阴暗的峡谷进入了明亮的阳光里。在一小块覆盖着灌木和草的平地上，一只雪豹忽然跳开，跃过溪流，穿过灌木丛，进入了峭壁断面。我在雪伊寺寻找这个物种有五周的时间，但是没有一次能瞥到一眼。现在，在我们在这只猫科动物山区家园的最后一天，当我的身体和精神的能量都被高海拔和艰难的路途耗尽时，我收获了这转瞬即逝的不期而遇。我扔下背包，在小片积雪上寻找它的足迹，并没有跟着它进入峭壁，而是回溯它的路线，去发现它在我们到来之前在做什么。我马上注意到之前在这里的不是一只，而是两只中等体型的雪豹，另一只没被我看见就消失了。这两只动物在佛克桑多湖附近下山之后，沿着一条小溪的岸边走进了山谷，一只通常跟着另一只。其中一只偶尔绕路去查看了一块卵石或是一棵倒地的树，雪地上的凹陷显示出它们曾在这里倚靠着短暂休息。这对它们来说，是个闲适的早晨，直到被我们的到来打断。

佛克桑多湖东岸显然没有去林莫的路线，因此我们必须环湖绕到北岸。一条牲畜的足迹沿着陡峭的山坡上升 700 米，然后沿着湖岸前进。一只雪豹也曾来过这里，从巨大的足印来看这是只雄性。它用雪豹的典型方式，在隆起处留下刮痕和粪便标记了自己的路线。我充满喜悦，就像在进行一场寻宝之旅，急忙沿着这些印迹收集新旧粪便，并写下笔记。曾有 3 只雪豹到过雪伊寺，现在我又有证据表明有 3 只在佛克桑多湖附近，这意味着在这约 500 平方公里的地区生活着至少 6 只雪豹。1976 年 12 月～1977 年 2 月博物学家罗德尼·杰克逊（Rodney Jackson）曾在德尔帕以西的南兰科拉（Namlang Khola）研究雪豹，他估计在 400~500 平方公里的范围内有 3~5 只雪豹。但是在他短暂的探访期间，当地猎人杀死了其中的两只。他向尼泊尔政府递交的报告描述了那个地区密集的狩猎：

　　　　　　　　　　　　　　　寂静的石头

多尔富（Dolphu）村民对麝鹿、岩羊和雪豹的狩猎十分猖獗。麝香每拖拉1000~1200卢比的售价，对多尔富很多家庭来说代表着主要的现金来源。约30名猎人从7个大本营行动，11月、12月和1月的部分时间都在南兰山谷和康吉罗巴雪山狩猎。他们放置了几百根下了毒的竹矛，在桦树/柏树林用以捕捉麝鹿，在通往水源的路边用于捕捉岩羊。其他一些毒矛被放置在岩石关口用于捕捉雪豹，还有石头陷阱被用来猎杀啮齿动物、貂和其他鼬科动物。

我们下午3点左右到达了湖西边的狭长水域，时间已经太晚，不能继续去林莫了。我在10月25日宿营的同一个地点支起帐篷，随着这个举动，我心理上完成了我的旅程。我的帐篷附近游着一只孤单的凤头潜鸭，它一次次潜入水中，完全不在意刺骨的寒风和冰冷的阴影。我平静超脱地看着这只鸭子，我们对彼此都只是漫不经心地感兴趣。我的野生动物调查结束了，我的研究完成了。而且我看到了一只雪豹。

早晨我的靴子冻得太硬以至于无法穿上。当加尔曾把它们在火边烤化，而富－策林准备着我们最后的食物——米、糌粑和茶的混合物时，我们讨论着到达久姆拉的计划。在久姆拉和加德满都之间，每周只有两班拥挤的飞机。我此前请彼得为我们预订12月17日的座位。现在是12月11日，由于沉重的行李和行进缓慢的背夫，我们已经无法准时到达久姆拉，背夫在这段路程通常需要花10天时间。由于我们可能无法在最近的航班上找到空位，我们决定分批行动：富－策林和我将疾行去久姆拉赶 12 月 17 日的飞机，而其他人将跟两个背夫一起慢些徒步，只要及时到达祖姆拉镇赶上 12 月 21 日的航班。

决定了这些以后，我们再次跨上湖上方通往林莫的狭窄峭壁上的小路。我注意到桦树丛中有几只麝的足迹，在之上的一片草地上还有一群岩羊的足迹。就在进入村子之前，我们遇到了三个来自低海拔地区的印度教猎人。

林莫村几乎被抛弃了，人们已搬到他们冬天居住的马尔瓦和帕拉姆村（Palam）。然而，江布还是找到了一个当地居民，不但愿意卖给我们食物，还愿意烹饪这些食物。我们的第一道菜是厚重温热的荞麦面包，还有一些青稞酒，第二道菜是煮土豆和煎蛋饼。几天以来第一次吃饱，我几乎愿意原谅林莫人之前作为背夫的过错了。

到分离的时候了。江布和加尔曾留在林莫过夜，我和富－策林则向低海拔地区出发。我们下行到马尔瓦，然后沿雪莉山谷继续下行，直到黄昏时找到了一处单坡棚屋过夜。附近有一个当地家庭，他们用牦牛的鞍袋围着营火堆成半圆以抵御寒风。我们向他们买了些荞麦。这个傍晚是温暖的：几周来第一次，当我在睡袋里写下当天的日志时，我的手指没有冻僵。

一整天我们都在雪莉山谷里下行，中午时经过了阴郁的罗哈冈村，傍晚前到达了山谷的口部。我们的路线向西转去，沿着佩里河上方高处的一片草坡。晚上 8 点，在天黑之后很久，我们才终于躺下在路边睡去，累得都没有准备晚饭。次日清晨我们继

　　　　　　　　　　　　　寂静的石头

续赶路，两小时内就到达了较大的提布瑞括特村（Tibrikot）。佩里河在此转向南方，但我们继续西行，翻越裸露的山峦，直到它们让位于长着栎树的平台和高处的山区草地、针叶树林。在最后的日光里，我们到达了海拔 3871 米的巴兰古拉山口（Balangra Pass）。我们下行得很慢，手电筒的微弱光线几乎不能照亮路线。富－策林紧紧地跟着我，以至于每当我停下来时他就会撞上我，他还不断地咏唱着，用以阻挡黑暗的精灵。又是一个禁欲式的营地：没有火堆，也没有晚餐。但是躺在落叶堆上时，我能穿过栎树的枝条看到星空。

天亮之后一小时，我们到达了一个村庄。这里没人愿意卖给我们食物，因此我们继续走到下一个有人居住的地方，这次有个女人不仅为我们提供了 18 个鸡蛋，而且只要多加 1 卢比就愿意把它们煮熟。在每人吃了 8 个鸡蛋当早餐、各留一个当午餐后，我们继续行进，穿过村庄和田野，穿过高山树林，又一次攀登到另一个山口之巅，这里跟上一个山口一样高。然后下行、下行，急速地降低着海拔，以此来逃离夜晚降临的寒冷。之后一天的多数时间里，我们稳定地走在一条狭窄阴暗的峡谷边，两侧的山坡还覆盖着茂密的植被，因为少有人愿意在这样的深处安家。下午 3 点前我们到达了嘎加括特村（Gajakot）。一个转播收音机正在播放。我们被告知距久姆拉只有两小时行程了。当我们在一个小屋里围着活跃的火苗吃着炖山羊时，我感到完全放松了。

在我心里，雪伊寺已经成为一个奇怪的记忆、梦想和欲望的组合。我知道所有事物本质上都是转瞬即逝的，物种会消失，高山会瓦解，然而我还是希望雪伊寺不会改变，希望一任又一任的喇嘛转世还会居住在他那赭石色的居所，希望那中世纪的安宁只会被岩羊打斗时羊角的撞击声打破，希望居图布·森格·叶舍会永远骑着神奇的雪狮在神圣的水晶山周围飞驰。

译后记

　　我第一次接触雪豹这个话题，是在祁连山给乔琳·休斯做研究助理。当时我接到本书的翻译工作，带着笔记本电脑和发电机进了山。一边白天翻山越岭做雪豹研究，一边晚上翻译雪豹研究前辈的作品。这本书里的每个字、每个故事、每段感触，都在深山的帐篷里与我共鸣。译完这本书，我发誓至少将生命中的 10 年贡献给雪豹，或科研，或科普。夏勒老爷子的人格魅力无须多言，他是我们这一代动物保育工作者的精神领袖，是我们的灯塔与明星。

　　写译后记时，我是牛津大学动物学系研究雪豹的一名博士生，正在紧张地等待毕业答辩。我已经兑现了自己誓言里的十分之六年。在这整个过程中，我如同每一个心有热爱的人一样，为自己不能做出更多的贡献，而感到深深的愧疚与煎熬。这本书的出版之路曲折坎坷，就如我的乃至全球的雪豹研究一样。时至今日，要说感想，我其实只剩下无法表达的"欲说还休"。

　　但还是要有希望。因为星光仍在，我愿负重，我知道我的朋友们、同行们、前赴后继的人们，仍愿前行。

姚雪霏

索引

寂静的石头

寂静的石头

寂静的石头

彩插

编号 1-15 插图均出自 Richard Lydekker 的 *Wild Oxen, Sheep, & Goats of All Lands*（1898），由 Joseph Smit 绘制。编号 16-17 插图出自 Edward Nelson 的 *Wild Animals of North America*（1918），由 Louis Agassiz Fuertes 绘制。编号 18 插图出自 Richard Lydekker 的 *Wild Life of the World*（1916），由 Wilhelm Kuhnert 绘制。

1 巨角塔尔羊（尼尔吉里塔尔羊）

2 喜马拉雅塔尔羊

3 野山羊

4 北山羊

5 库班北山羊（高加索北山羊）

6 捻角山羊

6-1

6-2

6-3

6-1~6-3
捻角山羊
三种不同
类型的角

7 鬣羊

8 岩羊

9 欧洲盘羊

10 旁遮普盘羊（维氏盘羊旁遮普亚种）

11 西藏盘羊

12 帕米尔盘羊（马可波罗盘羊）

13 西伯利亚盘羊（雪羊）

14 戈壁盘羊

15 加拿大盘羊

16 戴氏盘羊

17 石山羊

18 岩羚

自 然 文 库
Nature
Series

寂静的石头：喜马拉雅科考随笔

乔治·夏勒 著　　姚雪霏　陈翀 译

图书在版编目（CIP）数据

寂静的石头：喜马拉雅科考随笔 /（美）乔治·夏勒著；姚雪霏，陈翀译 .—北京：商务印书馆，2023
（自然文库）

ISBN 978-7-100-21281-6

I. ①寂…　Ⅱ. ①乔…②姚…③陈…　Ⅲ. ①喜马拉雅山脉—野生动物—科学考察—文集　Ⅳ. ① Q95-53

中国版本图书馆 CIP 数据核字（2022）第 100620 号

自然文库

寂静的石头

——喜马拉雅科考随笔

〔美〕乔治·夏勒　著

姚雪霏　陈翀　译

商 务 印 书 馆 出 版
（北京王府井大街36号　邮政编码100710）
商 务 印 书 馆 发 行
北京中科印刷有限公司印刷
ISBN 978 - 7 - 100 - 21281 - 6

2023年6月第1版　　　　开本880×1230　1/32
2023年6月北京第1次印刷　印张10³/₈　插页2
定价：68.00元